AF456999

Dr CAUSSIN

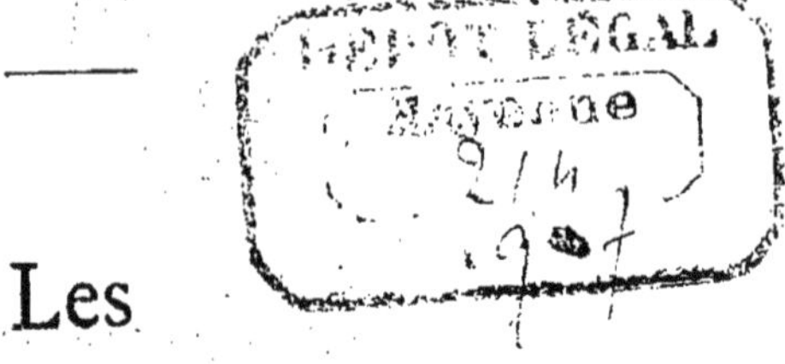

Les Plantes médicinales de la Picardie

« Cur moriatur homo, cui salvia crescit in horto

(*École de Salerne.*)

PARIS
VIGOT FRÈRES, ÉDITEURS
23, PLACE DE L'ÉCOLE-DE-MÉDECINE, 23
1907

Les Plantes médicinales
de la Picardie

BIBLIOTHÈQUE

142
e
226

Dr CAUSSIN

Les Plantes médicinales de la Picardie

« Cur moriatur homo, cui salvia crescit in horto ? »

(*École de Salerne.*)

PARIS
VIGOT FRÈRES, EDITEURS
23, PLACE DE L'ÉCOLE-DE-MÉDECINE, 23

1907

« La botanique ne serait qu'une simple
« curiosité si elle ne se rapportait à la méde-
« cine ; quand on veut qu'elle soit utile,
« c'est la botanique de son pays qu'il faut
« étudier. »

FONTENELLE. *Éloge de Tournefort.*

INTRODUCTION

De tout temps, l'homme s'est servi des plantes, des *simples* comme on disait autrefois, pour le traitement de ses maladies et de ses blessures, et lorsqu'il a éprouvé la première souffrance c'est probablement au règne végétal qu'il s'est adressé pour la calmer. La botanique est donc la plus ancienne de toutes les sciences. Elle est issue du besoin de pénétrer le secret des choses pour en tirer parti. Aujourd'hui encore, la plupart des gens ne semblent voir que des remèdes dans toutes les plantes ; aussi, quand ils rencontrent un botaniste herborisant, ils ne manquent jamais de lui poser cette question : Pour quelles maladies recueillez-vous ces herbes ?

A l'époque d'Homère, on attribuait souvent les maux de toutes sortes à la colère des dieux et on se contentait d'implorer leur secours pour la guérison des malades. La lecture des ouvrages de médecine d'alors est certainement beaucoup plus intéressante qu'instructive. Voici quelques traitements empiriques indiqués par un auteur ancien. « *Hépatite.* — On purge avec l'ellébore, si les autres purgatifs ne réussissent pas. On applique des topiques répercussifs et ensuite résolutifs, ces derniers chauds; on y ajoute de l'iris ou de l'absinthe. On donne du thym, de la sarriette, de l'hysope, du calament, de l'anis, des baies de laurier, des fleurs de pin, de la pimprenelle, de la menthe, de la pulpe de coing et le *foie de pigeon cru*. Comme vous le voyez, on faisait déjà de l'organothérapie. Dans l'hypertrophie de la rate, il faut manger des salaisons, des olives conservées dans de la saumure forte, de la laitue et de la chicorée trempées dans du vinaigre, de la poirée assaisonnée de moutarde, des asperges, du raifort, du panais, de la semence de trèfle, de l'ache, du serpolet, du cytise, du pourpier, du calament, du thym, de l'hysope, de la sarriette, de la roquette, du cresson et de la *rate de bœuf*. Dans l'hypocondrie, on purgeait le malade avec l'ellébore noir; si le dément était gai, on le faisait vomir avec l'ellébore blanc. Dans l'ascite, on prescrivait l'iris, le safran, la cannelle, la semence de cyprès, les feuilles de rose, l'amande amère, le marum, la fleur de jonc, la semence de laitue marine. On faisait sucer au malade de la scille cuite. Erasistrate recommandait comme résolutives, les plantes suivantes : l'aunée, la marjolaine, la violette blanche, le lis, le marum, le mélilot, le serpolet, le cyprès, le cèdre, l'iris, la violette pourpre, le narcisse, la rose, le marrube, le jonc carré, la figue sèche, l'origan; comme émollientes, la figue sèche, le mélilot, la semence et la racine de narcisse, la semence de ciguë. Voici maintenant un *remède héroïque* pour les maux de dents et recommandé par le même médecin: il faut arracher, avec ses racines, un pied de menthe sauvage, le mettre dans un bassin qu'on remplit d'eau, le placer près du malade qui est assis et bien couvert, jeter ensuite dans le bassin des cailloux brûlants ; le malade ouvre alors la bouche pour aspirer la vapeur. Préalablement on a placé des couvertures autour du malade et du bassin pour empêcher la vapeur de s'échapper » !!!

Depuis cette période d'empirisme, la botanique ne s'est pas développée insensiblement à travers les âges ; il y avait une certaine indifférence pour les plantes dont on ignorait les vertus thérapeutiques. En quelques années, avec l'aide du microscope et de la chimie, les savants ont déterminé exactement la nature des principes médicamenteux renfermés dans la plupart des végétaux et nous ont fait connaître leurs propriétés; dernièrement encore, Léger a découvert l'*hordénine*, un alcaloïde qu'il a extrait des touraillons d'orge et qui est, paraît-il, un excellent anticholérique.

Jadis certaines plantes n'avaient d'attrait que par les idées superstitieuses qu'on y attachait. Au commencement de notre ère, le grand naturaliste Pline s'exprime ainsi au sujet du *dracunculus:* « J'ai vu, dans cette province, dans le champ d'un homme chez qui je logeais, une plante nommée *dracunculus* qu'on y avait nouvellement découverte. Elle était de la grosseur du pouce et marquée des mêmes couleurs que la peau de la vipère. On prétendait que c'était un spécifique contre la morsure des serpents. Elle jouit d'une propriété étonnante. Elle sort de terre à la première mue des serpents et s'élève jusqu'à la hauteur de deux pieds: elle s'y enfonce ensuite avec eux, et aucun serpent ne se montre pendant tout le temps où elle reste cachée. » On remarquera que pour Pline la beauté de la fleur et les caractères de la plante n'avaient pas d'importance, il indiquait seulement les propriétés vraies ou fausses du végétal.

Il écrit aussi, à propos de la pivoine : « Le *Pœnia* est de toutes les herbes celle dont la découverte est la plus ancienne. Elle est aussi appelée *Pentorobos* ou *Glycyside*. C'est encore une des difficultés de la botanique que les mêmes plantes, suivant les diverses contrées, aient des noms différents. Celle-ci croît dans les montagnes boisées ; sa tige a quatre doigts de hauteur entre chaque point d'où sortent les feuilles et porte à son sommet quatre ou cinq fruits semblables aux noix grecques et remplis de graines rouges ou noires. Le Pœnia est un préservatif contre le cauchemar. On recommande de l'arracher pendant la nuit, parce que si l'on est aperçu de l'oiseau de Mars (pivert), il s'élance sur celui qui le cueille et lui arrache les yeux. »

Vous reconnaîtriez difficilement la pivoine, d'après cette description. La botanique n'était pas très compliquée du temps de Pline qui se plaignait cependant déjà qu'il y eût plusieurs noms pour désigner la même espèce. « La connaissance des plantes, dit-il, s'acquiert assez facilement. Pour nous, à l'exception d'un fort petit nombre, nous avons eu la satisfaction de les examiner toutes dans le jardin d'*Antonius Castor,* vieillard centenaire qui avait le plus de réputation dans cette partie. »

Au XIe siècle, Jean le Milanais composa un poème latin intitulé *Flos medicinæ*, destiné au fils de Guillaume le Conquérant, Robert, duc de Normandie. C'est le seul ouvrage remarquable de l'École de Salerne. Toutes les célébrités médicales salernitaines d'alors collaborèrent à ce poème. Parmi les plantes recommandées par cette Faculté, citons : la menthe qui chasse les vers, la mauve qui provoque les règles, la sauge qui guérit le tremblement des mains, la violette qui améliore l'épilepsie, l'aunée bonne aux hernieux, le cresson qui arrête la chute des cheveux, le pouliot qui calme la goutte, le saule qui fait disparaître les verrues, etc., etc...

En plusieurs siècles, la botanique ne s'est enrichie d'aucune découverte. Les Arabes connaissaient néanmoins les propriétés d'un grand nombre de plantes et employaient souvent les simples avec succès. Au XVe siècle, les médecins se figuraient qu'il devait y avoir un rapport intime entre la forme et l'aspect de certaines parties de la plante et ceux des organes de l'homme. On les appelait alors les *signatores*. Ils ont rendu à la botanique de services semblables à ceux que la chimie doit aux alch mistes.

La *sticte pulmonaire* ressemble assez bien à l'extérieu du poumon : ses préparations seront indiquées dans le affections de ce viscère ; le *pavot* représente à peu prè une tête humaine avec sa couronne ; sa décoction ser donnée à ceux qui souffrent de la tête ; la *pulmonair* avec les marbrures de ses feuilles, rappelle aussi l'aspe du poumon, elle sera recommandée dans la tuberculose les feuilles du *cabaret*, dans les maladies de l'oreille ; l duvet des fruits du cognassier, contre la chute des che veux. Les principaux signatores furent Crollius et J.-I Porta.

Vers la fin du XVIIe siècle, grâce aux découvertes d Garcias, de Clusius, de Hernandez, de Prosper Alpir de Tournefort et d'un grand nombre d'autres naturaliste qui ont consacré leur vie à la recherche et à la science de végétaux, la liste des plantes connues était déjà longue mais le plus grand désordre régnait dans leur nomen clature. *Magnol*, professeur de botanique à l'École d médecine de Montpellier, employa en 1689 le terme d *famille* et l'on trouve dans son ouvrage cette phras remarquable : « Je ne doute pas que les caractères de familles ne puissent être tirés aussi des premières feuil les du germe au sortir de la graine. » (Dr Richer. *Cour de botanique*.) Soixante-dix ans plus tard, *Bernard d Jussieu* classe par familles les plantes du jardin de Tria non. Quelques années après, *Tournefort* créait les *gen res* presque en même temps que *Camerarius* découvrai le sexe des plantes. *Linné* fit, de cette notion, la base d plus célèbre système de classification. Si admirable qu soit l'ingénieuse conception du botaniste suédois, nou devons constater l'évidente supériorité de la méthod naturelle créée par Laurent de Jussieu en 1789. Pen dant que ces grands progrès révolutionnaient la botanique, de Humboldt, Robert Brown, Dumont d'Urville exploraient le continent et dotaient cette science de nouvelles découvertes.

A cette époque, un homme d'une haute valeur scientifique, une des gloires de l'École de médecine d'Amiens, médecin éminent et botaniste distingué, j'ai nommé Barbier, était professeur de botanique au muséum du jardin des plantes d'Amiens. Il continua cet enseignement pendant près de quarante ans et fit de nombreux adeptes. Il s'occupa de botanique médicale et son principal titre de gloire est son *Traité de matière médicale*. Dom Robbe, prieur des Feuillants, fut le premier titulaire de cette chaire de botanique.

En 1751, le duc de Chaulnes, gouverneur d'Amiens, fit la concession à l'académie de cette ville du terrain où fut créé le jardin botanique. Dom Robbe publia alors son catalogue des plantes usuelles et son premier cours eut lieu en 1754.

Ce savant groupa les plantes du jardin en vingt et une classes, d'après leurs propriétés médicinales: *pectorales*, *sternutatoires*, *hystériques*, *apéritives*, etc. Ce système médico-botanique appartient à Dom Robbe et cette classification fut appliquée par un habile jardinier, Jourdain, qui était un botaniste fort instruit. Pendant son séjour à Amiens, J.-J. Rousseau allait souvent lui rendre visite et était devenu son ami.

A Barbier, succédèrent l'auteur de la première flore picarde, Pauquy, botaniste érudit, puis Févez et enfin notre regretté maître, le professeur Richer. Qu'il nous soit permis d'adresser ici un hommage de profonde gratitude au savant modeste, d'une bonté et d'une affabilité extrêmes, excellant dans l'art de professer, cachant avec soin sous les roses, les épines de la science et qui sut si bien nous communiquer l'amour de la botanique. Il contribua beaucoup, avec quelques hommes d'élite, à la reconstitution de la *Société Linnéenne du Nord de la France* (30 décembre 1865). Cette association, aujourd'hui si florissante compte dans son sein des membres actifs, des chercheurs infatigables, qui ajoutent tous les jours de nouveaux noms à la liste des plantes de la Somme. Pour ne citer que nos contemporains, nommons surtout : E. Gonse, Copineau, Guilbert, Dequevauviller, V. Brandicourt, Desmaisons, etc., etc.., qui continuent l'œuvre entreprise par Pauquy (1831), Boucher de Crèvecœur et Eloy de Vicq dont la flore (1883) est un modèle du genre et contient la description des espèces connues jusqu'alors dans la Somme. Mais de nouvelles découvertes ont lieu, le catalogue des plantes de la Picardie augmente sans cesse et quelques années après, E. Gonse publie son *Supplément à la flore de la Somme* (1889). Depuis cette époque, les membres de la Société ont signalé bon nombre d'espèces qui n'avaient pas encore été mentionnées dans le département. Au point de vue botanique, les lignes de chemin de fer, leurs talus, leurs fossés, ainsi que les voies de garage présentent un très grand intérêt : c'est surtout là qu'on recueille de nouvelles plantes.

En Picardie et en général dans notre pays, les végétaux sont bien petits à côté de certaines espèces de contrées plus favorisées. Si vous comparez une de nos grandes fleurs, celle du nénuphar blanc, par exemple, à celle du raffesia de Java, vous avouerez que celle-là fait à côté bien piteuse mine ; en effet, cette dernière mesure 3 mètres de circonférence, pèse 7 kilos et peut contenir 9 litres d'eau dans sa corolle. Quant à l'âge et à la hauteur de certains arbres, les différences sont encore plus sensibles. Nos hêtres et nos chênes qui vivent quelquefois un ou deux siècles et atteignent une hauteur de 20 à 40 mètres paraîtraient des avortons auprès des baobabs de 150 mètres et de 5.000 à 6.000 ans d'existence.

Le professeur Richer nous apprend que « dernièrement on a sacrifié un platane contemporain de Charlemagne. Les cèdres du Liban avaient 600, 700 et 800 ans quand les Turcs les ont abattus. Un chêne, contemporain d'Attila, d'autres plus âgés, de 800, 1.000 et 1.300 ans n'ont point trouvé grâce. Enfin un if de 2.880 ans et un adansonia de 5150 ans sont inscrits dans le martyrologe du règne végétal. Par bonheur, quelques rares individus ont échappé à la hache du bourreau. Salut aux derniers survivants des anciens âges ! Salut aux cyprès du palais de Grenade qui ont ombragé les derniers rois maures ! Salut à l'oranger de sainte Sabine à Rome, planté en l'an 1200 et aux oliviers de Jérusalem qui ont plus de 1900 ans ! Salut enfin aux géants de la Californie, les contemporains d'Adam ! Un gouvernement éclairé protège leurs 6.000 ans et leur assure une paisible vieillesse. »

Il est certainement extraordinaire que des arbres puissent atteindre ces âges respectables, mais voici un fait beaucoup plus curieux : récoltez un lichen, desséchez-le, aplatissez-le entre les feuillets d'un livre, placez-le dans votre herbier ; conservez-le pendant cinquante ans. Au bout de ce temps, donnez-lui de l'humidité et de la lumière, il continuera de croître. Il n'était pas mort, il n'était qu'endormi.

Que de choses curieuses y aurait-il encore à signaler dans le règne végétal ? Pour ne parler que d'une question qui passionne beaucoup de botanistes, la fécondation des plantes par les insectes, Darwin nous apprend qu'*epipactis latifolia* All. est fécondé par la guêpe, jamais par l'abeille. Si cet insecte quittait nos contrées, cette orchidée disparaîtrait probablement aussi. N'y a-t-il pas là quelque chose de mystérieux !

Arrivons maintenant aux importantes applications des plantes à l'art de guérir. Il ne suffit pas de savoir distinguer la digitale, l'aconit, etc., il faut connaître les caractères des végétaux. Il est nécessaire que la botaniqu serve de guide au médecin. Quel immense champ d'étu des et quelle source inépuisable de satisfactions ! Tou les botanistes vous diront la joie inexprimable goûtée à l détermination d'une nouvelle espèce. Combien de per sonnes ayant éprouvé des déceptions et des chagrins or recherché dans l'étude des plantes des consolations e l'oubli de leurs peines, tel J.-J. Rousseau ! Connaître le plantes et leurs propriétés : *utile dulci !* Il n'y a pas d science plus attrayante. *Divinum est opus sanare dolorem* (Ovide).

Les genres d'une même famille participent souvent de mêmes propriétés ; il en est ainsi des espèces d'un genre Les salicinées ont une écorce astringente et fébrifuge ; le ombellifères, des semences aromatiques et stimulantes les labiées sont stomachiques ; les solanées sont narcoti ques ; les sauges, céphaliques ; les cochléarias antiscorbu tiques. Il y a souvent analogie entre la forme des végé taux et leurs propriétés. C'est à *Camerarius* que nou devons l'application de ce principe en thérapeutique. Un jour, le botaniste anglais *Forster* faisant partie d'une expé dition, naviguait dans le Pacifique, lorsque l'équipag fut atteint de scorbut. Il trouva un *alyssum*, pensa qu'i devait avoir les propriétés antiscorbutiques des crucifère et l'employa avec succès.

Les espèces qui se ressemblent jouissent à peu près de mêmes vertus. « *Plantæ quæ genere conveniunt, etiam virtute conveniunt, quæ ordine naturali continentur, etiam virtute proprius accedunt.* » (Linné). *Salviæ omnes sunt cephalicæ, anchusæ pectorales, cochleariæ antiscorbuticæ euphorbiæ catharticæ, rubiæ diureticæ ac tinctoriæ....... Gramineæ nutritiæ sunt ac farinaceæ, cruciferæ divers scorbutum impugnanti, labialæ aromaticæ dantur et amaræ.* (A. L. de Jussieu).

La station et l'exposition des plantes ont une grande

influence sur leurs propriétés : la digitale, qui croît à l'ombre, est bien moins active que celle qui reçoit beaucoup de lumière ; au contraire, la belladone est plus narcotique quand elle se développe dans un endroit ombragé ; certaines ombellifères alimentaires sont plus âcres dans un terrain humide que dans un sol aride. « *Umbellatæ in siccis aromaticæ calefacientes et pellentes, in aquosis venenatæ* ». (A. L. de Jussieu).

Avant le système sexuel de Linné et la méthode naturelle de de Jussieu, les végétaux étaient classés d'après leurs propriétés médicinales.

Ce système avait été imaginé par les premiers botanistes qui étaient médecins. C'était une classification pratique, botanico-médicale, c'était aussi le système Robbe. Dans cet ouvrage, nous avons suivi un ordre naturel pour la description des espèces officinales qui croissent spontanément en Picardie ou qui sont cultivées communément dans les jardins.

Les anciens avaient donc divisé les plantes en *béchiques*, *céphaliques*, *vulnéraires*, etc., etc. Il est nécessaire de donner la définition de ces mots qu'on trouve souvent dans ce travail. *Béchique* signifie bonne contre la toux ; *céphalique*, contre les maux de tête ; *vulnéraire*, contre les plaies ; *résolutive*, qui favorise la guérison d'un engorgement, d'une contusion ; *émolliente*, qui relâche, qui ramollit les parties ; *antipériodique*, qui combat la fièvre ou la névralgie revenant toujours à la même heure ; *carminative*, bonne contre les gaz ; *fébrifuge*, contre la fièvre ; *tonique*, qui fortifie ; *stimulante* ou *excitante*, qui provoque l'activité ; *expectorante*, qui facilite l'expulsion des mucosités bronchiques ; *sialagogue*, qui augmente la sécrétion salivaire ; *emménagogue*, qui favorise l'écoulement des menstrues ; *apéritive*, qui excite les sécrétions ; *digestive*, qui active la digestion ; *cholagogue*, qui fait rejeter la bile ; *hydragogue*, qui fait évacuer, avec les

selles, une grande quantité de liquide ; *maturative*, qu
fait aboutir les abcès ; *narcotique* ou *stupéfiante*, qui pro
cure le sommeil ; *purgative*, qui produit des évacuation
alvines ; *laxative*, légèrement purgative ; *émétique*, qu
fait vomir ; *émétocathartique*, qui provoque des vomis
sements et des selles ; *drastique*, purgatif violent ; *diuré
tique*, qui fait uriner ; *sudorifique* ou *diaphorétique*, qu
excite la transpiration ; *astringente*, qui resserre les tis
sus ; *pectorale*, bonne contre les affections des bronches
aphrodisiaque, qui provoque les désirs vénériens ; *ana
phrodisiaque*, qui calme ces désirs ; *vermifuge*, *ténifuge*
qui expulse les vers intestinaux, le ténia ; *sternutatoire*
qui fait éternuer ; *errhine*, qu'on introduit dans les fosse
nasales ; *stomachique*, bonne pour l'estomac ; *cordiale*
qui donne des forces ; *caustique*, qui brûle ; *dépurative*
qui favorise l'élimination des principes nuisibles à l
santé ; *détersive*, qui nettoie les plaies ; *narcotico-âcre*
qui agit sur le système nerveux et, en même temps, déter
mine l'inflammation des organes digestifs ; *vésicante*, qu
produit des ampoules à la peau ; *épispastique*, qui irrite
les téguments ; *cardiaque*, bonne contre les maladies du
cœur.

Nous prétendons que l'homme malade peut trouver partout les plantes *indigènes* qui lui sont nécessaires pour apaiser ses souffrances, qu'il réside en Picardie, en Bretagne, en Touraine, en Provence, en Russie ou en Chine. Généralement la présence du végétal indique celle de l'homme et celui-là précède toujours celui-ci : c'est la loi primordiale du monde (Cotty). Au Groenland et au Spitzberg, on observe encore un certain nombre de plantes, mais dans l'Antarctique, qui est inhabité, on n'a trouvé jusqu'aujourd'hui que des cryptogames et une seule plante florifère. On a remarqué aussi que souvent, dans la nature, le remède est à côté du mal. En effet, le saule croît dans les marais, c'est-à-dire dans les endroits où se développe la fièvre paludéenne ; les fébricitants ont donc à leur portée le remède dans l'écorce du saule. Aux bronchitiques, on recommande les stations à une certaine altitude : sur les montagnes, on voit ordinairement les pins qui fournissent le goudron, la créosote, le gaïacol, la terpine, le terpinol.

Un Picard est-il atteint de maladie de cœur ? Il a la digitale, le muguet de mai, le genêt à balais, etc. A-t-il besoin d'iode ? Il trouve dans le chou marin et le fucus vésiculeux, le médicament nécessaire. Veut-il un purgatif ? Il a le liseron, ce jalap indigène, les baies de nerprun, l'épurge, la vaquerie, etc. Veut-il un émétique ? Il peut se procurer la violette, la parisette, le sceau-de-Salomon, la bryone, cet ipécacuanha européen, etc., etc. A-t-il besoin d'un anthelminthique ordinaire ou d'un ténifuge ? Dans le premier cas, il a les graines de tanaisie, l'armoise et l'ail, etc. ; dans le second cas, le rhizome de la fougère mâle et les pépins de citrouille et de potiron. A-t-il de la fièvre ? Il trouve partout des feuilles de lilas, de l'écorce de marronnier, de frêne et de saule. Veut-il des toniques ? Il a l'écorce de chêne, la racine de la benoîte, les capsules vertes de lilas, etc. Lui faut-il un antidiarrhéique? Il a la renouée des oiseaux ou *salouche*, la racine de bistorte ; comme calmant, le pavot, la belladone et l'aconit ; comme diurétique la digitale, le muguet de mai, les fruits du genévrier, les pointes d'asperge, le chiendent.

Il est vrai que dans certaines maladies nous sommes impuissants; mais qui sait, par exemple, si dans les herbes que nous foulons aux pieds, il n'y en a pas une qui recèle les propriétés du mercure ? Servons-nous donc le plus possible des plantes et de leurs alcaloïdes jusqu'au jour où la sérothérapie aura dit son dernier mot. Il est triste de constater qu'on délaisse un grand nombre de bonnes espèces médicinales indigènes précisément parce qu'elles croissent chez nous ; originaires de l'Asie ou de l'Amérique, elles seraient prônées et recommandées comme des médicaments d'une efficacité certaine.

Le règne végétal a été divisé en deux grands embranchements : les phanérogames et les cryptogames. Nous décrivons d'abord les *simples* appartenant aux premiers. Les seconds comprennent ici les fougères, les équisétacées, les champignons, les lichens et les algues. Les mousses de la Somme ne nous fournissent aucune espèce médicinale. Nos champignons sont en général alimentaires ou vénéneux, nos lichens sont amers et toniques, nos algues sont alimentaires et antiscrofuleuses. Nous avons évité autant que possible d'employer des expressions techniques, botaniques ou médicales, et indiqué seulement les principaux caractères des plantes ainsi que leurs noms les plus usuels, pour que ce traité fût clair et pût rendre quelques services : c'est là notre principal but.

Octave Caussin.

Proyart, 8 février 1907.

LES PLANTES MÉDICINALES
DE LA PICARDIE

CLEMATIS VITALBA. L.

(Du grec *clema*, sarment.)

Synonymes : *Clématite des haies*, *Herbe aux gueux*, *Vigne blanche*, *Vigne sauvage*, *Vigne de Salomon*, *Berceau de la Vierge*, *Consolation*.

(Renonculacées.)

Arbuste très commun dans les haies, à la lisière des bois. Il fleurit en juin.

La tige grimpante, très longue, a parfois une longueur de vingt mètres. C'est une véritable petite liane indigène. Les feuilles sont pennées ; les fleurs sont blanches, en panicules ; les sépales sont tomenteux ; il n'y a pas de pétales ; les carpelles présentent une arête plumeuse.

Toutes les parties de la plante jouissent de propriétés âcres, vésicantes, très vénéneuses ; fraîches, elles sont éméto-cathartiques. La clématite a jadis joui d'une grande vogue dans le traitement de la goutte et du rhumatisme. On appliquait les feuilles pilées sur les articulations douloureuses pour produire de la révulsion. On les a conseillées aussi contre les chancres vénériens et les douleurs ostéocopes.

Autrefois certains mendiants trituraient les feuilles de la vigne blanche et se les appliquaient sur les membres pour déterminer des ulcères et inspirer la pitié ; d'où le nom d'*herbe aux gueux*.

Les tiges servent aussi de liens ; dans certaines contrées, on en fait même des paniers et des ruches pour les abeilles. Dans notre région, les enfants fument, en guise de cigares, la tige de cette plante.

THALICTRUM FLAVUM. L.

(Du grec *thallein*, verdir ; *ictar*, vite.)

Syn. : *Pigamon jaune, Rue des prés, Rhubarbe des pauvres.*

(RENONCULACÉES.)

Espèce palustre, vivace, de 60 centimètres à 1 mètre, croissant aussi dans les endroits humides. Elle fleurit en juin.

La tige est dressée, verte, glabre, creuse. Les feuilles sont ovales, bi-tripinnatiséquées. Les fleurs sont jaunâtres, en glomérules. La racine est longue, rampante.

Le pigamon est une plante vénéneuse, comme du reste la plupart des renonculacées. La racine jouit néanmoins de propriétés purgatives qui ne sont guère utilisées en médecine. Elle contient un principe toxique très violent, la *thalictrine*. Dom Robbe classait cette plante dans les vulnéraires apéritives (Catalogue des plantes usuelles).

On extrayait autrefois de la racine du *thalictrum* une matière colorante jaune qui servait à teindre les laines.

ANEMONE PULSATILLA. L.

(Du grec *anemos*, vent.)

Syn. : *Anémone pulsatille, Coquelourde, Coquerelle, Herbe au vent, Herbe de Pâques.*

(RENONCULACÉES.)

Plante velue, vivace, de 10 à 30 centimètres, assez commune dans les endroits calcaires, surtout dans les clairières des bois. Elle fleurit en avril. Les feuilles sont bi-tripinnatiséquées, velues. Les fleurs sont rougeâtres, d'un beau bleu violet, grandes, solitaires, penchées.

La pulsatille est très toxique, surtout à l'état frais. Elle peut remplacer le sinapisme. Appliquée sur la peau, elle détermine de la rougeur. Elle est inodore, mais très âcre. Elle perd ses propriétés par la dessiccation. On recommandait autrefois la pulsatille dans le rhumatisme et les névralgies. On appliquait les feuilles pilées sur les endroits douloureux. Dans les cas de fièvre intermittente, on enveloppait les poignets des malades de feuilles de cette anémone, quelques heures avant l'accès.

Dans certaines contrées, on prise les fleurs séchées et pulvérisées dans le coryza et la migraine.

La pulsatille est anticatarrhale et emménagogue.

Storck, médecin viennois, l'employait contre la paralysie et l'amaurose. Les homéopathes la conseillent contre la migraine.

La décoction de pulsatille, en lotions, réussit assez bien dans les affections parasitaires. L'infusion de feuilles (2 gr. pour 100 gr. d'eau) est ordonnée contre la coqueluche, l'hystérie et certaines maladies de peau, ainsi que l'extrait à la dose de 30 à 60 centigrammes dans les mêmes cas. On conseille aujourd'hui l'alcoolature de fleurs et de feuilles à la dose de 2 à 8 grammes par jour et l'alcoolature de racines à la dose de 1 à 4 grammes.

Il faut éviter de se servir de cette espèce qui renferme un violent poison, l'*anémonine*, qui jouit des mêmes propriétés que la plante. Elle est anticatarrhale, emménagogue et sédative des affections utérines. Dose : 0.05 à 0.10 en cachet deux heures avant le repas.

ANEMONE NEMOROSA. L.

Syn. : *Sylvie*, *Anémone des bois*, *Sanguinaire*.

(RENONCULACÉES.)

Plante légèrement pubescente, vivace, de 10 à 20 centimètres, très commune dans les bois. Comme sa parente, elle ne porte qu'une seule fleur qui s'épanouit en mars.

Les feuilles sont palmatiséquées. La corolle est blanche, souvent d'un blanc rosé; les sépales sont ovales, glabres.

Cette anémone est un peu moins vénéneuse que la pulsatille, néanmoins on s'abstiendra de porter aux lèvres le pédoncule de la fleur.

A la campagne, on utilise les propriétés vésicantes de la plante dans la teigne, le rhumatisme et même les paralysies.

Nous donnons ici le même conseil que pour la pulsatille : c'est un médicament trop dangereux pour être recommandé.

Il paraît que les indigènes du Kamtchatka chassent le phoque avec des flèches qu'ils empoisonnent en les trempant dans le suc d''*anemone ranunculoïdes*, espèce à fleurs jaunes, très rare en Picardie.

RANUNCULUS ACRIS. L.

(Du latin *rana*, grenouille, *colere*, habiter.)

Syn. : *Renoncule âcre*, *Bouton d'or*, *Bassin d'or*, *Pied-de-coq*. En picard de Proyart : *Pipou*, nom donné à presque toutes les espèces de renoncules.

(Renonculacées.)

Plante pubescente, vivace, de 20 à 50 centimètres, très commune dans les pâturages, les bois, aux bords des chemins. Elle fleurit en mai. La tige est dressée, creuse, non sillonnée, poilue supérieurement. Les feuilles sont velues, les radicales, palmatipartites, les supérieures tripartites. La fleur, d'un beau jaune, lui a valu le nom de *bouton d'or;* les sépales sont velus, les pédoncules ne sont pas sillonnés.

Appliqué sur la peau, le suc de cette plante produit de la rougeur et même de la vésication. On l'a employé ainsi dans les névralgies, dans les affections bronchiques, pulmonaires, gastriques et intestinales. Les propriétés toxiques des renoncules se perdent par la dessiccation, aussi est-il prudent de ne pas donner aux bestiaux du foin vert dans lequel on remarque beaucoup de renoncules.

Autrefois, dans les cas de fièvre intermittente et au moment des accès, on enveloppait les poignets des malades de feuilles de renoncules. La teinture de renoncule est, paraît-il, un excellent sédatif. On l'emploie à l'extérieur, en compresses, contre la migraine, le lumbago, etc...

On indiquait aussi autrefois la renoncule âcre comme purgative, comme détersive. Elle est à peu près inusitée aujourd'hui.

RANUNCULUS FLAMMULA. L.

Syn. : *Flammette, Petite Douve.*

(Renonculacées.)

Plante généralement grêle, vivace, de 20 à 50 centimètres, assez commune dans les endroits marécageux ou humides. Elle fleurit en juin. La tige est rameuse, glabre, creuse, dressée ou couchée, radicante; les feuilles sont glabres, entières, les inférieures sont ovales ou oblongues, lancéolées, linéaires ; les fleurs sont jaunes, petites; les sépales, pubescents ; les pédoncules sont légèrement sillonnés.

Les expériences faites sur *R. acris*, *bulbosus*, *sceleratus* et *flammula* ont démontré que la plus active est *sceleratus*, puis, par ordre de toxicité, *acris*, *bulbosus* et *flammula*. Dans *acris* et *sceleratus*, la tige et les feuilles sont plus vénéneuses ; dans *bulbosus*, ce sont les racines et la tige ; dans *flammula*, c'est la fleur.

Ces quatre renoncules doivent leurs propriétés à un principe âcre, très volatil. De *bulbosus*, on a extrait un alcali, la *corydaline*. On employait autrefois les fleurs pilées de la flammette pour produire de la révulsion. La racine de renoncule bulbeuse a été conseillée dans les névralgies et les bronchites chroniques.

Toutes les renoncules sont vénéneuses et ne sont plus guère usitées en médecine.

FICARIA RANUNCULOIDES. MŒNCH.

(Du latin *ficus*, figue.)

Syn. : *Ficaire, Petite Eclaire.*

(RENONCULACÉES.)

Plante glabre, vivace, de 10 à 20 centimètres, commune dans les endroits humides, surtout dans les bois. Elle fleurit en mars.

La tige est rameuse, glabre; les feuilles sont luisantes, épaisses, cordiformes, réniformes; les fleurs sont solitaires, d'un beau jaune doré, un peu verdâtres en dehors.

On a conseillé les feuilles comme antiscorbutiques.

Les *signatores* employaient les racines contre les hémorroïdes.

La souche de la plante présente des fibres fasciculées renflées en massue qui ont une vague apparence de figues, d'où le nom de *ficaire*. D'autres ont cru voir une ressemblance avec les hémorroïdes, d'où leur indication dans cette maladie.

Les feuilles sont alimentaires; on les prépare en salade ou on les fait cuire comme l'oseille. On en fait une soupe qui est assez estimée dans certains pays. Les racines cuites sont aussi comestibles.

CALTHA PALUSTRIS. L.

(Du grec *calathos*, corbeille.)

Syn. : *Populage, Souci d'eau.*

(RENONCULACÉES.)

Plante glabre, vivace, de 10 à 40 centimètres, assez commune dans les marais et les prés humides. Elle fleurit en avril.

La tige est creuse, glabre, luisante; les feuilles sont cordiformes, crénelées ou dentées. Les fleurs sont grandes, d'un beau jaune doré ; les sépales sont pétaloïdes, il n'y a pas de pétales.

Le populage jouit de propriétés caustiques et n'est plus guère employé en médecine. Par la dessiccation, la plante est moins vénéneuse.

Traités par l'alun, les sépales donnent une très belle couleur jaune dont on se servait autrefois pour colorer le beurre. Elle était aussi usitée en teinturerie.

Dans certaines régions, on mange comme condiment les boutons des fleurs confits dans le vinaigre. On les vend même souvent pour des câpres.

HELLEBORUS FŒTIDUS. L.

(Du grec *helein*, faire mourir, *bora*, nourriture.)

Syn. : *Hellébore fétide, Pied-de-Griffon, Rose de serpent, Herbe aux fées.*

(RENONCULACÉES.)

Plante glabre, vivace, à odeur fétide, de 20 à 70 centimètres, croissant surtout dans les terrains calcaires. Elle fleurit en février.

La tige est robuste, droite ; les feuilles sont d'un vert sombre, coriaces; les rameaux et les pédoncules sont munis de larges bractées ovales d'un vert pâle ; les fleurs sont verdâtres ou rougeâtres, penchées ; les sépales sont dressés.

La racine de l'Hellébore renferme un principe actif qui est très vénéneux, l'*Helléborin.* Dans l'antiquité, on employait surtout celle-ci, et la poudre de semences contre la manie et certaines paralysies. Certains médecins conseillent encore aujourd'hui l'Hellébore dans l'ascite et dans certaines maladies de peau. Dioscoride, médecin et botaniste grec du Ier siècle de notre ère, prétendait qu'elle améliore l'hypocondrie. Matthiole, son traducteur français, dit qu'un morceau de racine mis dans l'oreille rend l'ouïe aux sourds.

L'Hellébore est un violent drastique. Ses effets sont trop rapides et provoquent souvent des accidents mortels.

Helleborus viridis. L. jouit des mêmes propriétés.

AQUILEGIA VULGARIS. L.

(Du latin *aquilegium*, réservoir, ou *aquila*, aigle.)

Syn. : *Ancolie, Gants de Notre-Dame, Colombine, Bonne-femme.* En Picardie : *Bonnet d'évêque.*

(Renonculacées.)

Plante légèrement pubescente, vivace, de 30 centimètres à 1 mètre, croissant surtout dans les bois ombragés. Elle fleurit en juin.

La tige est rameuse, supérieurement ; les feuilles, d'un vert pâle en dessous, présentent des folioles larges, incisées ; les fleurs sont bleues, blanches ou purpurines.

L'ancolie est âcre et vénéneuse. Elle agit à la manière des narcotico-âcres. On l'employait autrefois comme sédative, apéritive, diurétique et diaphorétique. On l'administrait au début de la rougeole, de la variole et de la scarlatine pour favoriser l'éruption. Aujourd'hui on conseille encore la décoction de feuilles fraîches en lotions contre la teigne et en général contre les affections parasitaires.

DELPHINIUM CONSOLIDA. L.

(Du grec *delphis*, dauphin ; allusion à l'éperon du sépale sup^{r}.)

Syn. : *Pied d'alouette, Dauphinelle, Herbe de cardinal.*

(Renonculacées.)

Plante grêle, annuelle, de 20 à 40 centimètres, assez commune dans les terrains calcaires. Elle fleurit en juin.

La tige est rameuse ; les feuilles présentent des lanières linéaires, allongées. Les fleurs sont irrégulières, d'un bleu vif, en panicule assez lâche ; le sépale supérieur a un éperon allongé.

On a conseillé le pied d'alouette comme vomitif, purgatif et anthelminthique. On emploie encore aujourd'hui la décoction de semences en lotions, contre la gale et les affections parasitaires. On peut se servir aussi, dans ces cas, d'une pommade composée d'une partie de poudre de semences et de dix parties de vaseline.

Les semences de pied d'alouette sont très vénéneuses.

ACONITUM NAPELLUS. L.

(Du grec *aconé,* clocher.)

Syn. : *Aconit napel, Casque, Capuchon, Tue-loup bleu, Capuce de moine, Sabot du pape, Pistolet.*

(Renonculacées.)

Plante glabre, vivace, de 90 centimètres à 1 m. 50, rare en Picardie. Elle fleurit en juillet.

La tige est feuillée, simple ou rameuse ; les feuilles sont alternes, à cinq ou sept lobes présentant des divisions linéaires-lancéolées ; les fleurs sont bleues, irrégulières, en grappe terminale ; les graines sont ridées sur une face. La racine présente des tubercules ressemblant à de petits navets, d'où le nom de *napellus.*

L'aconit napel est une belle espèce qu'on cultive généralement pour la fleur dans les jardins et qui cause bien souvent des accidents. C'est un narcotico-âcre qui agit surtout sur le système nerveux. La racine contient un alcaloïde, l'*aconitine,* qui est un précieux médicament, de l'albumine, de la cire verte, un extrait brun et amer, de la gomme, des acides acétique et malique. L'absorption de l'aconitine par le tube intestinal est très rapide. Les effets toxiques se manifestent d'abord sur les organes centraux, puis sur les nerfs périphériques. Il y a de l'engourdissement, des vertiges, abolition de la respiration, de la sensibilité réflexe, des mouvements volontaires et ralentissement des battements du cœur. Au début l'excitabilité disparaît de la périphérie.

Appliquée sur la peau, l'aconitine produit de la chaleur et une sorte de frémissement avec engourdissement qui persiste pendant plusieurs heures. On prépare aujourd'hui une aconitine cristallisée qui est encore beaucoup plus active ; 1/4 de milligramme de cet alcaloïde mis sur la langue détermine une sensation spéciale de fourmillement ; il a la saveur du poivre et détruit pour quelque temps la sensibilité spéciale du goût. La racine d'aconit, appliquée sur la même muqueuse, produit une cuisson douloureuse. L'aconitine n'a pas d'odeur ; sa saveur est amère, un peu brûlante.

L'aconit et l'aconitine sont de puissants narcotiques. A l'extérieur, celle-ci a été employée avec succès dans des cas de névralgies faciales, sciatiques, dans la goutte, le rhumatisme, l'otite (Turnbull, Roots, Skey).

Les principales affections contre lesquelles on emploie l'aconit ou son alcaloïde sont: les névralgies, les fièvres intermittentes, le rhumatisme, l'angine, la bronchite, la pneumonie, la coqueluche, l'aménorrhée, certaines affections cutanées. L'aconit ne réussit pas toujours dans ces diverses maladies. Il a surtout des succès dans les affections névralgiques et rhumatismales, mais notamment encore dans les névralgies. On l'a employé aussi contre l'épilepsie, la chorée et le tétanos. On conseillait autrefois les feuilles pilées d'aconit comme rubéfiantes et vésicantes dans la sciatique, la névralgie et le rhumatisme. Dans le but de prévenir le retour d'un accès de fièvre intermittente, on enveloppait les poignets du malade de feuilles d'aconit.

Dans ces dernières années, on a extrait de la plante un nouveau produit, la *napelline*, qui est, dit-on, moins énergique que l'aconitine. Elle est indiquée comme analgésiante, narcotique, dans les névralgies, mais son action est très variable et par suite d'un emploi dangereux. L'*aconitine* cristallisée est le véritable principe actif de l'aconit ; l'*aconitine de Hottot ou du Codex* est inférieure ; quant à la *napelline* de Hübschmann, et à l'*aconelline de T. et H. Smith*, il faut les rejeter.

Les préparations les plus usitées sont l'aconitine amorphe (Hottot), l'aconitine cristallisée, l'aconelline et la napelline, l'extrait d'aconit, la teinture et l'alcoolature d'aconit.

ACTŒA SPICATA. L.

(Du grec *actaïa*, sureau.)

Syn. : *Actée, Herbe de Saint-Christophe, Herbe aux poux.*

(RENONCULACÉES.)

Plante glabre, vivace, de 40 à 80 centimètres, croissant dans les bois ombragés et montueux. Elle fleurit en mai.

La tige présente deux à trois feuilles au sommet ; celles-ci sont grandes, minces, luisantes, à segments ovales incisés ; les fleurs sont petites, blanches, irrégulières, ordinairement disposées en deux grappes. Le fruit est une baie ovoïde noire, luisante.

L'actée jouit de propriétés antinévralgiques. Les feuilles sont très irritantes : appliquées sur la peau, elles produisent de la rubéfaction et de la vésication. On vante la décoction de feuilles fraîches et de racines, en lotions, contre les affections parasitaires, d'où le nom d'*herbe aux poux*. On employait autrefois cette plante dans la pneumonie, la pleurésie et les fièvres éruptives.

La racine est purgative à la dose de 1 gramme à 1 gr. 50, en poudre. La baie est toxique. C'est une espèce très vénéneuse.

PŒONIA OFFICINALIS. L.

(Dédié à *Pœon*. médecin grec, qui découvrit ses propriétés antispasmodiques.)

Syn. : *Pivoine, Herbe Sainte-Rose, Herbe aux sorciers, Rose bénite, Pione.*

(RENONCULACÉES.)

Plante vivace, de 40 à 80 centimètres, cultivée dans les jardins. Elle fleurit en juin.

La tige est glabre ; les feuilles sont alternes et présentent es segments plus ou moins larges ; les fleurs sont grandes, 'un beau rouge. La racine est grosse, charnue.

La pivoine jouissait autrefois d'une grande vogue. On lui ttribuait la vertu de préserver des épidémies et de guérir les laies de mauvaise nature. La racine possède des propriétés ntispasmodiques. On l'emploie, à l'état frais, contre l'épilepie, la chorée et les convulsions. On en prépare aussi une écoction (10 gr. de racine fraîche pour 500 gr. d'eau). Les emences de la pivoine sont purgatives. On les conseille ontre la goutte, le rhumatisme et certaines maladies de peau. es feuilles et les semences sont antiparasitaires. Les racines uites sont comestibles.

C'est une plante trop vénéneuse pour être recommandée.

BERBERIS VULGARIS. L.

(Du grec *berberi*, coquille.)

Syn. : *Epine-vinette*, *Vinettier*.

(Berbéridées.)

Arbrisseau épineux, de 1 à 3 mètres, croissant en certaines égions dans les haies et à la lisière des bois.

Les feuilles sont simples, ovales, fasciculées, munies de ils raides, les épines sont beaucoup moins longues que les euilles; les fleurs sont jaunes, en grappes plus longues que es feuilles. Les baies sont ovoïdes, oblongues, rouges.

L'écorce de l'épine-vinette est tonique, diurétique et fébriuge. On emploie ordinairement la décoction (30 gr. d'écorce our 500 gr. d'eau).

Les feuilles sont antiscorbutiques. Mâchées, elles raffermisent les gencives molles et saignantes. Dom Robbe classait 'épine-vinette dans les vulnéraires astringentes.

On fait avec les baies une tisane diurétique. On remplace uelquefois le jus de citron par le suc de ce fruit. Ces baies ont un goût aigrelet et sont rafraîchissantes. On les mange souvent avec du sucre. On en fait des gelées, des sirops et des limonades. On en fabrique aussi une piquette assez agréable, de là probablement le nom d'*épine-vinette*.

On extrait de la plante un alcaloïde, la *berbérine*, qui est indiquée comme tonique, antipériodique et diaphorétique.

Cet arbrisseau deviendra très rare dans quelques années. On le détruit partout. La guerre qu'on lui a déclarée est justifiée par les grands dommages qu'il cause à l'agriculture. Un champignon (*tilletia caries*) qui produit la carie du froment, autrement dit le *blé noir*, se développe sous les feuilles de l'épine-vinette. Le vent est le véhicule des spores qui se déposent sur les épis des céréales.

Le suc des fruits, combiné avec l'alun, fournit une laque rouge très recherchée. On retire de la racine et des fleurs une belle couleur jaune.

NYMPHŒA ALBA. L.

(Du grec *nymphé*, nymphe des eaux.)

Syn. : *Nénuphar blanc, Lis des étangs, Volant d'eau. Dans notre région, les feuilles du nénuphar sont connues sous le nom de f. ed Wathieu, de gâteau. — Pour faire cuire la pâtisserie* on mettait dessous des feuilles de nénuphar.

(Nymphéacées.)

Plante vivace, assez commune dans nos étangs. C'est certainement notre plus belle espèce aquatique. Elle fleurit en juin.

Les feuilles sont suborbiculaires, cordées, nageantes, à pétiole cylindrique d'une longueur variant avec la profondeur de l'eau. Les fleurs sont blanches, très grandes, nageantes.

Morin de Rouen a analysé la racine de nénuphar blanc et y a trouvé une combinaison de tannin et d'acide gallique, une matière végéto-animale, de la résine, une matière grasse, de l'amidon, un sel ammoniacal, des acides malique et phosphorique combinés à la chaux, de l'acétate de potasse, du sucre incristallisable, de l'ulmine, du ligneux, etc. Par l'incinéraion de cette racine, on a obtenu des sels et une petite quan-ité d'oxyde de fer. (*Journal de ph.*, t. VII, p. 450.)

La racine est amère et tonique. Elle a joui autrefois d'un grand crédit comme anaphrodisiaque. Les fleurs sont indiquées comme rafraîchissantes et béchiques. On emploie encore la décoction du rhizome dans la dysenterie et le catarrhe des bronches. La racine est alimentaire et rafraîchissante.

Dom Robbe rangeait cette plante dans les rafraîchissantes et épaississantes.

NUPHAR LUTEUM. SIBTH.

(Diminutif de nénuphar.)

Syn. : *Nuphar, Plateau, Aillout d'eau.*

(Nymphéacées.)

Plante vivace, commune dans nos étangs et nos petites rivières à courant peu rapide. Elle fleurit en juin.

Les feuilles sont nageantes ou submergées : les premières, sont ovales-orbiculaires, cordées; les secondes sont molles plissées. Les fleurs sont jaunes, grandes.

Cette espèce a été très peu usitée en médecine. On recommandait autrefois la décoction de racine de nuphar (30 gr. par litre d'eau) comme anaphrodisiaque. Dans certains pays, on emploie la racine comme aliment. Elle est très riche en fécule et en tannin.

PAPAVER SOMNIFERUM. L.

Syn. : *Pavot somnifère, œillette.*

(Papavéracées.)

Plante glauque, souvent glabre, annuelle, haute de 1 à 2 mètres, cultivée pour ses graines. Elle fleurit en juin.

La tige est ramifiée supérieurement. Les feuilles sont

sinuées, dentées, les caulinaires amplexicaules; les fleurs sont grandes, d'un blanc violacé, tachées de noir à l'onglet. La capsule est très grosse, globuleuse ou subglobuleuse.

Les graines fournissent l'huile d'œillette ou mieux oliette (*oleolum,* petite huile), employée en lavements, à la dose de 60 grammes. Elle n'est pas narcotique.

Les capsules de pavot sont calmantes et narcotiques, comme l'opium, mais sont bien moins actives. A l'extérieur, on conseille la décoction (1 à 3 têtes par litre d'eau). On les emploie souvent aussi en infusion contre les coliques et la diarrhée. Si la tête de pavot a été récoltée verte, on a un médicament très énergique qui peut causer l'empoisonnement. L'alcaloïde du pavot est la *papavérine,* qui se présente sous la forme de cristaux incolores, insolubles dans l'eau. Elle est toxique, convulsivante, mais non soporifique.

L'opium est extrait des capsules d'une variété de *P. somniferum.* Voici comment on procède à cette opération en France : lorsque les capsules sont sur le point de jaunir, on y pratique des incisions longitudinales un peu obliques, on recueille immédiatement dans un verre avec le doigt le suc laiteux qui s'en écoule. On réunit le produit de la récolte dans de grands vases à fond plat, on l'expose au soleil pour donner de la consistance au suc qu'on divise en pains de 50 grammes. On les laisse sécher et quand ils sont assez fermes, on les enveloppe de papier huilé.

En Asie Mineure, on récolte l'opium d'une autre manière : on fait des incisions circulaires vers la base de la capsule, le suc durcit aux lèvres de la petite entaille sous forme de larmes, on le recueille alors et on le façonne en petites masses recouvertes de feuilles de pavot et de fruits de rumex.

L'opium renferme la morphine, la codéine, la narcéine, etc. A faible dose, il produit d'abord de l'excitation suivie de relâchement musculaire, puis du sommeil. A dose toxique, il y a abolition de la sensibilité, des convulsions, du coma, puis la mort. L'opium est un des meilleurs médicaments de la matière médicale. Il est indiqué dans un très grand nombre de cas. Quand on veut calmer l'élément douleur, on a presque toujours recours à l'opium. C'est le type des narcotiques.

On le conseille dans les bronchites, les pneumonies, les hémorragies, les diarrhées, la dysenterie, etc...

Les préparations les plus usitées sont : le sirop d'opium, le sirop diacode, le laudanum; on emploie très fréquemment aussi les alcaloïdes, notamment la morphine.

PAPAVER RHŒAS. L.

Syn : *Coquelicot, Pavot des champs, Ponceau.* En picard de Proyart : *Mahon.*

(PAPAVÉRACÉES.)

Plante hérissée, annuelle, de 30 à 60 centimètres, très commune dans les champs. Elle fleurit en juin.

La tige est dressée, rameuse. Les feuilles sont alternes, pinnatipartites, à lobes lancéolés. Les fleurs sont grandes, d'un rouge écarlate, tachées de noir à l'onglet. La capsule est subglobuleuse.

Les pétales de coquelicot renferment de l'albumine végétale, une matière colorante rouge, une matière astringente, la gomme, un alcaloïde, la *rhœadine* et des sels. Ils ont une odeur vireuse et sont adoucissants, béchiques et calmants. On les emploie en infusion (5 à 10 gr. par litre d'eau) contre la bronchite, les fièvres éruptives, la coqueluche, l'angine. On en prépare un sirop (30 à 60 gr. par jour) et une eau distillée.

L'infusion de capsules de coquelicot jouit de propriétés calmantes.

Papaver dubium L. possède les mêmes vertus que *Papaver rhœas.*

CHELIDONIUM MAJUS. L.

(Du grec *chelidon*, hirondelle.)

Syn. : *Grande chélidoine, Eclaire, Herbe aux hirondelles, Herbe à cors.*

(PAPAVÉRACÉES.)

Plante vivace, de 30 à 80 centimètres, commune dans les décombres, le long des haies. Elle fleurit en avril.

La tige est dressée, légèrement hérissée. Les feuilles sont molles, glabres, glauques en dessous, à segments ovales, incisés. Les fleurs sont jaunes.

La tige et les feuilles contiennent un suc jaune très caustique qu'on emploie contre les cors et les verrues. C'est un violent poison narcotico-âcre. Il jouit de propriétés excitantes, diurétiques et vomitives. C'est un drastique trop violent qu'on a complètement délaissé. On recommandait autrefois le suc de chélidoine étendu d'eau, en lotions détersives contre les plaies de mauvaise nature, contre certaines conjonctivites chroniques et les taches de la cornée, d'où le nom d'*éclaire*. On l'a conseillé aussi dans l'ictère, le rhumatisme, la goutte et l'ascite.

Les feuilles renferment deux alcaloïdes : la *chélédonine* et la *chélérythrine*, de l'acide chélédonique, et une matière colorante jaune, la *chélidoxanthine*. On recommande aujourd'hui à l'intérieur l'extrait aqueux à la dose de 1 à 2 grammes par jour comme narcotique et calmant dans certaines affections de l'estomac.

La racine sèche était considérée comme apéritive. On administrait la macération de cette racine dans le vin blanc contre les obstructions intestinales.

Chélidoine vient du grec *chélidon*, qui signifie hirondelle : les anciens, très observateurs, avaient constaté que la durée de la floraison de cette plante coïncidait avec celle du séjour des hirondelles dans notre région. On prétend aussi que ces oiseaux se servent de la chélidoine pour guérir leurs petits.

GLAUCIUM FLAVUM. CRANTZ.

(Du grec *glaucos*, glauque.)

Syn. : *Pavot jaune*, *Pavot cornu*, *Glaucière jaune*.

(PAPAVÉRACÉES.)

Plante bisannuelle, glauque, de 30 à 70 centimètres, assez commune dans les endroits sablonneux et pierreux du littoral. Elle fleurit en juin.

La tige est dressée, rameuse ; les feuilles sont épaisses et velues ; les fleurs sont jaunes, grandes, terminales. La capsule est très longue, arquée, tuberculeuse.

Le suc du pavot cornu a les mêmes propriétés que celui de l'éclaire.

On falsifie souvent l'opium avec la graine.

CORYDALIS SOLIDA. SM.

(Du grec *corydallos*, alouette : allusion à l'éperon de la corolle qui ressemble au doigt postérieur de l'alouette.)

Syn. : *Corydalle bulbeux*, *Fumeterre solide.*

(Fumariacées.)

Plante vivace, à souche bulbeuse, de 10 à 30 centimètres, croissant surtout dans les lieux ombragés. Elle fleurit en avril.

La tige est herbacée, dressée, munie d'une écaille au-dessous des feuilles ; celles-ci sont glabres, pétiolées, à divisions cunéiformes, incisées. Les fleurs sont purpurines, en grappe simple.

La tige et les feuilles sont quelquefois employées comme vermifuges.

FUMARIA OFFICINALIS. L.

(Du latin *fumus*, fumée : ces plantes ont l'amertume de la fumée.)

Syn. : *Fumeterre officinale*, *Herbe à la jaunisse*, *Fine-terre*, *Pisse-sang*.

(Fumariacées.)

Plante annuelle, de 20 à 60 centimètres, affectionnant surtout les endroits cultivés. Elle fleurit en mai.

Les feuilles sont alternes, pétiolées, bi-tripinnatiséquées, glabres, molles, d'un vert glauque. Les fleurs sont ordinairement nombreuses, souvent purpurines, en longues grappes assez lâches.

Toute la plante est employée en médecine. Elle a une saveur amère un peu salée. On en extrait la *fumarine* et l'acide fumarique.

Ses principes se dissolvent dans l'eau, le vin et l'alcool.

La fumeterre jouit de propriétés apéritives, dépuratives, diurétiques et toniques. Elle est aussi emménagogue. Elle favorise la congestion utérine en excitant les fibres musculaires de l'organe. Elle a été conseillée dans les affections des intestins et de l'estomac ; mais c'est surtout contre la jaunisse qu'elle était autrefois vantée. On donnait le suc de la plante mélangé avec celui du pissenlit et de la chicorée sauvage.

Elle jouissait, il y a un demi-siècle, d'un grand crédit dans les maladies de la peau. Certains pensent que ces affections sont dues à des âcretés du sang et administrent la fumeterre comme dépurative, pour chasser de l'économie ces principes nuisibles. On a remarqué qu'elle réussissait surtout chez les personnes faibles. Elle stimule les fonctions des organes et augmentent les sécrétions.

Son usage est aussi indiqué dans le scorbut, la scrofule, dans certaines fièvres et même contre les vers intestinaux. Sauf pour le dernier cas, on doit suivre le traitement pendant plusieurs mois. On fait prendre le suc matin et soir, puis comme boisson, de la tisane de fumeterre. On se sert aussi avec succès de la poudre ajoutée au petit lait.

La tisane se prépare par infusion (20 grammes de plante fraîche ou 40 grammes de plante sèche pour 1 litre d'eau). On administre le sirop à la dose de 60 grammes contre l'impétigo des enfants; on fait aussi un extrait aqueux (0 gr. 50 à 2 gr.).

On emploie indistinctement les autres espèces : F. *parviflora, Vaillantii, capreolata, Borœi, densiflora.*

CHEIRANTHUS CHEIRI. L.

(Du grec *cheir*, main, *anthos*, fleur.)

Syn. : *Giroflée de muraille*, *Violier jaune*, *Murailler*, *Muretier*, *Ravenelle* ; en picard : *Ginofraie*.

(CRUCIFÈRES.)

Plante vivace, de 20 à 40 centimètres, assez commune sur les vieux murs. Elle fleurit en mars.

La tige est sublignense, anguleuse ; les feuilles sont entières, lancéolées, pubescentes, persistant souvent pendant l'hiver ; les fleurs sont jaunes, très odorantes ; les siliques sont dressées.

Autrefois on employait la giroflée dans les maladies du foie.

BARBAREA VULGARIS R. Br.

(Du latin *Barbara*, nom de Sainte-Barbe.)

Syn. : *Barbarée*, *Herbe au charpentier*, *Herbe de Sainte-Barbe*, *Rondotte*.

(CRUCIFÈRES.)

Plante glabre, de 30 à 60 centimètres, assez commune dans les endroits humides. Elle fleurit en mai.

La tige est dressée, anguleuse ; les feuilles inférieures sont pinnatipartites lyrées, les supérieures obovales, crénelées. Les fleurs sont jaunes, en grappes souvent allongées. Les siliques sont courtes, à bec allongé.

La barbarée est employée en médecine comme antiscorbutique, apéritive, amère, stimulante et dépurative. Elle est indiquée contre l'inappétence, la dyspepsie, les affections du rein, la gravelle, la goutte. Les feuilles mâchées raffermissent les gencives enflammées.

On fait un vin de barbarée (5 à 10 gr. de semences pour 1 litre de vin). On mange les feuilles en salade ou préparées comme les épinards.

CARDAMINE PRATENSIS. L.

(Du grec *cardamon*, cresson.)

Syn. : *Cardamine des prés*, *Cresson des prés*, *Cressonnette*.

(Crucifères.)

Plante vivace, de 20 à 50 centimètres, commune dans les endroits humides. Elle fleurit en avril.

La tige est dressée, simple, glabre ; les feuilles sont pinnatiséquées ; les radicales à segments ovales, suborbiculaires, les supérieures à segments linéaires ; les fleurs sont d'un rose lilas, rarement blanches.

La cardamine est stimulante et dépurative. On mange quelquefois les jeunes pousses en salade comme le cresson.

NASTURTIUM OFFICINALE. R. BR.

(Du latin *nasus*, nez, *tortus*, tordu : allusion à la saveur piquante du cresson qui fait froncer le nez.)

Syn. : *Cresson de fontaine*, *Cresson d'eau*.

(Crucifères.)

Plante vivace, glabre, de 5 à 25 centimètres, assez commune dans les ruisseaux, auprès des sources. Elle fleurit en juin.

La tige est fistuleuse, rameuse, glabre, couchée radicante ou dressée ; les feuilles sont pinnatiséquées, à lobes ovales ou oblongs, le terminal plus grand ; les fleurs sont blanches, en grappe ; les sépales sont verts ; les siliques sont linéaires, arquées, étalées.

Le cresson renferme du fer, du soufre, des phosphates, de l'oxalate de potasse. Depuis longtemps, on connaît ses propriétés dépuratives, antiscorbutiques, apéritives, expectorantes, diurétiques et stimulantes. On l'a conseillé longtemps dans la tuberculose. On le recommande encore aujourd'hui contre l'inappétence, la dyspepsie, le scorbut, la scrofule, les affections cutanées. Cazin ordonnait le jus de cresson mêlé avec autant de lait, à la dose de 120 grammes, aux sujets faibles et lymphatiques.

Dans le scorbut on donne le jus et on fait mâcher les feuilles. Récamier le conseillait dans l'ascite comme diurétique. On mélange souvent les jus de cresson, de fumeterre, de chicorée sauvage et de ményanthe. On met du cresson dans les bouillons de veau, de poulet, de grenouille et d'oseille. On mange ordinairement aussi tige et feuilles en salade. La culture du cresson dans les endroits demi-inondés, dans les jardins, est assez facile. Il suffit d'arroser fréquemment. On choisit, dans un coin du potager, dit F. de la Roche, à une exposition ombragée, une plate-bande, dans laquelle on creuse des rigoles parallèles peu profondes, larges de 0 m. 12 et espacées de 20 à 25 centimètres. Au fond de celles-ci, on dépose des racines de cresson qu'on recouvre d'une mince couche de terreau. On mouille ensuite fortement et on tasse. Le cresson des eaux courantes est préférable.

Les premières cressonnières de France ont été établies en 1809, à la suite de l'entrevue d'Erfürt. Après avoir vu celles de l'Allemagne, Napoléon Ier en fit creuser à Saint-Léonard (Oise), sous la direction de Cardon, officier d'Administration. Ces tranchées sont parallèles et disposées en pente pour que l'eau puisse s'écouler de l'une dans l'autre.

Cette culture a pris aujourd'hui, en France, une extension considérable.

SISYMBRIUM OFFICINALE. SCOP.

(Du grec *sisymbrion*, espèce de cresson.)

Syn. : *Vélar officinal*, *Tortelle*, *Herbe aux chantres.*

(Crucifères.)

Plante velue, annuelle, de 30 à 80 centimètres, très commune dans les décombres. Elle fleurit en juin.

La tige est raide, effilée, dressée, cylindrique, rameuse

supérieurement ; les rameaux sont divariqués ; les feuilles sont alternes, pétiolées, les inférieures roncinées-pinnatifides ; les fleurs sont petites, jaunes ; les siliques sont pubescentes, subulées, appliquées contre la tige.

On emploie les sommités de vélar contre les enrouements et les catarrhes bronchiques. Elles jouissent de propriétés pectorales, expectorantes et antiscorbutiques. Elles sont indiquées contre la scrofule et le scorbut. On les administre en infusion (10 gr. pour 1 litre d'eau) ou en sirop (30 à 60 gr. par jour).

La racine possède les vertus apéritives, diurétiques, antiscorbutiques et rubéfiantes de celle du raifort.

Le vélar était déjà préconisé du temps de Boileau contre les affections du larynx. Dans une lettre à Racine, ce poète parle d'un chantre de Notre-Dame auquel des infusions de vélar auraient rendu la voix qu'il avait perdue depuis six mois. Il y a certainement là de l'exagération ; néanmoins le nom d'*Herbe aux chantres* a persisté et on le vante encore aujourd'hui dans l'aphonie et les enrouements.

SISYMBRIUM ALLIARIA. SCOP.

Syn. : *Alliaire, Herbe à l'ail, Julienne alliaire.*

(Crucifères.)

Plante d'un vert pâle, vivace ou annuelle, de 30 à 80 centimètres, assez commune dans certaines régions, le long des haies. Elle fleurit en avril.

La tige est dressée, un peu rameuse supérieurement, velue à la base ; les feuilles inférieures sont réniformes, crénelées, les supérieures ovales-cordiformes ; les fleurs sont blanches, grandes ; les siliques sont raides, étalées, ascendantes.

Les graines, oblongues, noires, striées, remplacent quelquefois celles de la moutarde, mais elles sont bien moins actives.

Par le froissement, les feuilles dégagent une forte odeur d'ail.

L'alliaire communique aussi cette même odeur au lait des vaches qui la broutent.

SISYMBRIUM SOPHIA. L.

Syn. : *Thalictron, Sagesse des chirurgiens.*

(Crucifères.)

Plante pubescente annuelle, de 30 à 90 centimètres, croissant le long des chemins, dans les décombres. Elle fleurit en mai.

La tige est dressée, rameuse supérieurement ; les feuilles sont bitripinnatiséquées ; les fleurs sont petites, jaunes ; les siliques sont glabres, grêles, étalées.

Autrefois employée comme vulnéraire, le thalictron est aujourd'hui délaissé.

ERYSIMUM CHEIRANTHOIDES. L.

(Du grec *eruo*, je sauve, *oïmé*, le chant.)

Syn. : *Vélar fausse-giroflée.*

(Crucifères.)

Plante velue, annuelle, de 30 à 60 centimètres, assez commune dans les décombres, sur les voies ferrées, dans les fossés. Elle fleurit en juin.

La tige est dressée ; les feuilles sont entières, oblongues-lancéolées ; les fleurs sont jaunes, petites, en grappes allongées ; les siliques sont étalées, ascendantes.

On employait autrefois les sommités de la fausse giroflée en infusion contre les laryngites. Cette espèce était aussi très vantée contre les bronchites. Racine en conseilla un jour à son ami Boileau qui se plaignait d'une toux tenace.

HESPERIS MATRONALIS. L.

(Du grec *csperos*, soir.)

Syn. : *Julienne des dames*, *Hespéride des jardins* ; en picard: *Lébeurré.*

(Crucifères.)

Plante bisannuelle ou vivace, de 30 à 70 centimètres, croissant souvent près des habitations. Elle fleurit en mai.

La tige est dressée, rameuse ; les feuilles sont oblongues, dentées, rudes ; les fleurs lilacées, blanches, odorantes ; les sépales égalent le pédicelle ou sont plus courts ; la grappe fructifère est longue ; les siliques sont ascendantes, grêles, glabres ou pubescentes.

Les sommités de la julienne sont diurétiques et antiscorbutiques. On les a conseillées dans le rhumatisme, la goutte, la gravelle, les maladies du foie et de la peau. On a employé le suc de la plante dans les bronchites catarrhales et le scorbut.

Les anciens attribuaient à l'hespéride des propriétés résolutives et appliquaient les feuilles sur les engorgements ganglionnaires.

DIPLOTAXIS MURALIS. DC.

(Du grec *diplos*, double, *taxis*, rang : disposition des graines dans la loge.)

Syn. : *Diplotaxe des murailles*, *Roquette.*

(Crucifères.)

Plante pubescente, bisannuelle ou vivace, de 10 à 40 centimètres, croissant sur les murs, dans les champs. Elle fleurit en juin.

La tige est herbacée, ascendante, feuillée à la base ; les feuilles sont sinuées, pinnatifides, à lobes ovales ; les fleurs sont jaunes ; les siliques sont linéaires, comprimées.

Le diplotaxe est antiscorbutique. On en fait un sirop ayant à peu près les propriétés du vrai sirop antiscorbutique qui est préparé avec le cochléaria, le cresson, le ményanthe et le raifort.

BRASSICA OLERACEA. L.

(Du grec *prasiké*, légume.)

Syn. : *Chou sauvage.*

(CRUCIFÈRES.)

Plante glauque, ordinairement bisannuelle, de 40 à 80 centimètres, affectionnant la région maritime. On la rencontre, en Picardie, dans les fissures des falaises de Mers. Elle fleurit en mai. C'est le type de nos choux cultivés.

La tige est rameuse ; les feuilles sont épaisses, charnues ; les inférieures lyrées, sinuées, ondulées, les supérieures obovales, sessiles, les fleurs sont jaunes, en grappes lâches ; les siliques sont étalées, ascendantes.

Le chou sauvage a des propriétés antiscorbutiques et pectorales. Il jouissait d'une grande renommée chez les Romains. Il est encore indiqué en décoction dans certaines bronchites et dans les engorgements ganglionnaires.

Les variétés du chou sauvage sont nombreuses : chou de Bruxelles, chou frisé, chou pommé, chou-fleur, chou-rave, chou rouge. Elles jouissent toutes des mêmes vertus.

Les autres espèces : *B. napus*, *B. rapa* et leurs variétés *oleifera* (colza), *esculenta* (navet), *napobrassica* (rutabaga), *a. oleifera* (navette d'été), *B. esculenta* (rave), étaient employées autrefois dans les bronchites et les entérites.

Le bouillon, le sirop de chou rouge et de navet avaient une grande vogue.

Les semences de navet sont diurétiques et sudorifiques. On les administre en poudre à la dose de 4 à 8 grammes dans une infusion de tilleul.

Les feuilles de colza sont stimulantes, apéritives, diurétiques et antiscorbutiques.

On les donne en infusion (25 à 50 gr. par litre d'eau) dans les maladies de peau, la scrofule, l'anémie.

L'huile de colza est laxative et vermifuge. On la conseille à la dose de 60 à 100 grammes le matin à jeûn. Contre les vers intestinaux, on emploie surtout l'huile en lavements.

BRASSICA NIGRA. KOCH.

Syn. : *Moutarde noire, Sénevé.*

(Crucifères.)

Plante hérissée, annuelle, de 60 centimètres à 1 mètre, assez commune dans les environs d'Abbeville. Elle fleurit en juin.

La tige est dressée, rameuse ; les feuilles sont pétiolées, les inférieures lyrées-pinnatifides, les supérieures sont lancéolées ; les fleurs sont jaunes ; les siliques dressées.

Le principe actif de la moutarde noire est la *myrosine* qui ressemble beaucoup à l'albumine.

La graine renferme en outre une huile fixe et un glucoside (myronate de potasse ou *sinigrine*).

La préparation qu'on emploie ordinairement est la poudre ou farine de moutarde. On a donné autrefois la poudre de moutarde à l'intérieur pour exciter les fibres musculaires de l'estomac.

Murray prétendait que la moutarde dispose à la gaîté. Bergius faisait administrer quatre ou cinq cuillerées à soupe de graines de moutarde, par jour, dans la constipation. Il faut éviter de boire après l'ingestion du remède. Il traitait la fièvre intermittente de la même manière. Dans les formes rebelles, il faisait prendre un mélange de poudre de quinquina et de poudre de moutarde. Callisen vantait aussi ce mélange dans les fièvres putrides, néanmoins il avouait que ce médicament provoquait le vomissement. La graine de moutarde a été vantée aussi comme diurétique dans certains cas d'ascite. Elle déterminait des selles et des émissions d'urine abondantes qui amélioraient considérablement l'état du malade.

Le vin de semences de moutarde était autrefois considéré comme un excellent antiscorbutique. On faisait macérer dans 1 litre de vin blanc, pendant quarante-huit heures, 30 grammes de semences concassées.

C'est surtout pour l'usage externe que la farine de moutarde est indiquée. La meilleure manière de l'employer est la suivante : prendre une serviette, si on veut agir, par exemple, sur la base de la poitrine, la tremper dans l'eau froide, l'exprimer, étendre ensuite le linge, puis saupoudrer de farine de moutarde, appliquer sur la peau et recouvrir d'une couche d'ouate. Une vingtaine de minutes suffisent souvent pour obtenir une révulsion efficace, après avoir ôté ce sinapisme improvisé, laver la peau avec un peu d'eau tiède pour enlever les parcelles de farine.

La poudre de moutarde est certainement le meilleur des révulsifs. Infiniment supérieure au vésicatoire comme action, elle n'en a pas les inconvénients.

Elle est recommandée comme dérivative, dans les méningites et les affections cérébrales, les convulsions, sous forme de bains sinapisés (100 grammes de farine de moutarde pour 250 grammes d'eau froide ; verser dans l'eau tiède du bain), dans la diarrhée infantile et les diarrhées graves ; comme révulsive, dans la pleurésie, la bronchite, la laryngite, la pneumonie, la néphrite, l'entérite, le lumbago, le rhumatisme, la goutte, etc., etc.

La moutarde, ce condiment si connu en cuisine, est préparée avec la farine de moutarde noire.

Cette espèce est cultivée en Picardie, en Flandre et en Alsace.

La graine de Picardie est la moins estimée.

Les autres moutardes : *Sinapis arvensis*, L. (vulg. Sénevé, Moutarde sauvage, Moutarde des champs, Sanve), en picard de Proyart : *Ganet*, et *Sinapis alba*, L. (vulg. Sénevé, Moutarde blanche), ont à peu près les mêmes propriétés que *Brassica nigra*, mais sont bien moins énergiques.

Le principe actif de la moutarde blanche est la *sinapisine* (Bouchardat). La graine renferme une huile fixe, un mucilage, un ferment (*myrosine*) et un glucoside (*sinalbine*).

Elle constitue encore un remède populaire contre la constipation et certaines affections intestinales.

RAPHANUS SATIVUS. L.

(Du grec *ra*, promptement, *phaïnomai*, j'apparais.)

Syn. : *Raifort ordinaire, Radis cultivé.*

(CRUCIFÈRES.)

Plante hispide, annuelle ou bisannuelle, de 40 à 80 centimètres, cultivée dans les jardins. Elle fleurit en juin.

La tige est dressée, rameuse; les feuilles sont rudes, pinnatifides, à lobes arrondis; les fleurs sont violettes ou blanches, veinées de violet ; les siliques sont continues, renflées, spongieuses.

La racine de raifort ordinaire est renflée ; elle a été employée autrefois sous forme de décoction, de vin, de bière, de sirop, contre les affections de poitrine, dans les catarrhes bronchiques, dans les angines! Elle est excitante, antiscorbutique et expectorante.

La variété *niger* (Radis noir, en picard de Proyart : Rameula), les sous-variétés *rotundus* (Radis), *oblongus* (Petite rave), l'espèce *Raphanus raphanistrum*, L. (Ravenelle, Raveluche, Jotte) ont à peu près les mêmes propriétés.

La décoction de radis noir est encore recommandée comme antiscorbutique.

ALYSSUM CALYCINUM. L.

(Du grec *a*, privatif, *lyssa*, rage: on croyait autrefois que ces plantes préservaient de la rage.)

Syn. : *Alysson des champs, Corbeille dorée sauvage.*

(CRUCIFÈRES.)

Plante blanchâtre, velue, annuelle, haute de 10 à 20 centimètres, commune dans les endroits calcaires. Elle fleurit en mai.

Les tiges sont nombreuses, ascendantes, subligneuses. Les feuilles sont oblongues, entières. Les fleurs sont d'abord jaunes, puis deviennent blanchâtres. Les silicules sont suborbiculaires, un peu échancrées.

La graine a été jadis employée contre la rage.

COCHLEARIA ARMORACIA L.

(Du latin *cochleare*, cuiller.)

Syn. : *Raifort sauvage*, *Grand raifort*, *Cran de Bretagne*, *Cranson rustique*, *Moutarde des capucins*, *Moutarde des Allemands*.

(Crucifères.)

Plante robuste, vivace, de 80 centimètres à 1 m. 20, subspontanée près des habitations. Elle fleurit en juin.

La tige est dressée ; les feuilles radicales sont pétiolées, ovales, crénelées, les caulinaires inférieures, pinnatifides, les supérieures, lancéolées-linéaires ; les fleurs sont blanches ; les silicules, subglobuleuses.

La racine est cylindrique, épaisse, charnue, blanche. Elle a une saveur piquante. Elle renferme de la *myrosine* et du myronate de potasse qui donnent avec l'eau une essence analogue à celle de la moutarde noire.

Dans le Nord, on fait dessécher la racine, on la pulvérise et on en confectionne une moutarde, en ajoutant un peu de vinaigre.

On emploie, en médecine, l'infusion de racines fraîches de raifort sauvage (20 gr. pour 1 litre d'eau) comme antiscorbutique. On prépare un vin et un sirop de raifort. Cette plante jouit de propriétés stimulantes, expectorantes et antiscorbutiques. C'est aussi un excellent stomachique. Elle stimule les fonctions de l'estomac et de l'intestin. Elle est indiquée par certains auteurs comme diurétique. Autrefois on employait la poudre de racine à l'extérieur comme révulsive. Elle remplaçait la farine de moutarde. Cette espèce est recommandée dans le lymphatisme, dans les engorgements ganglionnaires, dans les catarrhes bronchiques, dans l'œdème du poumon, dans le rhumatisme. Bergius conseillait, dans ce dernier cas, l'usage du raifort pendant un mois.

Dans certains pays, on fait un usage habituel de la racine de raifort aux repas ; on la mêle aux aliments ; d'où le nom de moutarde des capucins, des Allemands.

CAMELINA SATIVA. CRANTZ

(Du grec *camaï*, à terre, *linon*, lin : cette plante croit souvent dans les champs de lin.)

Syn. : *Cameline cultivée.*

(Crucifères.)

Plante poilue, annuelle, 40 à 80 centimètres, subspontanée. Elle fleurit en juin.

La tige est dressée, un peu rameuse ; les feuilles sont oblongues, entières ou denticulées ; les supérieures, sagittées à la base. Les fleurs sont jaunâtres, en grappes terminales. Les silicules sont ovoïdes.

On s'est servi autrefois, en médecine, de l'huile de cameline comme émolliente.

Dans la Somme, on cultive généralement la variété *glabrata*.

Les Picards la nomment *camamille* et font des balais avec les tiges.

THLASPI ARVENSE. L.

(Du grec *thlaein*, comprimer.)

Syn. : *Tabouret des champs, Monnoyère, Herbe aux écus.*

(Crucifères.)

Plante glabre, annuelle, de 20 à 40 centimètres, assez rare en Picardie. Elle fleurit en mai.

La tige est dressée, simple ou rameuse supérieurement, les feuilles sont oblongues, entières ou dentées, les radicales pétiolées, les caulinaires sagittées, amplexicaules. Les fleurs sont blanches. Les silicules sont très grandes, suborbiculaires, à bords membraneux.

Lorsqu'on froisse les feuilles de cette plante, elles dégagent une certaine odeur d'ail.

On préconisait autrefois cette espèce dans le scorbut, le rhumatisme, les engorgements ganglionnaires.

CAPSELLA BURSA PASTORIS. MŒNCH.

(Diminutif de *capsula*, petite boîte.)

Syn. : *Bourse à pasteur. Tabouret, Boursette. Bourse à berger, Malette.*

(Crucifères.)

Plante ordinairement pubescente à la base, de 10 à 50 centimètres, très commune aux bords des chemins. Elle fleurit en mars.

La tige est dressée, simple ou rameuse supérieurement. Les feuilles radicales sont en rosette, entières, dentées ou pinnatifides ; celles de la tige, plus petites, amplexicaules, sagittées. Les fleurs sont blanches, en grappes terminales. Les silicules ont une petite échancrure.

La bourse à pasteur est inodore ; sa saveur est légèrement salée. Elle est astringente. On employait le suc de cette plante, à la dose de 100 grammes, dans certaines hémorragies. L'infusion de sommités (50 gr. pour 1 litre d'eau) est encore préconisée aujourd'hui pour les femmes qui ont des règles peu abondantes. Il faut prendre deux verres de cette tisane dans les vingt-quatre heures quelques jours avant l'époque présumée des règles et en continuer l'usage quelque temps après l'apparition des menstrues.

Elle est indiquée aussi dans l'hématurie (pissement de sang), dans le scorbut, la diarrhée. Dom Robbe l'indiquait comme fébrifuge.

LEPIDIUM CAMPESTRE. R. BR.

(Du grec *lepis*, écaille ; allusion aux écailles qui couvrent la silicule.)

Syn. : *Passerage des champs*, *Bourse de Judas.*

(Crucifères.)

Plante velue, grisâtre, annuelle, de 30 à 50 centimètres, assez commune dans les champs, dans les lieux incultes. Elle fleurit en mai.

La tige est dressée, souvent rameuse supérieurement. Les feuilles radicales sont en rosette, oblongues, dentées. Les fleurs sont petites, blanches, en grappe serrée. Les silicules sont ovales, oblongues, échancrées, à lobes arrondis.

La passerage a des propriétés antiscorbutiques. Elle est employée en infusion comme stimulante, apéritive. Elle a dû être administrée contre la rage, d'où son nom.

Les feuilles sont quelquefois indiquées comme rubéfiantes. Leur infusion est stimulante, diaphorétique, diurétique et antiscorbutique.

Les autres espèces : Lepidium sativum, L. (*cresson des jardins*, *cresson alénois*, *passerage cresson*, *nasitort*), Lepidium latifolium, L. (*petite passerage*, *chasserage*, *nasitort sauvage*), Lepidium ruderale, L. (*passerage des rues*), ont toutes des propriétés antiscorbutiques. Le cresson alénois sert souvent d'assaisonnement aux salades de laitue.

ISATIS TINCTORIA L.

(Du grec *isazo*, je rends uni : le pastel servait autrefois de cosmétique.)

Syn. : *Pastel*, *Guède*, *Herbe de saint Philippe*, *Vouède.*

(Crucifères.)

Plante bisannuelle, de 50 à 80 centimètres, assez commune dans les carrières, les décombres. Elle fleurit en mai.

La tige est dressée, rameuse supérieurement. Les feuilles sont oblongues, les radicales sont pubescentes, celles de la tige sont sagittées. Les fleurs sont jaunes, petites, en grappes lâches.

Le pastel a des propriétés antiscorbutiques, mais il est aujourd'hui à peu près délaissé.

On le cultivait autrefois en Picardie pour la couleur bleue qu'on extrayait de ses feuilles.

CRAMBE MARITIMA. L.

(Nom grec du chou.)

Syn. : *Chou marin.*

(CRUCIFÈRES.)

Plante robuste, glauque, à racine épaisse, de 30 à 60 centimètres. C'est une espèce très rare qu'on ne rencontre que sur le littoral. Elle fleurit en mai.

Les tiges sont en touffe, les feuilles sont charnues, ondulées, ovales, arrondies, un peu sinuées ; les fleurs sont blanches, petites, en panicule corymbiforme ; les silicules sont grosses, subglobuleuses, dures, monospermes.

Le chou marin est un excellent antiscorbutique. On emploie les feuilles en décoction. Au Hourdel et à Cayeux-sur-Mer, on le cultive dans quelques jardins.

HELIANTHEMUM VULGARE. GAERTN.

(*Helios*, soleil, *anthos*, fleur.)

Syn. : *Hélianthème, Herbe d'or, Fleur du soleil.*

(CISTINÉES.)

Plante ligneuse, pubescente, de 10 à 40 centimètres, commune sur les coteaux arides, bien exposés au soleil. Elle fleurit en juin.

La tige présente des rameaux étalés, ascendants ; les feuilles sont opposées, ovales, à bords roulés, blanchâtres en dessous ; les fleurs sont grandes, jaunes, en grappes lâches terminales. Elles ne durent qu'un jour.

L'hélianthème est encore employé aujourd'hui comme vulnéraire.

VIOLA ODORATA. L.

(Du grec *ion*, violet.)

Syn. : *Violette de carême, Violette de mars,*

Violette odorante, Violette.

(Violariées.)

Plante vivace, de 10 à 20 centimètres, pubescente, stolonifère, commune le long des haies, à la lisière des bois, dans les endroits ombragés. Elle fleurit en mars.

Les feuilles sont ovales, cordées, réniformes, crénelées. Les fleurs sont ordinairement violettes, solitaires, très odorantes. Le fruit est subglobuleux.

La violette est adoucissante, émolliente, béchique et sudorifique. Elle fait partie des fleurs pectorales. On ordonne souvent dans la bronchite l'infusion de fleurs sèches (10 gr. pour 1 litre d'eau) ; si la dose ordinaire est dépassée elle devient laxative. On l'a signalée comme antispasmodique. On en prépare une eau distillée et un sirop.

La racine est émétique. Coste et Willemet ont employé la poudre de racine et ont obtenu des vomissements et des selles copieuses. Elle a été administrée à la dose de 4 grammes dans la dysenterie, et elle a donné à peu près les mêmes résultats que la racine d'ipécacuanha. Caventou a trouvé une petite quantité *d'émétine* dans les racines de la violette odorante. Boullay a extrait de cette plante un principe actif, amer, âcre et vireux, semblable à l'émétine, la *violine*, qui se présente sous la forme d'une poudre blanche. Les propriétés de la *violine* ont été constatées par le professeur Orfila. Le principe réside également dans les racines, les feuilles, les fleurs et les semences de la plante. Ces dernières jouissent même de vertus purgatives et pectorales.

La racine a une odeur désagréable qui rappelle celle de l'ipécacuanha. Il faut récolter les racines en automne ou au printemps.

Viola canina. L. (Violette de chien), *Viola sylvestris.* Koch (Violette des bois), jouissent à peu près des mêmes propriétés.

VIOLA TRICOLOR. L.

Syn. : *Pensée sauvage, Pensée des champs, Fleur de la Trinité, Herbe à la clavelée.*

(VIOLARIÉES.)

Plante annuelle, glabre, de 10 à 30 centimètres, commune dans les champs, surtout dans les terrains maigres. Elle fleurit en mai.

Les tiges sont dressées, nombreuses, rameuses, diffuses, ascendantes, anguleuses, quelquefois trigones ; les feuilles sont oblongues, ovales, crénelées, les inférieures cordées à la base.

Les fleurs sont violettes, jaunes, veloutées. La capsule est trigone.

La pensée sauvage renferme de la *violine*, de l'acide salicylique et de la *violaquercitrine*.

On emploie surtout les sommités de pensée sauvage en infusion (20 gr. pour 1 litre d'eau). A faible dose elle est tonique, à haute dose, elle est émétique. D'après Bergius, la tige serait purgative et les racines vomitives.

Cette espèce est indiquée comme sudorifique, diurétique, dépurative et antiscrofuleuse. Elle est recommandée dans le rhumatisme, dans les affections de la peau : eczéma, herpès, impétigo des enfants, etc.

On la donne aux nourrissons en décoction dans du petit lait (1 à 3 gr. pour 1/2 litre) ou sous forme de sirop. On l'employait aussi en cataplasmes. On ne doit pas délaisser la pensée sauvage qui constitue un excellent médicament comme amer et tonique.

L'espèce *sabulosa* qui ne croît que dans les sables maritimes jouit des mêmes propriétés.

RESEDA LUTEOLA. L.

(Du latin *resedare*, calmer.)

Syn. : *Gaude*.

(Résédacées.)

Plante bisannuelle, de 50 centimètres à 1 mètre, assez commune dans les carrières, dans les décombres. Elle fleurit en juin.

La tige est raide, dressée, ordinairement rameuse. Les feuilles sont sessiles, lancéolées, entières, les radicales en rosette, ondulées. Les fleurs sont jaunes, en grappes compactes, très longues. La capsule est subglobuleuse.

La racine de la gaude est apéritive et vulnéraire. On employait autrefois les feuilles comme diaphorétiques et comme tœnifuges. On cultivait jadis cette plante pour la belle matière tinctoriale qu'elle renferme, la *lutéoline*, qui sert à teindre la soie en jaune.

DROSERA ROTUNDIFOLIA. L.

(Du grec *drosos*, rosée : allusion aux gouttes de rosée qu'on voit à l'extrémité des cils des feuilles.)

Syn. : *Rossolis à feuilles rondes*.

(Droséracées.)

Plante vivace, de 10 à 20 centimètres, très rare, qu'on ne trouve que dans quelques marais. Elle fleurit en juillet.

La tige est rougeâtre, dressée. Les feuilles sont radicales, en rosette, suborbiculaires, bordées de longs cils. Les fleurs sont petites, blanchâtres, en grappes unilatérales.

Le rossolis jouit de propriétés calmantes. On l'emploie en infusion contre la coqueluche, l'asthme et la tuberculose. La teinture de drosera est antispamodique et indiquée dans les mêmes cas.

PARNASSIA PALUSTRIS. L.

(Du latin *Parnassus*, Parnasse.)

Syn. : *Parnassie des marais*, *Hépatique blanche*, *Foin du Parnasse*.

(Droséracées.)

Plante vivace, glabre, de 10 à 40 centimètres, assez commune dans les prés humides et tourbeux. On la rencontre aussi dans certaines montagnes, à 2000 mètres d'altitude. Elle fleurit en juin.

La tige est dressée, anguleuse; les feuilles radicales sont cordiformes, entières, lisses, la caulinaire embrassante sessile.

La parnassie est amère, astringente. On préconisait autrefois les feuilles dans la diarrhée, les maladies du foie, des yeux. En Suède, on les emploie en décoction dans la bière, contre certaines affections de l'estomac.

Les anciens trouvaient cette plante si belle, qu'ils lui assignaient comme origine le mont Parnasse, dédié aux dieux et séjour des poètes, d'où son nom de foin du Parnasse (gramen Parnassi).

POLYGALA VULGARIS. L.

(Du grec *polus*, beaucoup, *gala*, lait : plantes donnant beaucoup de lait aux animaux qui s'en nourrissent.)

Syn. : *Laitier*.

(Polygalées.)

Plante vivace, de 15 à 30 centimètres, commune dans les endroits calcaires et sur les coteaux secs. Elle fleurit en mai.

Les tiges sont grêles, diffuses, ascendantes; les feuilles sont alternes, les inférieures elliptiques, les supérieures lancéolées, linéaires. Les fleurs sont bleues, roses ou blanches, en grappes allongées. La racine est dure, assez grosse.

On emploie l'écorce de la racine en infusion dans les bronchites. Elle augmente la sécrétion salivaire. Ses propriétés sont toniques, excitantes, expectorantes. A dose élevée, elle est émétique. Elle a été indiquée contre l'asthme, le rhumatisme chronique, l'atonie des organes digestifs, l'anémie.

L'acide polygalique est le principe actif de la racine de polygala. C'est une poudre blanche, soluble dans l'eau. On recommande aussi l'infusion de toute la plante sèche, à la dose de 25 grammes. La décoction de semences a été vantée contre la tuberculose. Le polygala était autrefois considéré comme galactigène.

POLYGALA CALCAREA. F. SCHULTZ.

Syn. : *Laitier des coteaux.*

(Polygalées.)

Plante vivace, de 10 à 20 centimètres, assez commune sur les coteaux calcaires. Elle fleurit en mai.

Les tiges sont étalées, les feuilles sont larges, obovales, celles des rameaux plus petites. Les fleurs sont bleues, roses ou blanches, en grappes courtes.

Les sommités de ce laitier sont employées comme toniques.

DIANTHUS CARYOPHYLLUS. L.

(Du grec *Dios*, Jupiter, *anthos*, fleur : l'œillet était consacré à Jupiter.)

Syn. : *Œillet des jardins*, *Œillet rouge.*

(Silénées.)

Plante glabre, vivace, de 30 à 50 centimètres, assez rare. Elle croît surtout sur les vieux murs et fleurit en juillet.

Les tiges sont ascendantes, renflées aux nœuds; les feuilles sont linéaires, canaliculées; les fleurs sont très odorantes, roses. Elles ont un calice et un calicule.

Les pétales d'œillet sont seuls employés en médecine. Ils ont une odeur très agréable. Avant de les faire sécher, on enlève les onglets. Ils sont diaphorétiques et légèrement excitants. On les administre en infusion (30 grammes de plante sèche par litre d'eau) et en sirop. Ce dernier jouit de propriétés vermifuges, toniques et stomachiques.

SAPONARIA OFFICINALIS. L.

(Du latin *sapo*, savon.)

Syn. : *Saponaire officinale*, *Savonnière*, *Herbe à foulon*, *Savon de fossé*, *Saponaire*.

(Silénées.)

Plante presque glabre, vivace, de 30 à 60 centimètres. On la rencontre surtout aux bords des chemins, sur les digues, les berges des rivières, les talus des chemins de fer, les terrains vagues. Elle fleurit en juillet.

La tige est dressée, rameuse supérieurement. Les feuilles sont ovales, lancéolées, opposées. Les fleurs sont roses, fasciculées, en panicule. Les pétales sont grands, munis d'appendices linéaires à la base. Le calice est cylindrique. La racine est assez grosse.

La saponaire contient un principe immédiat, *la saponine*, que l'eau dissout facilement. Le liquide présente alors une certaine consistance, lorsqu'on l'agite, il mousse comme l'eau dans laquelle on a mis du savon : d'où le nom de *saponaire*, de *sapo*, savon.

Il faut surtout employer la décoction de plante fraîche (100 gr. de feuilles et de racine). Bergius s'est servi de cette préparation pour nettoyer du linge, pour enlever des taches d'huile et de graisse ; cependant la composition chimique du savon ne ressemble pas à celle de la saponaire.

Cette plante jouit de propriétés stimulantes, toniques, apéritives, diaphorétiques, diurétiques, dépuratives, fondantes et vermifuges. Elle est particulièrement indiquée en infusion (feuilles ou racines de saponaire : 15 gr. pour 1 litre d'eau) contre les affections de la peau. Elle a été préconisée dans la goutte, le rhumatisme, la syphilis, la jaunisse, dans certaines affections du foie, de la rate, des intestins et contre les vers intestinaux. Bergius, Peyrilhe et Alibert avaient une grande confiance dans les propriétés thérapeutiques de la saponaire. On l'a même recommandée dans l'hystérie.

Le suc des feuilles mêlé avec le petit lait constitue une excellente lotion contre l'acné de la face.

Aujourd'hui elle est encore ordonnée dans les affections de la peau et les engorgements ganglionnaires. Contre ces derniers, on peut employer en même temps les cataplasmes de feuilles. C'est un des meilleurs dépuratifs. Par ses propriétés légèrement toniques, c'est, en effet, un précieux adjuvant du mercure.

On l'administre surtout en infusion, en sirop (30 à 60 gr.), en extrait (1 à 4 gr.).

LYCHNIS GITHAGO. LMK.

(Du grec *lychnos*, lampe.)

Syn. : *Nielle des blés*, *Alène*, *Coquelourde*, *Noyelle*, *Couronne des blés* ; en picard de Proyart : *Nelle*.

(Silénées.)

Plante annuelle, velue, de 50 centimètres à 1 mètre, très commune dans les moissons. Elle fleurit en juin.

La tige est ordinairement peu rameuse. Les feuilles sont sessiles, linéaires, longues. Les fleurs sont grandes, d'un rouge violacé. Les divisions du calice dépassent longuement les pétales.

La nielle des blés renferme de la *saponine*. Les graines ont été conseillées autrefois comme purgatives et contre les affections de la peau. On la délaisse aujourd'hui avec raison. C'est un médicament trop dangereux.

Les feuilles de cette plante étaient autrefois employées comme mèches de lampes.

La racine de Melandrium dioïcum, Coss. et Germ. (*Œillet blanc, Compagnon blanc*) renferme beaucoup de saponine et sert à dégraisser les étoffes.

CERASTIUM GLOMERATUM. THUILL.

(Du grec *ceras*, corne ; allusion à la forme de la capsule.)

Syn. : *Céraiste aggloméré, Céraiste visqueux.*

(Alsinées.)

Plante annuelle, de 5 à 30 centimètres, d'un vert-jaunâtre, très commune aux bords des chemins, dans les champs. Elle fleurit en mai.

La tige est herbacée, dressée ; les feuilles sont ovales ; les fleurs sont blanchesf agglomérées en cymes ; les pédicelles sont plus courts que le calice.

Les anciens employaient cette plante en infusion comme *rafraîchissante.*

HOLOSTEUM UMBELLATUM. L.

(Du grec *holos*, tout ; *osteon*, os ; nom donné par antiphrase.)

Syn. : *Sabline en ombelle.*

(Alsinées.)

Plante annuelle, pubescente, visqueuse au sommet, de 10 à 20 centimètres, assez commune sur les vieux murs, dans les endroits calcaires ou sablonneux. Elle fleurit en avril.

La tige est dressée, ascendante, rameuse. Les feuilles sont ovales, lancéolées. Les fleurs sont blanches. Les sépales sont scarieux aux bords.

Cette sabline est employée comme dépurative et rafraîchissante. Elle est peu usitée.

STELLARIA MEDIA. CYRILL.

(Du latin *stella*, étoile : allusion à la disposition des pétales.)
Syn. : *Mouron des oiseaux*, *Alsine*, *Morgeline*.

(ALSINÉES.)

Plante annuelle, de 5 à 30 centimètres, très commune. Elle fleurit toute l'année.

Les tiges sont diffuses, couchées, ascendantes, molles, munies d'un côté d'une ligne de poils alternant d'un nœud à l'autre, les feuilles sont molles, ovales-accuminées ; les fleurs sont petites, blanches, axillaires et en cymes terminales ; les bractées sont herbacées, les pétales sont bipartis, plus courts que le calice ; la capsule est oblongue.

Le mouron des oiseaux est diurétique et astringent. En médecine populaire, on emploie l'infusion (25 gr. par litre d'eau) dans la gastralgie et l'anémie. On applique aussi la plante pilée sur les seins pour arrêter les écoulements laiteux.

Dom Robbe classait la morgeline dans les épaississantes et rafraîchissantes.

On mange ce mouron préparé comme les épinards.

STELLARIA HOLOSTEA. L.

Syn. : *Stellaire holostée*, *Langue d'oiseau*, *Collerette de la Vierge*.

(ALSINÉES.)

Plante vivace, grêle, de 30 à 60 centimètres, très commune à la lisière des bois et dans les clairières, le long des haies. Elle fleurit en mai.

Les tiges sont étalées, ascendantes, raides, tétragones, scabres aux angles, fragiles. Les feuilles sont sessiles, lancéolées, linéaires, rudes aux bords et sur la nervure. Les fleurs sont blanches, en cymes dichotomes. Les sépales sont acuminés, sans nervures.

On utilisait autrefois cette plante comme émolliente. On en faisait des cataplasmes qu'on appliquait sur les abcès. L'infusion de feuilles était aussi indiquée dans l'inflammation des paupières.

HERNIARIA GLABRA. L.

(Du latin *hernia*, hernie.)

Syn. : *Herniaire, Turquette, Herbe du Turc, Herniole.*

(Paronychiées.)

Plante glabre, jaunâtre, de 5 à 20 centimètres, assez commune dans les endroits calcaires, sur les coteaux arides. Elle fleurit en juin.

Les tiges sont nombreuses. Les feuilles de la base sont opposées, stipulées, les supérieures alternes. Les fleurs sont petites, sessiles, jaunâtres.

La turquette est un bon diurétique qui est trop délaissé. Les Belges l'emploient souvent avec succès. Van der Brœck la prescrivait presque exclusivement comme diurétique à l'hôpital de Mons. Au temps de Matthiole et de Fallope, elle a joui d'une très grande renommée. On préconisait surtout la prescription suivante dans les hôpitaux belges : Herniaria glabra, 30 grammes ; eau, 300 grammes. Infusez pendant une heure et ajoutez nitrate de potasse, 4 grammes ; teinture de digitale, 2 grammes ; oxymel scillitique, 30 grammes. Par cuillerées à soupe dans les vingt-quatre heures.

C'est une plante qu'il faut prescrire et qui donne parfois d'excellents résultats, surtout associée à la scille et à la digitale dans les cas où ces derniers diurétiques n'agissent pas isolément. On attribuait autrefois à la turquette la propriété de réduire les hernies, d'où son nom. On appliquait simplement la plante sur la partie malade.

LINUM USITATISSIMUM. L.

(Du grec *linon*, fil.)

Syn. : *Lin cultivé, Lin usuel, Lin.*

(LINÉES.)

Plante glabre, annuelle, de 40 à 70 centimètres, assez commune dans le voisinage des habitations. Elle fleurit en juillet.

La tige est dressée, solitaire. Les feuilles sont lancéolées, linéaires. Les fleurs sont bleues, quelquefois blanchâtres. La capsule est globuleuse, acuminée. Les graines sont solitaires dans chaque loge, comprimées, très lisses, luisantes, un peu brunes au dehors.

On cultive le lin comme plante textile dans quelques localités de la Somme.

En médecine, on utilise la graine et l'huile.

Dans la graine de lin, on trouve de l'amidon, du sucre, du mucus, de la cire, de la résine molle, de la gomme, de l'albumine, une huile grasse, de l'acide acétique, etc.

En pilant la graine ou en l'écrasant dans un moulin, on obtient la farine de graine de lin. On en fait des cataplasmes émollients.

On donne aussi à l'intérieur la tisane de graine de lin (10 grammes dans 1 litre d'eau) dans les affections des voies urinaires, des intestins et des poumons. La graine de lin est indiquée aussi dans la constipation. Deux cuillerées à soupe de graine dans un demi-verre d'eau constituent un bon laxatif. Ce remède n'est plus guère prescrit aujourd'hui. La graine peut s'engager dans l'appendice vermiculaire, y jouer le rôle de corps étranger et déterminer des coliques appendiculaires.

Elle fournit aussi une huile qui est très émolliente et peut être employée comme purgative et vermifuge, à la dose de 30 grammes. On ne la prescrivait ordinairement qu'en lavements à la dose de 50 à 100 grammes. On fait aussi une décoction avec la graine de lin qu'on administre de la même manière. L'huile de lin est la plus dense de toutes les huiles.

On s'en sert surtout en peinture. Elle entre dans la fabrication des bougies et de certains pessaires.

Les anciens Égyptiens connaissaient déjà le lin puisqu'ils en confectionnaient des bandelettes pour leurs momies. Dans les constructions lacustres de la Suisse, on a pratiqué des fouilles qui ont démontré que les Helvètes de l'âge de pierre cultivaient et tissaient une espèce de lin.

LINUM CATHARTICUM. L.

Syn. : *Lin purgatif.*

(Linées.)

Plante glabre, annuelle, de 10 à 30 centimètres, commune sur les coteaux calcaires, aux bords des chemins. Elle fleurit en juin.

Les tiges sont grêles, dressées ou étalées. Les feuilles sont oblongues. Les fleurs sont petites, blanchâtres. La capsule est obtuse.

Les feuilles de ce lin sont purgatives.

MALVA SYLVESTRIS. L.

(Du grec *malacos*, mou.)

Syn. : *Grande mauve*, *Mauve sauvage*, *Herbe à fromage ;* en picard : *Meu.*

(Malvacées.)

Plante hérissée, bisannuelle, de 40 à 80 centimètres, assez commune le long des haies. Elle fleurit en juin.

La tige est ordinairement dressée, cylindrique, rameuse vers le sommet. Les feuilles sont alternes, orbiculaires, longuement pétiolées. Les fleurs sont grandes, roses, violacées, longuement pédonculées. Le fruit est composé de petites coques disposées autour d'un axe. Ces coques ou carpelles sont glabres, monospermes.

Les fleurs de la mauve sauvage sont émollientes, béchiques

et adoucissantes. On les administre en infusion à la dose de 10 grammes pour 1 litre d'eau, dans les bronchites, les fièvres éruptives et les angines. Les feuilles et la racine fraîche sont employées en décoction (40 gr. par litre d'eau) dans les mêmes cas, mais surtout pour l'usage externe, en lotions, en lavements. Elles constituent un bon émollient. Les feuilles et les racines sont appliquées, sous forme de cataplasmes, sur les abcès et sur les articulations douloureuses, dans la goutte.

La mauve sauvage, comme toutes les malvacées, renferme une quantité considérable de mucilage. Dans certaines contrées de l'Europe, on mange les jeunes feuilles de mauve cuites.

Les empiriques vantent l'infusion de fleurs de mauve (15 gr. pour 500 gr. d'eau) dans les gastrorrhagies. Il faut, paraît-il, en prendre trois verres par jour.

Les autres espèces de mauves : *Malva rotundifolia*, L. (Petite mauve, Mauve à feuilles rondes) ; *Malva alcea*, L. (Mauve alcée, Meule) la plus rare en Picardie ; *Malva moschata*, L. (Mauve musquée), jouissent des mêmes propriétés que *Malva sylvestris*.

Les fleurs et les feuilles de la petite mauve sont émollientes et laxatives. Les fleurs entrent dans la composition des quatre fleurs pectorales (coquelicot, violette, bourrache et petite mauve).

On employait autrefois le suc de feuilles de mauve contre la douleur produite par les piqûres d'abeilles et de guêpes.

La mauve musquée renferme un peu de musc végétal et est légèrement calmante. Elle jouit aussi de propriétés laxatives. Selon M. Bonnet, elle formerait la base des *bonbons laxatifs de Duvignau*.

ALTHŒA OFFICINALIS. L.

(Du grec *altaia*, guérison.)

Syn. : *Guimauve officinale*, *Guimauve*.

(Malvacées.)

Plante veloutée, blanchâtre, vivace, de 60 centimètres à

m. 20, assez commune dans la région maritime, surtout à aint-Valéry. Elle fleurit en juillet.

La tige est dressée, herbacée, cylindrique. Les feuilles sont lternes, pétiolées, ovales ou cordiformes, un peu lobées, créelées, aiguës. Les fleurs sont blanchâtres ou légèrement osées. Le calice est double. La corolle a cinq pétales cordiormes. Le fruit est déprimé, orbiculaire. La racine est pivoante, longue.

En médecine, on emploie surtout la racine. Elle renferme lu mucilage, de l'amidon, de l'albumine, du tannin, de l'*asparagine*, du sucre, etc... Elle est émolliente, adoucissante, échique et apéritive. On la recommande sous forme de sirop lans les inflammations des bronches, des poumons et des ntestins. On l'ordonne pour l'usage externe, en lotions ou en lavements (décoction de 15 gr. de racines fraîches dans 500 gr. d'eau). On en fait aussi des cataplasmes émollients.

Les fleurs de guimauve jouissent à peu près des mêmes propriétés que la racine. Elles sont béchiques et émollientes. On les donne en infusion (10 gr. pour 1 litre d'eau) contre la toux. Elles font partie des espèces pectorales.

Pour faciliter la sortie des dents de leurs enfants, les nourrices leur donnent à mâcher une racine de guimauve. C'est un excellent moyen qui calme souvent l'irritation des gencives. On conserve longtemps la racine de la plante en la coupant par petits morceaux et en la mettant en lieu sec.

La *pâte de guimauve* des pharmaciens est une préparation qui ne renferme pas trace de guimauve. Elle est composée de gomme arabique, de sucre, de blancs d'œufs et d'un peu d'eau de fleurs d'oranger.

Le vieux nom scientifique de la guimauve était *malva visca*, mauve visqueuse, mauve-gui (gui, en latin *viscum*), d'où le nom de guimauve.

Dans les jardins, on cultive la rose trémière (*Althæa rosea*), qui jouit des mêmes propriétés que la guimauve. On colorait autrefois les vins avec les pétales de cette rose.

TILIA SYLVESTRIS. DESF.

(Du latin *telum*, javelot : le bois du tilleul servait chez les anciens à faire des javelots.)

Syn. : *Tilleul des bois, Tilleul à petites feuilles.*

(Tiliacées.)

Arbre d'une hauteur de 15 à 35 mètres, à écorce fendillée à la partie inférieure du tronc, ordinairement lisse supérieurement ; il atteint parfois un âge très avancé, quatre cents à cinq cents ans et même au delà. On a vu des tilleuls ayant 5 et 6 mètres de circonférence. Il fleurit en juillet.

Les feuilles sont alternes, petites, cordiformes, dentées en scie, presque glabres, munies en dessous de petits faisceaux de poils courts, seulement aux angles de ramification des nervures. Les fleurs sont petites, d'un blanc sale, un peu jaunâtre, en bouquets de trois à huit, sur un pédoncule rameux adhérent dans presque toute sa longueur à une large bractée membraneuse, réticulée, linéaire, blanchâtre. L'ovaire est globuleux.

Les fleurs de tilleul jouissent de propriétés antispasmodiques, calmantes et diaphorétiques. Elles ont été indiquées dans l'épilepsie. C'est un remède populaire très connu. *Ad medicum forum pertinent* (Murray). On les administre sous forme d'infusion à la dose de 10 grammes par litre d'eau. On emploie toute la grappe florale avec sa bractée. C'est une boisson très agréable. Elles doivent leur action à l'huile essentielle qu'elles renferment. On en prépare une eau distillée.

L'infusion est surtout recommandée au début des fièvres éruptives, dans la bronchite, la dyspepsie, la migraine, la céphalalgie, les vertiges, dans certains états de surexcitation nerveuse. On préconise aujourd'hui, avec raison, les grands bains tièdes de tilleul dans les convulsions des enfants et dans la maladie de Little. (On met 500 grammes de feuilles infuser dans 10 litres d'eau bouillante que l'on ajoute à l'eau du bain. On peut encore préparer le bain suivant : fleurs de tilleul 50 grammes, feuilles d'oranger 10 grammes ; à infuser dans 1 litre d'eau bouillante ; ajouter ensuite à l'eau du bain qui est de 25 à 30 litres. La durée de celui-ci doit être de vingt minutes, à la température de 35° à 38°.)

On choisira une belle journée pour la récolte des fleurs qu'on fera ensuite sécher à l'ombre.

Cazin donnait tous les jours deux ou trois lavements d'infusion de tilleul aux malades atteints de diarrhée chronique. Dans ce cas, on peut aussi donner de la même manière une décoction d'écorce de tilleul.

Dans certaines régions de la France, on fabrique avec les fibres de la seconde écorce, le liber, appelé vulgairement *tille*, des cordes à puits, des nattes, des toiles grossières, des paniers et des chaussons.

En Russie, où cet arbre est très commun, tous les sacs à farine sont confectionnés avec ces fibres.

ANDROSŒMUM OFFICINALE. ALL.

(Du grec *andros*, de l'homme, *aima*, sang.)

Syn. : *Androsème*, *Toute-saine*.

(HYPÉRICINÉES.)

Plante glabre, vivace, de 50 à 90 centimètres, très rare en Picardie, croissant surtout dans les endroits ombragés des forêts. Elle fleurit en juin.

La tige est dressée, ascendante, marquée de deux lignes saillantes. Les feuilles sont ovales, obtuses, sessiles. Les fleurs sont jaunes, en grappes corymbiformes. La baie, sèche à maturité, est d'un bleu noirâtre.

L'infusion de feuilles d'audrosème était autrefois employée comme vulnéraire. Elle paraît jouir de propriétés purgatives et fébrifuges, comme la plupart des hypéricinées.

HYPERICUM PERFORATUM. L.

Syn. : *Millepertuis, Herbe de la Saint-Jean, Herbe aux mille-trous, Trucheron jaune, Barbe de Saint-Jean, Chasse-diable.*

(Hypéricinées.)

Plante glabre, vivace, de 30 à 80 centimètres, très commune à la lisière des bois, dans les lieux incultes, le long des haies. Elle fleurit en mai.

La tige est dressée, rameuse, sous-frutescente, munie de deux lignes peu saillantes. Les feuilles sont ovales, oblongues. Les fleurs sont jaunes, grandes, nombreuses, en panicule corymbiforme. Les pétales et les feuilles présentent des points transparents. Les sépales sont acuminés.

Le millepertuis est excitant, anthelminthique, vulnéraire, expectorant, purgatif et fébrifuge. Il entre dans le *Petit-lait de Weiss* et dans le *Baume du Commandeur de Permes*. On administre les sommités en infusion (20 grammes par litre d'eau) dans les bronchites aiguës et chroniques, dans les cystites.

Certains empiriques conseillent de la prendre avant les repas, sous prétexte de nettoyer l'estomac et de donner de l'appétit. On prépare un ratafia de millepertuis jouissant de propriétés apéritives et digestives. La macération de feuilles de millepertuis dans l'alcool, dans l'huile, est indiquée dans les cas de plaies contuses et de brûlures.

Triturées, les fleurs rendent un suc rougeâtre qui pourrait être employé en tannerie et en teinturerie. Elles renferment notamment dans ce qui paraît être des pertuis, une huile particulière qui est vulnéraire et est utilisée dans le rhumatisme.

Au moyen âge, on se servait de cette plante contre la sorcellerie, d'où le nom de chasse-diable.

Hypericum humifusum, L. (Millepertuis couché) jouit aussi de propriétés vulnéraires, purgatives et fébrifuges.

ŒSCULUS HIPPOCASTANUM. L.

(Nom latin d'une espèce de chêne.)

Syn. : *Marronnier d'Inde, Châtaigne de cheval.*

(HIPPOCASTANÉES.)

Arbre d'une hauteur de 15 à 20 mètres, à écorce d'abord lisse, puis crevassée, à bourgeons gluants. Ses fleurs, disposées en pyramides verticales produisent le plus bel effet. Le marronnier est souvent planté dans les jardins, les parcs, sur les boulevards des villes, les avenues. Il fleurit en mai.

Les feuilles sont opposées, astipulées, longuement pétiolées, digitées, à cinq ou sept divisions cunéiformes, acuminées, dentées. Les fleurs sont blanches, tachées de jaune et de rouge à la base. Les pétales sont pubescents. Le fruit est une capsule coriace, arrondie, garnie de piquants, d'une à trois loges monospermes. La graine est grosse, luisante, d'un brun clair.

L'écorce du marronnier d'Inde a une saveur amère et styptique ; elle est inodore. Elle renferme l'*esculine*, qui a des propriétés toniques, fébrifuges et apéritives et qui est préconisée dans les cas d'anorexie, de névralgies périodiques, d'entéralgie, de gastralgie, d'hystéralgie (*Vicaire*), d'anémie et de fièvre intermittente, en un mot, quand le quinquina est indiqué. La dose est de 0 gr. 50 à 2 grammes. L'action fébrifuge de l'écorce du marronnier dépend de la manière de l'administrer. Il faut donner une forte dose en peu d'heures (15 grammes de poudre). Pour obtenir un effet tonique et apéritif, 5 grammes suffisent. Pelletier et Caventou ont vainement cherché dans cette écorce les bases qu'ils avaient découvertes dans le quinquina.

L'écorce que l'on destine à l'usage thérapeutique ne devra pas avoir plus de trois ans ; on surveillera bien sa dessiccation.

On la donne en poudre, en décoction, en vin, en teinture.

Le marron renferme l'*argyrescine*, une huile fixe, de l'amidon et de la saponine. On emploie aujourd'hui la teinture de marron à l'intérieur, contre les hémorroïdes. On vante aussi l'huile de marron en frictions dans le rhumatisme.

On a cru le marronnier originaire de l'Inde ; il est, au contraire, très rare dans ce pays. Il nous vient néanmoins de l'Asie. Bachelier l'importa en France au début du XVIIe siècle.

Dom Robbe le classait dans les sternutatoires.

VITIS VINIFERA. L.

(Du latin *viere*, lier : les tiges peuvent servir de liens.)

Syn. : *Vigne.*

(AMPÉLIDÉES.)

Arbrisseau sarmenteux, grimpant, atteignant parfois une hauteur considérable. Il est originaire de l'Asie. Il fut introduit dans la Gaule par les Phéniciens lorsqu'ils vinrent se fixer à Marseille.

Il fut d'abord importé en Italie et en Grèce. Aujourd'hui la vigne est cultivée dans les contrées tempérées de l'Europe. Elle fleurit en juin.

La tige est tortueuse, noueuse, striée, à écorce fibreuse se détachant facilement. Les feuilles sont alternes, brièvement pétiolées, échancrées à la base, à cinq lobes aigus. Elles sont souvent opposées à une vrille rameuse, herbacée, tordue et renfermant un suc acide. L'inflorescence est en grappes qui sont aussi opposées aux feuilles. Les fleurs sont petites, verdâtres. L'ovaire est libre, ovoïde, biloculaire.

Le fruit est une baie (*raisin*). La baie est pédicellée, succulente, tantôt d'un rouge-violet ou rougeâtre, tantôt d'un jaune-roux ou d'un vert-jaunâtre, selon les variétés. Elle renferme d'une à quatre graines.

Le raisin contient de l'eau, de la glucose, du mucilage, une matière grasse, des acides tartrique et malique, des tartrates, de la potasse, de la soude, de la chaux, de la magnésie, des oxydes de fer, de manganèse, de la silice, de l'alumine, etc. Il a une saveur douce et sucrée.

Il jouit de propriétés rafraîchissantes, laxatives, béchiques, pectorales, excitantes, toniques, stomachiques, diurétiques, astringentes. Ces propriétés varient avec les différentes sortes de raisins. Celui qui renferme plus de matière gommo-sucrée avec un peu de fer est adoucissant, béchique et pectoral ; celui qui contient du fer et du manganèse est tonique et stomachique ; celui qui est riche en tannin est astringent ; celui qui recèle de la potasse est laxatif.

En Allemagne et en Suisse, on soumet à la *cure de raisins* certains dyspeptiques constipés. Le raisin bien mûr a toujours été conseillé aux personnes atteintes d'affections d'estomac. Le *moût* est aussi un bon laxatif.

Pour obtenir le *verjus*, on cueille le raisin avant sa maturité.

On prépare une excellente tisane rafraîchissante en écrasant 150 grammes de verjus dans 1 litre d'eau chaude et en édulcorant ensuite. Cette boisson est surtout indiquée dans les affections de l'estomac et de l'intestin.

Quand il est mûr, on le récolte et on le fait sécher au soleil ou au four après l'avoir trempé dans une solution alcaline chaude. On obtient alors le *raisin sec*, destiné à la table ou à la pharmacie. Il constitue un fruit béchique et pectoral.

On l'emploie souvent en décoction (60 gr. par litre d'eau). Cette préparation est indiquée dans les bronchites et les laryngites.

Les empiriques prescrivaient autrefois les grains de raisins broyés contre les vomissements de sang et la dysenterie.

Les cendres de la tige sont diurétiques.

Les feuilles de vigne séchées à l'ombre et pulvérisées étaient autrefois conseillées dans les hémorragies rebelles.

Aujourd'hui on recueille encore des jeunes sarments coupés, un suc que certains emploient dans l'inflammation des paupières et de la conjonctive.

On ne peut clore ce chapitre sans dire quelques mots du vin, de l'alcool et du vinaigre qui sont les principaux produits de la vigne.

Le vin est fabriqué avec le jus du raisin. C'est une boisson tonique et excitante. Le tannin et les matières colorantes qu'elle renferme paraissent exercer une action favorable sur l'économie. Le vin agit surtout par l'alcool qu'il contient. Il est absorbé moins rapidement que l'eau-de-vie. A dose égale d'alcool, le vin rouge enivre moins et produit moins d'effet sur le système nerveux.

Dans la glycosurie, l'usage du vin est tout à fait indiqué et donne de bons résultats. Dans les convalescences longues, un bon vin répare les pertes de l'organisme. Quand l'estomac ne peut pas le supporter, on le donne en lavements.

Le vin blanc est un excellent diurétique, utile dans bien des cas. L'alcool a été, dans ces dernières années, très vanté dans le traitement des maladies aiguës. Tood disait : « L'alcool peut être employé dans toutes les maladies où il y a tendance à la dépression des forces vitales : et il n'est point de maladie aiguë, où cette dépression fasse défaut. » Béhier a aussi beaucoup conseillé l'alcool dans les pneumonies, à la dose de 80 à 120 grammes dans 120 grammes d'eau édulcorée. Une cuillerée à soupe toutes les deux heures. Le même traitement a été indiqué dans la fièvre typhoïde, dans l'érysipèle. Trastour le vantait aussi dans la pneumonie, chez les vieillards, lorsqu'il y avait du refroidissement, de la pâleur de la face et de la dépression. Pécholier proscrivait l'alcool chez les sujets jeunes et vigoureux, lorsque le pouls était plein et surtout dans les pneumonies qui se déclaraient en hiver.

Gaillard recommande l'alcool dans le choléra, sous forme de rhum. La médication alcoolique doit être employée avec une grande prudence. Il faut la surveiller attentivement et la suspendre au premier symptôme d'intolérance gastrique.

Sous aucun prétexte, on ne donnera aux enfants ni vin, ni alcool. La femme elle-même doit boire peu de vin. Il est au contraire très utile à l'adulte et au vieillard.

Pour l'usage externe, l'alcool est recommandé en frictions excitantes. On l'applique en lotions sur les entorses, les contusions, les brûlures.

Le vinaigre, produit par la fermentation du vin, n'est plus guère usité en médecine. Autrefois on l'administrait à l'intérieur à petites doses, comme rafraîchissant. On le donnait aussi mélangé à l'eau contre certaines hémorragies, en gar-

arismes dans les angines, en bains de pieds et contre les brû-
ures légères. On s'en sert très peu aujourd'hui, sinon en
pplication sur les piqûres de cousins et de guêpes.

GERANIUM ROBERTIANUM. L.

(Du grec *geranos*, grue.)

Syn. : *Bec de grue commun*, *Herbe à l'esquinancie*, *Épingles à la Vierge*, *Herbe à Robert*.

(GÉRANIACÉES.)

Plante annuelle, rougeâtre, de 20 à 50 centimètres, très com-
nune le long des haies, à la lisière des bois. Elle a une
deur de bouc très prononcée. Elle fleurit en avril.

Les tiges sont diffuses, rameuses, velues, glanduleuses au
ommet. Les feuilles sont pétiolées, opposées, palmatiséquées.
es fleurs sont rougeâtres. Le calice est anguleux, serré au
ommet. Les pétales dépassent le calice.

L'Herbe à Robert était réputée jadis « *par sa grande vertu
à conglutiner les playes* ». Elle renferme une certaine quan-
ité de tannin et est astringente. Elle était autrefois employée
n infusion dans les angines. Elle passe pour être tonique et
étersive. Dom Robbe la rangeait dans les vulnéraires astringentes.

ERODIUM CICUTARIUM. L'HÉRIT

(Du grec *erodios*, héron.)

Syn. : *Bec de héron*, *Bec de cigogne*.

(GÉRANIACÉES.)

Plante annuelle, velue, de 10 à 50 centimètres, commune aux bords des chemins, très variable dans la couleur des fleurs et les dimensions des feuilles. Elle fleurit en avril.

Les tiges sont étalées, nombreuses. Les feuilles sont pinnatiséquées, à segments nombreux finement découpés. Les fleurs sont ordinairement d'un rose-lilas, rarement blanches, disposées en ombelles. Les sépales sont acuminés. Les pétales dépassent le calice.

Les feuilles du bec de héron renferment du tannin et sont quelquefois employées contre les hémorragies en nappe.

Les jardiniers se servent des fruits contournés en spirale pour constater le degré d'humidité des serres.

La capucine (*Tropœolum majus. L.*) qui appartient aussi à la famille des géraniacées, possède des propriétés stimulantes, apéritives et diurétiques. Braconnot, de Nancy, a trouvé dans cette plante une assez grande quantité de phosphates de chaux et de potasse.

Les feuilles et les graines ont une saveur âcre et un arome pénétrant. La décoction de feuilles fraîches (8 à 15 grammes par litre d'eau) est apéritive et diurétique. On la conseille dans le scorbut et la scrofule. On préconise aussi le suc frais de la plante à la dose de 15 à 30 grammes. La poudre de semences est purgative à la dose de 60 centigrammes.

On fait macérer dans le vinaigre les fleurs et les fruits qui servent ensuite d'assaisonnement.

On met souvent dans les salades de laitue des fleurs de capucine pour en relever le goût.

OXALIS ACETOSELLA. L.

(Du grec *oxus*, acide, *als*, sel : cette plante renferme un principe acide qui fournit le *sel d'oseille* ou *oxalate de potasse.*)

Syn. : *Surelle, Allel uia, Petite oseille, Vinaigrette, Pain de coucou.*

(OXALIDÉES.)

Plante vivace de 5 à 10 centimètres, assez commune dans les bois humides, surtout dans les terrains siliceux. Elle fleurit en avril.

Les feuilles sont trifoliolées, à folioles obcordées, à pétioles articulés ; les fleurs sont blanches, striées de jaune à l'onglet ; les pédoncules sont radicaux, uniflores ; la capsule est ovoïde, acuminée.

La surelle était autrefois conseillée comme tonique, astringente, dépurative et rafraîchissante. La décoction de feuilles (20 grammes par litre d'eau) est surtout indiquée contre les maladies de peau. On en prépare aussi une limonade.

On a beaucoup vanté contre la gale la pommade d'alleluia (parties égales d'axonge, de soufre et de racine d'alleluia râpée).

Oxalis stricta. L. (Oxalide droite) jouit des mêmes propriétés. Lorsque la graine de cette plante est mûre, elle est projetée à une certaine distance comme par un ressort. En comprimant les fruits à leur maturité, on voit les grains bondir de tous côtés.

EVONYMUS EUROPŒUS. L.

(Du grec *eu*, bien, *onoma*, nom : allusion au nom de *Bonnet de prêtre*.)

Syn. : *Fusain*, *Bonnet de prêtre*, *Bonnet carré.*

(CÉLASTRINÉES.)

Arbrisseau de 2 à 5 mètres, assez commun dans les bois et les haies. Il fleurit en mai.

Les feuilles sont opposées, pétiolées, ovales, lancéolées, acuminées, dentées, glabres. Les fleurs sont petites, verdâtres. La capsule présente ordinairement quatre angles à loges souvent monospermes. Elle devient rose à la maturité. Les graines sont blanchâtres ; leur goût est âcre, très désagréable.

L'écorce et les feuilles de fusain sont émétiques, purgatives et détersives. Elles sont souvent administrées en décoction comme purgatives. On emploie aussi cette décoction en lotions contre la gale. Les capsules jouissent des mêmes propriétés que les feuilles. Séchées au four et pulvérisées, lles ont été indiquées contre les parasites de la tête : poux, etc.

L'alcaloïde du fusain est l'*évonymine*, purgative aux doses de 5, 10 et 15 centigrammes. Calciné en vase clos, le bois constitue le fusain des dessinateurs. Ce charbon entrait aussi dans la fabrication des plus fines poudres de chasse.

Les ouvriers tourneurs qui travaillent ce bois ont quelquefois des vomissements. Il est probable que la poussière que produit le fusain renferme un principe émétique.

BUXUS SEMPERVIRENS. L.

(Du grec *puxos*, gobelet, boîte.)

Syn. : *Buis*, *Bois bénit*, *Ozanne.*

(BUXACÉES.)

Arbrisseau de 2 à 5 mètres, à écorce jaunâtre, écailleuse, à rameaux nombreux. Il est assez commun dans les jardins où on emploie souvent en bordures la variété *suffruticosa.* Il fleurit en mars.

Les feuilles sont ovales, entières, dures, luisantes en dessus, pâles en dessous, odorantes. Les fleurs sont petites, jaunâtres. La capsule est grosse, luisante.

Toute la plante est employée en médecine. Elle est sudorifique. L'écorce est fébrifuge et les feuilles sont purgatives à la dose de 4 grammes. On fait aussi une infusion de feuilles (30 grammes par litre d'eau). L'écorce et la racine étaient surtout utilisées autrefois contre les accidents syphilitiques. L'écorce a été conseillée dans le rhumatisme chronique. Elle renferme un principe particulier, très toxique, la *buxine*, qui est soluble dans l'eau et l'alcool.

Le vin de buis est digestif. On le prépare en faisant macérer 30 grammes de buis dans 500 grammes de vin blanc.

Certains brasseurs remplacent quelquefois le houblon par les feuilles de buis.

ILEX AQUIFOLIUM. L.

(Du celtique *ac*, pointe.)

Syn. : *Houx*.

(Ilicinées.)

Arbrisseau glabre, rameux, toujours vert, haut de 2 à 3 mètres, assez commun dans les bois montueux. Il devient quelquefois, dans certains terrains, un arbre de 5 ou 6 mètres. Il fleurit en mai.

Les feuilles, épineuses, sont ovales, coriaces, luisantes en dessus, ondulées, dentées. Les fleurs sont blanches. Les baies sont rouges.

Le houx jouit de propriétés sudorifiques, fébrifuges et éméto-cathartiques. Les feuilles ont été conseillées dans le rhumatisme, la goutte et les fièvres intermittentes. On les administre en poudre à la dose de 10 à 15 grammes par jour. Elles peuvent, à la rigueur, remplacer le sulfate de quinine. Elles ont une saveur amère, très forte. On a remarqué que la décoction de feuilles provoquait l'appétit. Selon Rousseau, l'action fébrifuge de la poudre de feuilles de houx n'est pas douteuse. Il faut mettre 10 grammes de cette poudre dans un verre de vin blanc, laisser macérer pendant douze heures et administrer le breuvage deux ou trois heures avant l'accès.

Les fruits sont purgatifs à la dose de dix à douze.

Les racines sont émollientes et résolutives.

Hugo Mohl prétendait qu'avec les feuilles de houx bien desséchées, on peut préparer une excellente infusion théiforme, légèrement excitante.

En faisant macérer l'intérieur de l'écorce de houx, on obtient une espèce de colle verte, la glu.

RHAMNUS CATHARTICA. L.

(Du grec *rabdos*, baguette.)

Syn. : *Nerprun*, *Noirprun*, *Bourguépine*.

(Rhamnées)

Arbrisseau de 2 à 3 mètres, croissant dans les bois et les haies.

Il fleurit en juin.

La tige est droite, très rameuse, à écorce lisse, grise. Les rameaux sont ordinairement opposés et présentent une épine très dure à leur bifurcation. Les feuilles sont opposées, pétiolées, ovales, dentées, acuminées, glabres, disposées en rosettes sur les rameaux florifères. Les fleurs sont petites, verdâtres. La baie est noire, globuleuse, luisante.

L'écorce du nerprun est laxative. Les baies sont purgatives et hydragogues. Elles ont une saveur amère et une odeur désagréable. Elles renferment un principe immédiat, la *rhamnine*. D'après certains auteurs, on extrait de ces baies trois glucosides : la *rhamnocitrine*, la *rhamnolutéine* et la *rhamnochrysine*. Leur suc devient rouge par les acides et vert par les alcalis. (On obtient le *vert de vessie* en ajoutant de la chaux au suc des baies). Vingt-cinq ou trente de ces fruits suffisent pour obtenir une bonne purgation ; il faut, au contraire, plus de 30 grammes de suc pour avoir le même résultat, ce qui prouve que la matière purgative est peu soluble dans l'eau. Sa nature est très mal connue. Hubert croit que c'est de la *cathartine*.

Sydenham a employé le sirop de nerprun à la dose de 30 grammes par jour dans les cas d'ascite. La dose purgative est de 60 grammes. On le recommande souvent dans la congestion cérébrale.

Les baies peuvent être administrées à la dose d'une vingtaine par jour. C'est un purgatif sûr. Après l'absorption de ces fruits, il est bon de prendre une boisson émolliente.

Schwilgué préconisait aussi une sorte de rob de nerprun.

RHAMNUS FRANGULA. L.

Syn. : *Aulne noir*, *Bourdaine*, *Bourgène*, *Bois noir.*

(Rhamnées.)

Arbrisseau de 2 à 3 mètres, à écorce d'un brun noirâtre, mouchetée de gris-clair, à rameaux dépourvus d'épines. Il est commun dans les bois et au voisinage des étangs. Il fleurit en juin.

Les feuilles sont pétiolées, ovales, elliptiques, à nervures nombreuses, parallèles. Les fleurs sont d'un blanc verdâtre. La baie est rougeâtre, puis noire.

L'écorce de bourdaine est un violent purgatif, souvent conseillé par les empiriques. Elle a été recommandée dans la goutte et l'amygdalite, mais elle n'a pas plus d'efficacité que les autres purgatifs. La décoction concentrée de racine de bourdaine est conseillée en lotions contre la gale et la teigne. La décoction d'écorce de tige est surtout indiquée contre la constipation des vieillards (20 grammes d'écorce pour 1 litre d'eau). Il est préférable d'employer l'écorce sèche en infusion (25 à 40 grammes par litre d'eau). On peut encore administrer 1 ou 2 grammes d'écorce pulvérisée dans un peu de miel. On prépare aussi un extrait fluide.

Il y a des exemples d'empoisonnements d'enfants, morts peu de jours après avoir mangé quelques baies de cet arbrisseau.

GENISTA TINCTORIA. L.

(Du celtique *gen*, petit buisson.)

Syn. : *Genêt des teinturiers*, *Genêtrolle*, *Herbe à jaunir.*

(Papilionacées).

Arbrisseau rameux, haut de 30 à 60 centimètres, assez commun à la lisière des bois, sur les coteaux arides et quelquefois dans les marais. Il fleurit en juin.

Les tiges sont dressées, non épineuses, à rameaux cylindriques, striés. Les feuilles sont lancéolées, luisantes. Les fleurs sont jaunes, axillaires, en grappes serrées. La gousse est comprimée.

Les feuilles, les fleurs et les graines sont purgatives. En Russie, la décoction de fleurs de genêtrolle est indiquée contre la rage.

Les fleurs et les feuilles servaient autrefois à teindre les étoffes, mais elles ne valent pas la gaude. Aujourd'hui le *quercitron*, produit d'un chêne des États-Unis remplace toutes ces plantes. Il a un pouvoir tinctorial bien supérieur.

Les feuilles du *genista sagittalis*. L (Genêt des bruyères, Genistelle, Genêt à tige ailée) jouissent aussi de propriétés purgatives.

SAROTHAMNUS SCOPARIUS. KOCH.

(Du grec *saros*, balai, *thamnos*, buisson.)

Syn. : *Genêt à balais*, *Grand genêt*, *Genêt commun*, *Genettier*, *Spartier à balais*.

(PAPILIONACÉES.)

Arbrisseau de 1 à 2 mètres, assez commun sur les talus des chemins de fer, dans les lieux incultes, dans les bois. Il fleurit en avril.

La tige présente des rameaux glabres et anguleux. Les folioles sont ovales, oblongues, velues ; les feuilles inférieures sont pétiolées ; les supérieures sessiles, ordinairement unifoliolées. Les fleurs sont grandes, jaunes, axillaires, odorantes, en grappe terminale. La gousse est allongée.

Les fleurs du genêt à balais sont diurétiques, apéritives et purgatives. On les administre en infusion (30 gr. par litre d'eau) dans l'albuminurie. On peut employer de même la plante fraîche à la dose de 50 grammes par litre d'eau. Les empiriques recommandent dans l'ascite un vin de cendres de genêt (300 gr. de cendres dans 1 litre de vin blanc). Les fleurs renferment un principe particulier, la *scoparine*, qui est le principe diurétique du genêt. De celle-ci, Stenhouse a retiré la *spartéine*, employée dans les affections du cœur; c'est un bon médicament dans l'insuffisance mitrale avec arythmie et affaiblissement de la systole (Huchard). Elle jouit aussi de propriétés narcotiques. On a préconisé dans l'ascite, les graines de ce genêt, à la dose de 4 grammes tous les deux jours. On les fait macérer dans le vin blanc.

Les boutons, confits dans le vinaigre, peuvent remplacer les câpres. En Auvergne, on met des fleurs de genêt à balais dans les salades de laitue.

CYTISUS LABURNUM. L.

(*Cytisos*, nom grec du cytise.)

Syn. : *Cytise, Faux ébénier.*

(Papilionacées.)

Arbre ou arbrisseau, à écorce verte, assez commune dans les bois, dans les terrains calcaires. Il fleurit en mai.

Les folioles sont ovales, oblongues, pubescentes en dessus. Les fleurs sont grandes, d'un jaune pâle, en grappes axillaires pendantes. La gousse est velue.

Les feuilles, les gousses et les graines du cytise sont purgatives.

L'écorce renferme une substance vomitive, la *cytisine*, qui est très amère.

ONONIS SPINOSA. L.

(Du grec *onos*, âne, *onemi*, je délecte.)

Syn. : *Bugrane épineuse, Arrête-bœuf.*

(Papilionacées.)

Plante vivace, pubescente, de 20 à 50 centimètres, commune dans les lieux incultes, aux bords des champs. Elle fleurit en juin.

Les tiges sont dressées, à rameaux nombreux, épineux. Les folioles sont oblongues, denticulées. Les fleurs sont roses, quelquefois blanches. La gousse est pubescente. La racine est longue et rend parfois le labour difficile, d'où le nom *d'arrête-bœuf.*

On emploie la racine de bugrane comme diurétique et sudorifique ; sa saveur est un peu sucrée, son odeur désagréable. Elle a été conseillée autrefois dans la goutte, le rhumatisme, l'obstruction intestinale, l'ictère et l'ascite. On l'ordonne aujourd'hui dans la lithiase. On la recommande en décoction comme apéritive.

Dans certains pays, on mange les jeunes feuilles en salade ; dans d'autres, on les prépare comme les épinards. Les Grecs les faisaient macérer dans le vinaigre.

MELILOTUS OFFICINALIS. LMK.

(Du grec *meli*, miel, *lotos*, lotier : les fleurs ressemblent à celles des lotiers et ont l'odeur du miel.)

Syn. : *Mélilot des champs, Mélilot officinal, Trèfle de cheval, Couronne royale.*

(Papilionacées.)

Plante annuelle et bisannuelle, de 20 à 50 centimètres, commune dans les champs, les lieux incultes, aux bords des chemins. Elle fleurit en juillet.

Les tiges sont étalées, ascendantes, diffuses ; les folioles sont obovales, oblongues, denticulées ; les fleurs sont d'un jaune pâle, odorantes. La gousse est glabre.

Les sommités du mélilot des champs sont adoucissantes, émollientes, carminatives et calmantes. Les feuilles renferment de la *coumarine*, de *l'acide mélilotique* et du *mélilotol*. On en prépare une huile et une eau distillée.

L'infusion de sommités (30 gr. pour 1 litre d'eau) est indiquée dans les inflammations légères du larynx, de la trachée et des bronches. Cette infusion est aussi employée en fumigations dans la laryngite.

On ordonne souvent l'infusion pour l'usage externe : en lavements et surtout en lotions dans les blépharites et en compresses dans l'érysipèle.

Pour donner à la chair du lapin domestique le parfum du lapin de garenne, il suffit de mettre à l'intérieur de celui-là, après l'avoir vidé, une bonne poignée de sommités de mélilot bien sèches, d'envelopper le tout dans un linge et de faire cuire deux heures après.

Les fleurs du mélilot préservent aussi des mites les fourrures et les vêtements ; elles leur communiquent, en outre, une odeur agréable. *Melilotus altissima*, Thuill. (Grand mélilot), *Melilotus alba*, Lmk (Mélilot blanc), jouissent à peu près des mêmes propriétés.

LOTUS CORNICULATUS. L.

(Du grec *lotos*, lotier.)

Syn. : *Lotier corniculé*, *Trèfle cornu*, *Cornette*, *Lotier.*

(Papilionacées.)

Plante vivace, glabre ou velue, de 10 à 30 centimètres, commune dans les prés, aux bords des chemins. Elle fleurit en juin. Les tiges sont étalées, ascendantes, anguleuses. Les folioles et les stipules sont obovales. Les fleurs sont jaunes, quelquefois rougeâtres; elles deviennent vertes par la dessiccation. Le calice présente des divisions triangulaires, subulées, dressées.

Les sommités du lotier sont employées en infusion comme vulnéraires.

ROBINIA PSEUDO-ACACIA. L.

(Dédié par Linné au jardinier Robin.)

Syn. : *Robinier*, Faux *acacia.*

(Papilionacées.)

Arbre élevé, épineux, à écorce crevassée, d'une hauteur de 10 à 15 mètres. On le plante sur les talus des chemins de fer, le long des routes. Il est naturalisé dans quelques bois. On connaît des acacias qui ont plusieurs siècles. Il fleurit en mai.

Les folioles sont obovales, oblongues, entières, pubescentes. Les fleurs sont blanches, en grappes axillaires, pendantes, odorantes. La gousse est oblongue, comprimée.

La sève de la racine est toxique et produit des empoisonnements semblables à ceux de la belladone. Celle des rameaux a un goût sucré qui rappelle celui de la réglisse.

Les fleurs du robinier sont dépuratives et calmantes. Elles sont administrées sous forme de sirop. Certaines ménagères en mettent dans leurs beignets pour les parfumer.

GLYCYRRHIZA GLABRA. L.

(Du grec *glycys*, doux, *rhiza*, racine.)

Syn. : *Réglisse*, *Bois doux*, *Bois sucré*, en picard, *Régolisse*.)

(PAPILIONACÉES.)

Plante vivace de 50 centimètres à 1 mètre, herbacée, stolonifère, cultivée dans les jardins. Elle fleurit en juin.

La tige est dressée, robuste, glabre, cylindrique. Les feuilles sont imparipennées ; les fleurs sont petites, nombreuses, rougeâtres ou bleuâtres, en grappes spiciformes. La gousse est oblongue, très comprimée.

La racine, longue de 1 à 2 mètres, de la grosseur du doigt, cylindrique, jouit de propriétés pectorales, adoucissantes, diurétiques et calmantes. On l'administre en infusion (12 gr. par litre d'eau). La tisane commune des hôpitaux est préparée avec la réglisse, l'orge et le chiendent. Il ne faut jamais employer la décoction de racine qui renferme une huile résineuse d'une grande âcreté. On recommande de préférence le macéré (10 gr. pour 1 litre d'eau). L'infusion est indiquée dans les bronchites légères.

On extrait de la racine, le *suc de réglisse*, remède populaire contre l'inflammation des bronches. Cet extrait est noir et luisant. Il est adoucissant. On en fait des bâtons de 12 à 15 centimètres de longueur qu'on enveloppe avec des feuilles de laurier.

La racine est aussi employée pour édulcorer les tisanes.

On en prépare une poudre, un sirop et une pâte.

La racine de réglisse renferme de l'amidon, des phosphates et malates de chaux, de la magnésie, une huile résineuse brune, très âcre, un principe particulier, la *glycyrrhizine*, soluble dans l'eau et l'alcool, un autre principe, l'*agédoïte*, soluble dans l'eau.

La saveur de la racine est douce, sucrée, un peu âcre.

ANTHYLLIS VULNERARIA. L.

(Du grec *anthos*, fleur, *ioulos*, duvet.)

Syn. : *Vulnéraire*, *Trèfle jaune*.

(Papilionacées.)

Plante vivace, pubescente, de 10 à 40 centimètres, commune sur les coteaux arides, calcaires. On la cultive en grand dans certaines régions. Elle fleurit en juin.

Les tiges sont étalées, rameuses, ascendantes. Les folioles sont oblongues, les feuilles inférieures à foliole terminale plus grande. Les fleurs, en capitules, sont jaunes ou rougeâtres. Le calice est velu, renflé, vésiculeux. La gousse est stipitée.

On emploie encore aujourd'hui les sommités du trèfle jaune comme vulnéraires. Elles entrent dans la composition du *Thé suisse*.

Les anciens appliquaient sur les plaies pour hâter leur cicatrisation la poudre de feuilles ou la plante fraîche pilée. Quelques-uns conseillent de faire des lotions sur les parties contuses avec une décoction de vulnéraire.

ASTRAGALUS GLYCYPHYLLOS. L.

(Du grec *astragalos*, os du talon.)

Syn. : *Réglisse bâtarde*, *Réglisse sauvage*, *Fausse réglisse.*

(PAPILIONACÉES.)

Plante vivace, de 50 centimètres à 1 mètre, à grosse souche rampante, subligneuse, assez commune à la lisière des bois, sur les voies ferrées, dans les pâturages. Elle fleurit en juin.

Les tiges sont étalées, ascendantes, anguleuses. Les folioles sont ovales, oblongues, entières. Les stipules sont acuminées. Les fleurs sont d'un jaune verdâtre, en grappes axillaires. Les pédoncules sont plus courts que les feuilles. Les gousses sont linéaires, presque trigones, arquées.

La racine a un goût légèrement sucré. Elle est indiquée comme émolliente et calmante. On la donne en infusion dans les bronchites légères. La réglisse doit lui être préférée.

HIPPOCREPIS COMOSA. L.

(Du grec *hippos*, cheval, *crepis*, chaussure ; forme de la graine.)

Syn. : *Hippocrépide en ombelle*, *Fer à cheval.*

(PAPILIONACÉES.)

Plante glabre, herbacée, vivace, de 20 à 40 centimètres, commune dans les clairières des bois, sur les coteaux, surtout dans les terrains calcaires. Elle fleurit en mai.

Les tiges sont nombreuses, diffuses, étalées. Les folioles sont oblongues linéaires, mucronées. Les fleurs, jaunes, axillaires, sont en ombelles. La gousse est rugueuse, flexueuse.

Les sommités d'hippocrépide ont été employées en infusion comme vulnéraires et astringentes.

ONOBRYCHIS SATIVA. LMCK.

(Du grec *onos*, âne, *bruchein*, braire.)

Syn. : *Sainfoin*, *Esparcette*, *Gros-foin*.

(Papilionacées.)

Plante vivace, de 25 à 60 centimètres, qui croît spontanément sur les coteaux calcaires et qui est cultivée en grand. Elle fleurit en mai.

Les tiges sont dressées, pubescentes. Les folioles sont oblongues. Les fleurs sont purpurines, striées. Les pédoncules dépassent les feuilles. La gousse est pubescente.

On employait autrefois, en infusion, les sommités de sainfoin comme laxatives dans la constipation. Elles ne sont plus guère usitées aujourd'hui.

On retire la manne *athagi* d'une espèce de sainfoin.

Dom Robbe rangeait l'esparcette dans les plantes résolutives.

Les poules sont très friandes des graines.

COLUTEA ARBORESCENS. L.

(Du grec *colutao*, je fais du bruit.)

Syn. : *Baguenaudier*, *Faux-séné*, *Séné bâtard*.

(Papilionacées.)

Arbrisseau de 2 à 5 mètres, spontané sur certains coteaux calcaires. Il fleurit en juin.

Les jeunes feuilles sont pubescentes. Les folioles sont obovales ou obcordées, glauques en dessous. Les fleurs sont jaunes, grandes. La gousse est très grande, vésiculeuse.

Les feuilles jouissent de propriétés purgatives. On emploie ordinairement la décoction (60 gr. de feuilles pour 1 litre d'eau). La poudre de semences est plus active.

Lorsque l'on comprime entre les doigts la gousse du baguenaudier, elle éclate. Il paraît qu'elle renferme plus d'oxygène que l'air atmosphérique.

LYTHRUM SALICARIA. L.

(Du grec *lythron*, sang des blessures),

Syn. : *Salicaire.*

(Lythrariées.)

Plante vivace, de 60 centimètres à 1 m. 20, assez commune dans les marais. Elle fleurit en juillet.

Les tiges sont quadrangulaires, dressées, presque ligneuses à la base, pubescentes au sommet. Les feuilles sont lancéolées, aiguës, cordées à la base, souvent opposées. Les fleurs sont rouges, en glomérules axillaires et disposées en épis terminaux. Le calice est pubescent. Les pétales le dépassent longuement.

Les sommités de salicaire sont toniques et astringentes. Elles renferment une certaine quantité de tannin. Desmartis employait surtout la décoction contre la diarrhée des enfants. Cette préparation est très agréable au goût. Elle est aussi conseillée dans l'entérite et la dyspepsie.

On administre la salicaire en poudre (1 à 10 gr.) et en infusion (10 gr. par 500 gr. d'eau). Selon dom Robbe, cette plante est vulnéraire.

PORTULACA OLERACEA. L.

(Du latin *portula*, petite porte.)

Syn. : *Pourpier.*

(Portulacées.)

Plante annuelle, de 10 à 20 centimètres, assez commune dans les décombres, sur les voies ferrées, surtout dans les gares. Elle fleurit en juin.

Les tiges sont couchées, ascendantes, quelquefois rougeâtres. Les feuilles sont opposées ou éparses, oblongues, cunéiformes, sessiles, charnues, gluantes. Les fleurs sont jaunes, sessiles et ne s'épanouissent qu'au soleil. Le calice présente des divisions inégales, comprimées. Les graines sont luisantes, noires, chagrinées.

Les feuilles du pourpier jouissent de propriétés vermifuges, dépuratives, antiscorbutiques, laxatives, diurétiques, sédatives et rafraîchissantes.

On les emploie surtout en décoction comme vermifuges et dépuratives. On les conseillait autrefois dans la convalescence des fièvres intermittentes, contre l'hypertrophie de la rate, contre la scrofule.

On les mange en salade ; on les prépare comme les épinards. On les conserve aussi dans le vinaigre et elles servent alors de condiment.

Les graines faisaient autrefois partie des *semences froides mineures.*

Les empiriques vantent *l'onguent de pourpier contre les hémorroïdes.*

SEDUM ACRE. L.

(Du latin *sedere*, s'asseoir ou sedare, calmer.)

Syn. : *Sedum âcre, Orpin. Vermiculaire, Pain d'oiseau, Poivre de muraille, Orpin brûlant, Trique-Madame.*

(Crassulacées.)

Plante vivace, de 5 à 10 centimètres, croissant en touffes compactes sur les vieux toits de chaume, sur les murs, sur les coteaux exposés au soleil. Elle fleurit en juin.

Les tiges sont étalées, redressées, radicantes. Les feuilles sont ovoïdes, sessiles. Les fleurs, d'un beau jaune doré, sont en cymes.

L'orpin a été conseillé autrefois comme purgatif, émétique, antiscorbutique et détersif. Il a une saveur âcre, poivrée.

Aujourd'hui certains médecins prescrivent l'orpin pilé comme caustique sur les cors, les verrues, le cancer, certains ulcères, dans la gale, la teigne. On préconisait autrefois contre l'épilepsie, la poudre de feuilles, à la dose de 0 gr. 50 à 2 grammes.

On l'administrait aussi à l'intérieur, en décoction dans du lait.

SEDUM TELEPHIUM. L.

Syn. : *Orpin reprise*, *Herbe à la coupure.*

(Crassulacées.)

Plante vivace, de 30 à 60 centimètres, commune dans les bois. Elle fleurit en juillet.

Les tiges sont dressées, robustes, quelquefois rougeâtres. Les feuilles sont charnues, larges, planes, obovales, dentées, crénelées. Les fleurs sont rouges, en corymbes terminaux.

L'orpin reprise a été employé comme vulnéraire. Les feuilles pilées étaient conseillées autrefois comme émollientes et vulnéraires dans les contusions. On les applique encore aujourd'hui sur les plaies par instrument tranchant, sur les cors et les verrues. On en fait aussi une infusion rafraîchissante.

On mange en salade les feuilles et les racines.

Les campagnards superstitieux des Vosges suspendent un pied de cet orpin avec les racines dans leur chambre à coucher; si la plante donne de vigoureux rejets à la Noël, c'est un signe de bonheur.

SEMPERVIVUM TECTORUM. L.

(Du latin *semper*, toujours, *vivum*, vivant.)

Syn.: *Joubarbe des toits*, *Artichaut sauvage*, *Barbe de Jupiter*, *Herbe aux hémorroïdes*, *Artichaut bâtard*, *Herbe aux cors*.

(Crassulacées.)

Plante vivace, de 20 à 40 centimètres, croissant volontiers sur les toits de chaume. Elle fleurit en juillet. C'est une espèce qui devient de plus en plus rare.

Les tiges sont simples, dressées, velues, rougeâtres. Les

feuilles sont charnues, acuminées, planes. Les fleurs, grandes, rosées, sont en épis scorpioïdes.

Les feuilles sont âcres, astringentes, vulnéraires et antiscorbutiques. A la campagne, on applique les feuilles pilées sur les cors, les brûlures et les coupures.

Dans ces dernières années, on a préparé un sirop à base de joubarbe des toits (sp. Claron) que l'on conseille contre les angines et la diphtérie. Dom Robbe rangeait la joubarbe dans la classe des épaississantes et rafraîchissantes.

CERASUS VULGARIS. MILL.

(De *Cérasonte*, ville de l'Asie Mineure, patrie du cerisier.)

Syn.: *Cerisier commun*, *Cerisier à fruits acides*, *Griottier.*

(Amygdalées.)

Arbre peu élevé, de 6 à 8 mètres, cultivé partout. Il fleurit en avril.

Les feuilles sont elliptiques, ovales, acuminées, dentées, glabres. Les fleurs sont longuement pédicellées. Le fruit est globuleux, d'un rouge vif, à pulpe non adhérente au noyau, à saveur acide.

L'écorce du cerisier a été conseillée autrefois comme fébrifuge dans la fièvre intermittente.

L'infusion de fleurs est pectorale. La décoction de feuilles est purgative.

On retirait jadis de l'écorce une gomme indigène, peu soluble dans l'eau et qui renferme un tiers de *cérasine.* Cette gomme jouit de propriétés émollientes.

Les fruits sont rafraîchissants, diurétiques et laxatifs. La décoction de pédoncules est ordinairement employée comme diurétique; on prépare avec les cerises un bon ratafia digestif.

Cerasus avium, Mœnch (Merisier), *Cerasus padus*, D. C. (Merisier à grappes), *Cerasus Mahaleb*, Mill. (Quénot, Malagué, Arbre de Sainte-Lucie) ont les mêmes vertus thérapeutiques. Dans notre région, on fait parfois une infusion théiforme avec les feuilles du cerisier mahaleb. C'est une boisson délicieuse et légèrement excitante.

Par le froissement du bois et des feuilles de l'arbre de Sainte-Lucie, il se dégage une odeur assez agréable.

On se sert des jeunes rameaux pour faire des tuyaux de pipes.

PRUNUS SPINOSA. L.

(Nom latin du prunier, dérivé du grec *proumnon.*)

Syn. : *Prunellier. Épine noir ;* en picard de Proyart, *Fordreigni.*)

(Amygdalées.)

Arbrisseau de 1 à 2 mètres, très épineux, souvent en buisson, à jeunes rameaux pubescents, très commun le long des chemins, à la lisière des bois. Il fleurit en avril.

Les feuilles sont ovales, lancéolées, denticulées. Les fleurs sont blanches et paraissent avant les feuilles. Le fruit (*prunelle*, en picard, *fordrène*) est petit, globuleux, d'un noir bleuâtre, à saveur acerbe.

On a employé l'écorce du prunellier contre les fièvres intermittentes. Toutes les parties de cet arbrisseau renferment un principe astringent.

Les fleurs et les feuilles sont purgatives. On les administre en infusion.

Les fruits sont astringents ; leur acerbité disparaît lorsqu'ils ont subi une gelée. On les emploie en décoction. On en prépare aussi une liqueur, la *Prunelle.* Les fruits du prunellier fournissent aussi par la distillation une eau-de-vie supérieure au kirsch de cerises.

On falsifie souvent le cachou avec le suc des fruits verts du prunellier.

PRUNUS DOMESTICA

Syn. : *Prunier*, en picard : *Prongni.*

(Amygdalées.)

Arbre ordinairement peu élevé, non épineux, cultivé dans presque tous les jardins. Il fleurit en avril.

Les feuilles sont alternes, elliptiques, denticulées, acuminées, glabres en dessus, pubescentes en dessous. Les fleurs sont blanches et paraissent en même temps que les feuilles. Le fruit (prune ou en picard *pronne d'apronnette*) est assez gros, oblong, noir ou violet, lisse, glabre, recouvert d'une légère poussière.

Les prunes fraîches ou sèches sont laxatives, diurétiques et même dépuratives. Elles ont une saveur douce et sucrée. A la campagne, on fait cuire ces fruits au four, on les passe ensuite au tamis de crin et on obtient une pulpe très agréable qu'on remet au four ; c'est ce qu'on appelle, en Picardie, *d'ell pronnée*, qui passe pour laxative.

Le pruneau est une prune desséchée. Le fruit est beaucoup plus sucré. On emploie en médecine la décoction de pruneaux comme tisane laxative (100 grammes de fruits pour 500 grammes d'eau).

La pulpe de pruneaux se prépare en faisant cuire ces fruits dans un peu d'eau et en pulpant sur un tamis de crin : c'est un bon laxatif qui peut remplacer le tamarin.

L'amande des noyaux de prunes possède des vertus sédatives et vermifuges. Les feuilles et la seconde écorce sont diurétiques, fébrifuges et anthelminthiques. On les administre sèches, en décoction, à la dose de 25 à 50 grammes par litre d'eau.

PERSICA VULGARIS. MILL.

(Du latin *persicus*, de la Perse.)

Syn. : *Pêcher*.

(Amygdalées.)

Arbre peu élevé, de 2 à 4 mètres, planté dans presque tous les jardins. Il fleurit en mars.

Les feuilles sont alternes, lancéolées, étroites, aiguës, dentées, glabres. Les fleurs sont d'un rose vif et paraissent avant les feuilles. Le fruit est une drupe, globuleux, ovoïde, creusé d'une gouttière longitudinale, velouté, d'un vert jaunâtre ou rougeâtre, rouge du côté exposé au soleil, à saveur sucrée, douce et parfumée.

Le noyau est ovoïde, pointu, rugueux, creusé de sillons. La graine est amère.

Les fleurs de pêcher jouissent de propriétés laxatives et anthelminthiques. Il faut éviter de les employer fraîches car elles sont moins actives. On les administre en infusion, mais surtout en sirop qui est souvent prescrit dans la médecine des enfants, à la dose de 20 à 50 grammes. Le Dr Antonia préconisait l'infusion de feuilles de pêcher comme calmante dans les affections de l'estomac. Dongo vantait la même préparation dans la coqueluche. Cette action est due à la présence de l'acide prussique.

Les fleurs et les feuilles sont purgatives et émollientes.

La décoction de feuilles fraîches et de seconde écorce (30 gr. pour 1/2 litre d'eau) est purgative et diurétique.

Il faut récolter les fleurs avant leur épanouissement.

On retire aussi du pêcher de la gomme indigène. L'amande renferme beaucoup d'acide prussique. Elle se rapproche beaucoup, par ses propriétés, de l'amande amère. On l'employait jadis comme sédative.

Les noyaux, calcinés en vase clos, fournissent une belle couleur noire employée en peinture. L'huile extraite des noyaux est un remède populaire contre les bourdonnements d'oreilles.

SPIRŒA ULMARIA. L.

(Du grec *speira*, spirale : les carpelles de la Reine des prés sont contournés en spirale.)

Syn. : *Reine des prés*, *Barbe de chèvre*, *Ormière*, *Herbe aux abeilles*, *Vignette*.

(Rosacées.)

Plante vivace, de 60 centimètres à 1 m. 20, commune dans les prés et les marais. Elle fleurit en juin.

Les tiges sont dressées, glabres. Les feuilles sont pinnatiséquées, à segments ovales, dentés, inégaux, le terminal plus grand. Les fleurs sont blanches, petites, en corymbes. Les carpelles sont contournés en spirale.

Les fleurs renferment du salicylate de méthyle, de l'acide salicylique, une essence et une matière colorante jaune. Elles jouissent de propriétés diurétiques. On emploie ordinairement l'infusion (10 gr. pour 1 litre d'eau).

La racine est tonique, astringente, fébrifuge et diurétique. On la préconise contre les hémorragies, les diarrhées, l'ascite et le rhumatisme. Les feuilles ont à peu près les mêmes vertus que la racine. On fait souvent une décoction de racines et de feuilles (30 à 60 gr. par litre d'eau). On prépare avec les fleurs une infusion théiforme très-agréable.

Les ruches, enduites de suc de reine des prés, attirent les abeilles.

Spirœa filipendula. L. (Filipendule) possède les mêmes propriétés. On indique surtout la racine comme tonique.

RUBUS FRUTICOSUS. L

(Du latin *ruber*, rouge.)

Syn. : *Ronce commune, Ronce noire*; en picard de Proyart: *Erouince*.

(Rosacées.)

Sous-arbrisseau grimpant de 2 à 3 mètres et au delà, très commun dans les haies, les bois et les lieux incultes. Il fleurit en juin.

Les tiges sont ordinairement décombantes, arquées au sommet, souvent anguleuses, rougeâtres, à aiguillons assez robustes. Les feuilles sont palmatiséquées, souvent tomenteuses en dessous. Les fleurs sont grandes, rosées ou blanches, en panicules. Le fruit (*mûre*, en picard *meuron*) est doux, sucré, subglobuleux, glabre, à carpelles petits.

On administrait autrefois les sommités de cette ronce en décoction comme astringentes, toniques et détersives. On emploie encore aujourd'hui l'infusion de feuilles de ronces (15 à 20 gr. par litre d'eau) en gargarismes, dans les amygdalites. Il faut éviter de la prescrire au début de l'inflammation.

Le suc du fruit de la ronce est souvent ajouté à celui du morus nigra pour faire le sirop de mûres (Magnès) qui est indiqué dans les angines.

Le meuron est légèrement astringent. On en prépare d'excellentes confitures et des sirops astringents. Il est vraiment trop délaissé dans notre pays. Le sirop de meurons est indiqué dans la diarrhée des enfants.

Les feuilles de toutes nos ronces ont les mêmes propriétés.

Rubus Idœus, L. fournit la framboise, dont la saveur est sucrée et parfumée. On en fait un sirop et un suc qui sont tempérants. Les fleurs de framboisier sont sudorifiques. On les emploie en infusion (20 à 25 gr. par litre d'eau).

GEUM URBANUM. L.

(Du grec *geuo*, j'assaisonne.)

Syn.: *Benoîte commune, Benoîte des villes, Herbe de saint Benoît, Benoîte officinale, Herbe de saint Roch.*

(Rosacées.)

Plante vivace, de 40 à 70 centimètres, commune dans les bois et auprès des habitations. Elle fleurit en juin.

Les tiges sont dressées, velues, rameuses. Les feuilles inférieures sont lyrées, pinnatiséquées. Les fleurs sont jaunes, dressées. Le calice est vert et présente des divisions réfléchies après la floraison.

La racine fraîche de la benoîte a une forte odeur de girofle qu'elle perd par la dessiccation. Elle renferme une grande quantité de tannin, une résine, une huile volatile, de l'adragantine, une matière gommeuse, des sels de potasse et de chaux, etc. (Trommsdorff). Elle a une saveur amère et styptique. Buchhave, médecin de Copenhague, qui a beaucoup conseillé cette plante dans son pays, prétend qu'elle donne de l'appétit, qu'elle rend les digestions plus régulières et qu'après son emploi on se trouve plus fort, plus agile.

On l'a vantée tour à tour comme tonique, excitante, amère, astringente, vulnéraire, fébrifuge, antispasmodique, sudorifique, emménagogue, antiscorbutique. On l'a administrée contre la fièvre intermittente, la diarrhée, la dysenterie.

On doit surtout l'employer comme tonique et astringente, en infusion (15 gr. de racines pour 1 litre d'eau).C'est un médicament assez énergique qu'on délaisse trop, un véritable succédané du quinquina.

On en a préparé un vin, un extrait, une teinture.

Dans certains pays, on mange les jeunes feuilles en salade.

A la campagne, on fait macérer des racines de benoîte dans l'alcool et on obtient un excellent cordial qu'on conserve soigneusement.

Les brasseurs du nord la font aussi entrer dans la composition de la bière.

FRAGARIA VESCA. L.

(Du latin *fragrans*, odorant.)

Syn. : *Fraisier commun*, *Fraisier des bois*, *Fraisier de table.*

(Rosacées.)

Plante vivace, stolonifère, de 10 à 30 centimètres, commune sur les coteaux, dans les bois. Elle fleurit en avril.

Les tiges sont dressées et ne dépassent presque pas les feuilles. Les folioles sont ovales, dentées, soyeuses en dessous. Les pétioles ont des poils étalés. Les fleurs sont blanches, en cymes irrégulières, pauciflores. Les pédicelles sont munis de poils appliqués. Le fruit est rouge, rarement blanc (*fraise*), ovoïde, globuleux.

La racine épaisse, grosse, noirâtre, a une saveur styptique. Elle est astringente, diurétique, apéritive et dépurative. La décoction (25 à 50 gr. par litre d'eau) est d'une belle couleur rouge brique. Les malades qui en boivent beaucoup ont les selles rouges. On a contesté, avec raison, les propriétés diurétiques de la racine. Il est certain qu'un malade absorbant une grande quantité de tisane urinera abondamment.

Les anciens conseillaient la racine de fraisier dans les hémorragies, la dysenterie et la diarrhée.

On l'administre en infusion et en décoction.

Les feuilles de fraisier jouissent des mêmes propriétés que les racines. Certains en font des infusions théiformes.

Les fraises sont légèrement astringentes. Elles ne conviennent pas aux dyspeptiques et produisent quelquefois de l'urticaire. Dupuytren les a conseillées dans la goutte et le rhumatisme. D'autres médecins les vantent dans la gravelle.

On en fait des confitures. Les feuilles et les tiges, séchées et pulvérisées, constituent une excellente poudre dentifrice.

Les variétés de fraisiers à gros fruits proviennent du Chili et de Virginie. Les fruits n'ont ni le parfum ni la saveur de notre petite fraise des bois.

POTENTILLA REPTANS. L.

(Du latin *potens*, puissant.)

Syn. : *Potentille rampante*, *Quintefeuille.*

(Rosacées.)

Plante vivace, commune à la lisière des bois, dans les clairières. Elle fleurit en juin.

Les tiges sont simples, grêles, rampantes, radicantes. Les feuilles présentent un long pétiole. Les folioles sont obovales. oblongues, dentées. Les fleurs sont jaunes, assez grandes, solitaires. Les pédicelles dépassent les feuilles.

La racine est allongée, cylindrique, d'un rouge-brun ; elle a une saveur styptique, amère.

La décoction de racines de quintefeuille a été conseillée dans les diarrhées, la dysenterie, comme astringente. Elle jouit aussi de propriétés vulnéraires.

On administre la racine en poudre et en décoction. On en fait des gargarismes. Elle a été de tous temps employée en médecine. Hippocrate s'en servait, dit-on, comme fébrifuge.

Les feuilles ont à peu près les mêmes propriétés.

Les empiriques conseillent pour le traitement des panaris, une pâte composée d'un jaune d'œuf et de poudre de racine de potentille.

La quintefeuille jouissait d'une grande vogue au xve siècle. Elle avait un pouvoir merveilleux, d'où son nom de *potens*, puissant. Elle purifiait les maisons, chassait les araignées, guérissait les maux de dents, la jaunisse, la sciatique, les affections de peau, l'épilepsie, etc...

Les autres potentilles ont à peu près les mêmes propriétés.

Dans la Somme, les nourrices se servent souvent pour leurs nourrissons de l'espèce *anserina* (argentine, ansérine). Elles appliquent les feuilles de cette plante sur les parties atteintes d'érythème.

La racine a une saveur analogue à celle du panais ; elle est comestible.

Les oies mangent l'ansérine avec avidité, d'où *anserina* (*anser*, oie).

POTENTILLA TORMENTILLA. SIBTH.

Syn. : *Tormentille*, *Potentille officinale.*

(ROSACÉES.)

Plante vivace, herbacée, de 10 à 40 centimètres, assez commune dans les bois et les marais. Elle fleurit en juin.

Les tiges sont grêles, couchées, non radicantes ; les folioles sont ovales, oblongues, dentées supérieurement ; les fleurs sont petites, jaunes, en cymes terminales ; elles ont un calice et un calicule à quatre divisions.

La racine est grosse, dure, brune. Elle est très riche en tannin (17 0/0), donc très astringente. On l'emploie dans la diarrhée, la dysenterie, la métrorrhagie, l'amygdalite. Elle avait aussi autrefois une grande vogue. Ludwig prétendait qu'avec la tormentille on pouvait se passer de tous les astringents.

On l'administre en poudre, en extrait, en infusion et en décoction (5 à 6 gr. par litre d'eau).

ROSA CANINA. L.

(Nom latin du rosier et de la rose.)

Syn. : *Églantier*, *Rosier sauvage*, *Rosier de chien*.

(Rosacées.)

Arbrisseau muni d'aiguillons robustes, de 1 à 3 mètres, assez commun dans les haies et les bois. Il fleurit en juin.

Les tiges sont rameuses ; les folioles sont ovales, dentées ; les stipules supérieures dilatées. Les fleurs sont roses ou blanches, à odeur suave.

Le calice présente des divisions pinnatifides. Le fruit est ovoïde ou subglobuleux, rouge (*Cynorrhodon*).

Les feuilles, les fruits et les petites pelotes laineuses jaunâtres qu'on observe souvent sur l'églantier sont toniques et astringentes.

La racine a été employée autrefois contre la morsure des chiens enragés, de là le qualificatif *canina*.

Les boutons de roses sont astringents et toniques. Ils sont indiqués contre les fleurs blanches et les diarrhées chroniques. (Infusion de 15 gr. par litre d'eau). On emploie de même les pétales (20 gr. par litre d'eau.)

A la fin de l'automne, on fait une excellente confiture avec les fruits bien mûrs de l'églantier. Il faut bien avoir soin de les débarrasser de leur épicarpe (petite pellicule qui les recouvre) et surtout de leurs graines qui sont enveloppées de poils bien connus sous le nom de *poil à gratter* ou *gratte-cul*. Il suffit seulement de bien faire bouillir les fruits. En Alsace, on connaît cette préparation sous le nom de *confiture de Kina*. On l'emploie dans la diarrhée.

Le miel rosat, la conserve de roses, le vin rosat, le vinaigre rosat, le sirop de roses pâles, l'eau distillée sont préparés avec la rose de Provins (*Rosa gallica*).

L'essence de roses a été découverte, paraît-il, en 1602, par la princesse Nour-Djihan, femme du grand mogol, dans une promenade avec l'empereur sur le bord d'un canal rempli d'eau distillée de roses. Cette princesse vit surnager une sorte d'huile qu'elle fit recueillir et qu'on reconnut pour une essence extrêmement suave (*Moquin-Tandon*).

Elle nous vient donc de l'Orient. Pour sa préparation, on choisit les espèces les plus odorantes : le rosier musqué, le rosier à cent feuilles, le rosier de Damas.

Pour obtenir 1 kilo d'essence, il faut 6.000 kilos de fleurs. Aussi le parfum est-il d'un prix élevé. Dans ces dernières années, il valait 3.000 francs le kilo.

AGRIMONIA EUPATORIA. L.

(Du grec *agrios*, sauvage, *monias*, solitaire.)

Syn. : *Aigremoine*, *Eupatoire des Grecs*, *Herbe de Saint-Guillaume*, *Thé des bois*, *Thé du nord*, *Sorbelette*, en picard : *Agrimoine*.

(ROSACÉES.)

Plante herbacée, vivace, de 30 à 90 centimètres, commune au bord des chemins, à la lisière des bois. Elle fleurit en juin.

La tige est dressée, souvent simple, velue. Les feuilles sont pinnatiséquées, pubescentes. Les stipules sont incisées, dentées. Les fleurs sont jaunes, en longues grappes spiciformes. Les pédoncules sont courts.

La plante fraîche répand une odeur agréable, aromatique. Elle a un goût amer.

On a employé l'aigremoine en infusion contre les catarrhes bronchiques, les hémorragies, l'incontinence d'urine et la dysenterie. Elle jouit de propriétés toniques, astringentes et vulnéraires. L'infusion de sommités est conseillée en gargarisme dans les angines et les stomatites. Elle est réellement utile lorsque l'inflammation décroît. On a beaucoup vanté le vin d'aigremoine.

Chomel recommandait la plante en décoction dans les maladies de foie, les gastrorrhagies.

On se servait aussi de l'infusion pour déterger les plaies.

Dans nos régions, cette plante jouit d'un très grand crédit. Tous les ans, chacun récolte sa petite provision d'aigremoine. On en fait des infusions théiformes d'un goût fort agréable.

ALCHEMILLA VULGARIS. L.

(De l'arabe *alkemelieh*, alchimie.)

Syn. : *Alchémille commune, Pied-de-lion, Perche-pied, Mantelet des dames.*

(SANGUISORBÉES.)

Plante vivace, pubescente, de 10 à 30 centimètres, croissant surtout dans les allées herbeuses des bois, dans les pâturages. Elle fleurit en mai.

La tige est assez grêle, ascendante ou dressée. Les feuilles, palmatilobées, recouvertes d'un duvet soyeux, sont très élégantes. Les fleurs sont verdâtres, petites, en cymes corymbiformes. La racine est assez grosse.

Les Arabes attribuaient à l'alchémille des vertus magiques.

La racine et les feuilles sont toniques, astringentes et vulnéraires. On en fait une infusion (50 gr. par litre d'eau) qu'on recommande contre les fleurs blanches et les métrorrhagies.

On a cru voir dans la forme de la feuille une ressemblance avec l'empreinte de la patte du lion, d'où le nom de *pied-de-lion*. Les crénelures et les plis de la feuille ont à peu près l'aspect d'un petit manteau, d'où son autre nom, *mantelet-des-dames*.

En Suisse, les femmes se frottent les joues avec les feuilles d'alchémille couvertes de rosée pour guérir les taches de rousseur ou s'en préserver.

Les feuilles de l'alchémille des champs (*alchemilla arvensis, Scop.*) ont été employées en infusion comme diurétiques.

POTERIUM DICTYOCARPUM. SPACH.

(Du grec *poterion*, coupe : forme du calice.)

Syn. : *Pimprenelle.*

(Sanguisorbées.)

Plante vivace, de 30 à 60 centimètres, commune sur les coteaux arides, aux bords des champs et des routes. Elle fleurit en mai.

La tige, quelquefois rougeâtre, est ascendante, anguleuse, pubescente à la base. Les folioles sont dentées, un peu cordées à la base. Les fleurs sont rougeâtres, sessiles, en épis terminaux, subglobuleux. Le fruit présente quatre angles arrondis.

La pimprenelle est aromatique et astringente. Administrée en infusion chaude, après le repas, elle facilite la digestion. Dom Robbe la rangeait dans les vulnéraires apéritives.

Elle parfume la soupe et sert d'assaisonnement aux salades.

CRATŒGUS OXYACANTHA. L.

(Du grec *cratos*, force : dureté du bois.)

Syn. : *Aubépine*, *Epine blanche*, *Epine*, *Bois de mai.*

(Pomacées.)

Arbrisseau épineux, très rameux, de 1 à 5 mètres, assez commun à la lisière des bois et aux bords des routes. Il fleurit en mai.

Les feuilles sont glabres, obovales, cunéiformes, à nervures *convergentes*. Les fleurs sont ordinairement blanches, odorantes, en corymbes. Le fruit est rouge, pulpeux, fade (en picard, *pierrette*), souvent à deux noyaux.

Le fruit est astringent et jouit aussi, paraît-il, de propriétés diurétiques. La décoction de perirettes sèches est indiquée dans la diarrhée. Les feuilles sont astringentes et l'écorce fébrifuge. On emploie celle-ci en poudre, à la dose de 4 à 8 grammes ou en infusion (40 gr. par litre d'eau).

Les fruits sont quelquefois administrés en infusion. On en fait aussi une boisson alcoolique.

MESPILUS GERMANICA. L.

(Du grec *mesos*, moitié, *pilos*, boule.)

Syn. : *Néflier*.

(POMACÉES.)

Petit arbre de 3 à 5 mètres, au tronc tortueux, difforme, à rameaux ordinairement épineux, assez commun dans certains bois. Il fleurit en mai.

Les feuilles sont oblongues, entières, lancéolées, pubescentes en dessous. Les fleurs sont blanches, grandes, terminales, subsessiles. Le fruit (*nèfle*) est pubescent, brun, charnu, gros, arrondi en toupie, largement ombiliqué, couronné par les lobes du calice dressés.

Les nèfles ou mêles ont une saveur acerbe. Elles jouissent de propriétés astringentes ainsi que l'écorce et les feuilles.

On récolte les fruits en octobre et on les étend sur de la paille où on les laisse pendant une vingtaine de jours. Quand ils sont blets, on les emploie contre la diarrhée ; ils ont alors un goût sucré très agréable.

On recommande contre la goutte et la gravelle la poudre de noyaux mêlée au vin blanc.

Dom Robbe rangeait le néflier dans les vulnéraires astringentes.

CYDONIA VULGARIS. PERS.

(De Cydon, ville de Crète, dont les coings étaient estimés.)

Syn. : *Cognassier*.

(POMACÉES.)

Arbre de taille moyenne, présentant une tige et des rameaux tortueux, planté dans quelques jardins. Il fleurit en avril.

Les jeunes branches sont blanchâtres, cotonneuses. Les feuilles sont ovales, arrondies, obtuses entières, pubescentes en dessous. Les fleurs sont d'un blanc rosé, solitaires, très grandes. Le fruit, connu sous le nom de *coing*, est assez gros, pyriforme, présentant souvent des côtes, ombiliqué, d'une belle couleur jaune, très odorant et âpre au goût.

Les coings renferment de la pectine, de l'acide malique, de l'acide gallique et du tannin. Ils sont très astringents. On les donne dans les diarrhées, sous forme de sirop de suc de coings, de gelée, d'eau de coings. Ils sont aussi conseillés comme stomachiques.

Les feuilles et l'écorce des jeunes rameaux sont fébrifuges. On en prépare une décoction (15 à 20 gr. pour 50 gr. d'eau).

Les semences de coings sont utilisées en décoction dans l'eau, comme adoucissantes. Elles contiennent un mucilage très abondant. On les emploie encore en macération dans l'eau tiède. La décoction et la macération peuvent être administrées en lavements.

MALUS COMMUNIS. LMK.

(Nom latin du pommier, dérivé du grec *melon* et *malon* pomme.)

Syn. : *Pommier sauvage*; en picard de Proyart, *Pomme-lotihi*.

(Pomacées).

Arbre épineux, de 8 à 10 mètres, assez commun dans les haies et les bois. Il fleurit en avril. L'écorce est d'un gris-brun et se détache par plaques.

Les feuilles sont ovales, acuminées, dentées, pétiolées. Les fleurs sont blanches ou rosées, fasciculées. Les anthères sont jaunâtres. Le fruit (*pomme*) est charnu, subglobuleux, ombiliqué à la base et au sommet.

L'infusion de fleurs (30 gr. par litre d'eau) est pectorale et antispasmodique.

L'écorce du pommier a été conseillée comme fébrifuge

dans les fièvres intermittentes (80 gr. en décoction dans 1 litre d'eau). Elle contient un principe particulier, la *phloorhidzine.* qui est un excellent fébrifuge et ressemble à la salicine. Il paraît que cette substance est surtout précieuse quand la quinine échoue.

Les pommes sont acidulées, douceâtres. Elles jouissent de propriétés tempérantes, rafraîchissantes, émollientes, laxatives et diurétiques. La variété qu'on emploie habituellement pour faire la tisane est la *reinette blanche*. On fait bouillir jusqu'à cuisson 125 grammes de pommes pour 1 litre d'eau. C'est une préparation tempérante très agréable, indiquée dans l'inflammation de l'estomac et de l'intestin.

On prépare aussi un suc, un sirop, une gelée et une pulpe. Dans nos campagnes, on emploie surtout la pulpe. On coupe ordinairement les pommes en quatre, on les met dans un pot en terre et on les fait cuire au four, on les pulpe ensuite sur un tamis de crin et on obtient le *cafarou* (en *picard de Proyart*). Cette pulpe a une action purgative sûre.

Les pommes fournissent aussi une boisson très recherchée, le *cidre* qui est laxatif lorsqu'il n'a pas encore fermenté. Il est aussi diurétique et recommandé aux goutteux par certains médecins.

Ces fruits renferment, paraît-il, une certaine quantité d'acide phosphorique et jouissaient d'une grande réputation chez les anciens. Ils prétendaient qu'elle désinfecte la bouche et procure le sommeil. Ils la conseillaient dans les maladies de la gorge. Les médecins recommandaient même à leurs malades d'en manger à leur repas du soir.

SORBUS TORMINALIS. CRANTZ.

(Du celtique *sormel ; sor*, rude, *mel*, pomme.)

Syn. : *Sorbier torminal, Alisier des bois, Alisier commun.*
(Pomacées.)

Arbre de 10 à 15 mètres, à écorce lisse, roussâtre, assez commun dans les bois. Il fleurit en mai.

Les feuilles sont grandes, dentées, d'abord pubescentes, puis luisantes, glabres, cordiformes. Le fruit (*alise* ou *alosse*) est assez petit, ovoïde, brunâtre, pulpeux, de saveur vineuse, devenant acidulée, puis sucrée.

La décoction d'alises est tempérante et diurétique. L'écorce d'alisier est astringente ; on l'emploie en décoction (40 gr. par litre d'eau) contre la diarrhée et la dysenterie.

On fait aussi avec les fruits une piquette assez agréable.

EPILOBIUM SPICATUM. LMK.

(Du grec *épi* sur, *lobos* silique.)

Syn. : *Epilobe en épi, Laurier de Saint-Antoine, Osier fleuri.*

(ONAGRARIÉES.)

Plante glabre, vivace, de 50 centimètres à 1 m. 50, assez commune sur les talus des chemins de fer, dans les bois à terrain sablonneux. Elle fleurit en juin.

La tige est dressée, cylindrique. Les feuilles sont sessiles, lancéolées. Les fleurs sont grandes, purpurines, en longues grappes spiciformes.

La racine renferme du tannin et est astringente. Elle est rarement employée. Certains brasseurs falsifient la bière avec les feuilles. Les Grecs croyaient que le laurier de Saint-Antoine rend l'ivresse gaie et faisaient macérer dans leur vin la racine de la plante.

Les jeunes feuilles sont comestibles.

On confectionnait autrefois des mèches de lampes avec la matière cotonneuse qui entoure les graines.

SANICULA EUROPŒA. L.

(Du latin *sanare*, guérir.)

Syn. : *Sanicle commune, Sanicle d'Europe,*
Herbe de Saint-Laurent.

(OMBELLIFÈRES.)

Plante vivace, glabre, d'un vert foncé, de 30 à 60 centimètres, commune dans les bois ombragés. Elle fleurit en mai.

La tige est simple, dressée. Les feuilles sont luisantes, radicales, palmatipartites, pétiolées. Les fleurs sont blanches ou rosées, disposées en ombelles.

La sanicle est encore employée quelquefois comme tonique. On l'a conseillée jadis comme vulnéraire, apéritive, diurétique, astringente et détersive. On l'administrait en infusion (40 gr. de plantes sèches pour 1 litre d'eau) contre la goutte, l'ictère, les hémorragies, etc.

On lui attribuait d'innombrables propriétés. Exemple :

Qui a bugle et sanique
Au chirurgien fait la nique.

Le remède ne vaut guère mieux que les vers.

ERYNGIUM CAMPESTRE. L.

(Du grec *erygma*, éructation : allusion à certaine propriété médicinale.)

Syn. : *Panicaut des champs*, *Chardon Roland*, *Chardon roulant*, *Barbe-de-chèvre.*

(OMBELLIFÈRES.)

Plante vivace, glabre, d'un vert blanchâtre, raide, striée, de 20 à 60 centimètres, très commune aux bords des chemins, dans les endroits incultes. Elle fleurit en juillet.

La tige présente de nombreux rameaux étalés. Les feuilles sont dures, réticulées ; les radicales bipinnatipartites, à lobes incisés, à dents épineuses. Les fleurs sont blanchâtres. Les folioles de l'involucre dépassent le capitule.

La racine est diurétique, emménagogue, expectorante, apéritive et aphrodisiaque. Elle est aussi, paraît-il, comestible.

Deux parasites se développent sur la racine du chardon roulant, un cryptogame et un phanérogame. Le premier, *Pleurotus eryngii* DC (Oreille de chardon, Bérigoule), est un excellent champignon qui ne croît que sur cette plante ; le second, *Orobanche amethystea* Thuil. (Orobanche violet), se montre au mois de juillet.

ERYNGIUM MARITIMUM. L.

Syn : *Panicaut maritime, Chardon Roland maritime.*

(OMBELLIFÈRES.)

Plante vivace, robuste, bleuâtre, de 30 à 60 centimètres, assez commune dans les sables maritimes. Elle fleurit en juin.

Les tiges sont rameuses. Les feuilles sont bleuâtres, coriaces, réticulées, à dents épineuses, les radicales sont réniformes, les caulinaires sont amplexicaules, sinuées, lobées. Les fleurs sont bleuâtres. Les folioles de l'involucre dépassent le capitule.

On emploie la racine en décoction comme diurétique et expectorante. Elle est indiquée dans l'ascite et la gravelle.

On mange les racines cuites, comme les asperges. Elles provoquent la salivation.

BUPLEURUM ROTUNDIFOLIUM L.

(Du grec, *bous*, bœuf, *pleuron*, plèvre : allusion à la consistance des feuilles.)

Syn. : *Buplèvre à feuilles rondes, Percefeuille, Oreille-de-lièvre, Bec-de-lièvre.*

(OMBELLIFÈRES.)

Plante annuelle, glabre, de 20 à 60 centimètres, rare en Picardie. Elle fleurit en juin.

La tige est rameuse supérieurement. Les feuilles sont larges, perfoliées, mucronées, les inférieures amplexicaules. Les fleurs sont jaunes, en ombelles terminales. L'involucre est nul, les folioles des involucelles sont d'un jaune pâle ou verdâtres.

On employait autrefois les feuilles comme vulnéraires et astringentes.

CICUTA VIROSA. L.

(Du grec *cicos*, force, puissance).

Syn. : *Cicutaire aquatique, Ciguë aquatique, Ciguë des marais, Ciguë d'eau, Persil des crapauds, Persil des fous.*

(OMBELLIFÈRES.)

Plante vivace, glabre, de 50 centimètres à 1 mètre, croissant aux bords des rivières, des fossés. Elle fleurit en juillet. Les tiges sont dressées, fistuleuses, rameuses. Les feuilles sont bitripinnatiséquées, à segments lancéolés, aigus, incisés ; les inférieures longuement pétiolées. Les fleurs sont blanches, en ombelles à rayons nombreux. La racine est blanche, grosse, creuse, cloisonnée, à odeur vireuse.

Les feuilles de la ciguë aquatique ont été employées comme calmantes. C'est un médicament trop dangereux pour être conseillé.

On se servira plus sûrement de la *cicutine*, alcaloïde de la cicutaire et excellent calmant du système nerveux. Elle est recommandée dans les névralgies, l'asthme, l'épilepsie.

AMMI MAJUS. L.

(Du grec *ammos*, sable.)

Syn. : *Ammi à larges feuilles.*

(OMBELLIFÈRES.)

Plante annuelle de 30 à 60 centimètres, croissant surtout dans les champs de jeune luzerne. Elle fleurit en juillet.

La tige est dressée, striée, rameuse. Les segments des feuilles inférieures sont ovales, lancéolés, les segments des supérieures sont linéaires, dentés. Les fleurs sont blanches, en ombelles à rayons nombreux. Le fruit est petit.

Les fruits de l'ammi sont toniques et carminatifs. On les recommande habituellement en infusion ou en macération dans le vin.

ŒGOPODIUM PODAGRARIA. L.

(Du grec *aix*, *aigos*, chèvre, *pous*, pied : allusion à la forme des feuilles.)

Syn. : *Podagraire*, *Egopode des goutteux*, *Herbe aux goutteux*, *Pied-de-chèvre*, *Pied-de-bouc*, *Pied-d'aigle*, *Fausse angélique sauvage.*

(OMBELLIFÈRES.)

Plante vivace, glabre, de 50 à 80 centimètres, affectionnant les lieux ombragés. Elle fleurit en juin.

La tige est dressée, robuste, fistuleuse. Les feuilles sont palmatiséquées, les inférieures sont longuement pétiolées, à segments ovales lancéolés, les supérieures, sessiles. Les fleurs sont blanches, en ombelles à rayons nombreux.

La racine et les feuilles ont été autrefois conseillées dans la goutte.

On mange les jeunes feuilles en salade. On en ajoute quelquefois à d'autres plantes potagères pour les aromatiser.

PETROSELINUM SATIVUM. HOFFM.

(Du latin *petra*, pierre, *selinum*, persil.)

Syn. : *Persil cultivé*, *Ache persil.*

(OMBELLIFÈRES.)

Plante bisannuelle, glabre, de 40 à 80 centimètres, cultivée dans les jardins. Elle fleurit en juin.

La tige est rameuse, striée. Les feuilles sont d'un vert luisant ; les inférieures ont des segments ovales, cunéiformes, incisés, les supérieures, des divisions linéaires. Les fleurs sont d'un jaune-verdâtre, en ombelles, à rayons nombreux.

Les semences de persil sont carminatives, apéritives et stomachiques. On les administre en infusion (5 grammes par litre d'eau).

La racine du persil est diurétique et apéritive. Elle entre dans la composition du sirop des cinq racines qu'on emploie ordinairement à la dose de 60 grammes pour édulcorer les tisanes diurétiques. On en fait un infusé (10 gr. pour 1 litre d'eau).

Les feuilles de persil sont quelquefois appliquées sur les parties contuses et sur les seins des nouvelles accouchées pour *faire passer le lait*. Certaines personnes conseillent le persil contre les maux de dents. On pile quelques feuilles et on les introduit dans le conduit auditif du côté malade.

Les fruits renferment de l'huile grasse, du tannin, de l'*apiine* et une essence formée surtout *d'apiol*. Ce dernier est un principe cristallisable, du *camphre de persil*. Il jouit de propriétés emménagogues. On le prescrit à la dose de 15 à 50 centigrammes dans les aménorrhées et les dysménorrhées. On l'a ordonné aussi comme fébrifuge.

APIUM GRAVEOLENS. L.

(Du grec *apion*, nom donné par les Grecs à diverses ombellifères.)

Syn. : *Ache odorante*, *Céleri*, *Ache des marais*, *Eprault*.

(Ombellifères.)

Plante vivace, de 30 à 90 centimètres, croissant spontanément surtout dans la région maritime. Elle fleurit en juillet.

La tige est dressée, cannelée, sillonnée, creuse, rameuse. Les feuilles inférieures sont pinnatiséquées, à segments rhomboïdaux incisés, les supérieures à trois segments. Les fleurs sont d'un blanc-verdâtre, en ombelles nombreuses.

La racine de céleri est diurétique. Elle a une saveur aromatique, âcre et amère. Elle entre aussi dans la composition du sirop des cinq racines. On en prépare une décoction (50 gr. par litre d'eau) qui est stimulante, apéritive, sudorifique et diurétique.

Les feuilles renferment de la *mannite*. On les met souvent confire dans le vinaigre.

Le suc des feuilles, administré à la dose de 150 à 200 grammes préviendrait et enrayerait les accès de fièvre paludéenne.

La pulpe de feuilles mêlée au sel fin est recommandée en frictions dans la gale. L'infusion de semences de céleri agit comme stomachique et comme tonique du système nerveux. Un auteur très sérieux vante le céleri comme aphrodisiaque (de la Roche).

On mange les feuilles et les pétioles en salade, crus ou cuits, ainsi que les racines. On les ajoute aussi à d'autres légumes pour les aromatiser.

Les racines et les feuilles sont excitantes et antiscorbutiques.

Le céleri jouissait d'un grand crédit chez les Grecs comme aliment et comme médicament. Ils en faisaient des couronnes pour orner le front des vainqueurs et pour déposer sur les tombes de leurs morts.

SIUM ANGUSTIFOLIUM. L.

(Du celtique *siw*, eau.)

Syn. : *Berle à feuilles étroites, Bérule à feuilles étroites, Persil des marais, Ache aquatique.*

(Ombellifères.)

Plante vivace, de 40 centimètres à 1 m. 20, commune aux bords des eaux, dans les fossés, dans les marais. Elle fleurit en juin.

Les tiges sont dressées, striées, fistuleuses, rameuses. Les segments des feuilles sont ovales, aigus. Les fleurs sont blanches, en ombelles latérales, pédonculées, opposées aux feuilles.

On vend souvent la berle pour le cresson ; elle jouit du reste des mêmes propriétés. On peut sans crainte la manger en salade. Elle est stimulante, diurétique, antiscorbutique et emménagogue. La meilleure préparation est le suc des feuilles (dose : 60 gr.).

La racine est très vénéneuse ; elle est narcotico-âcre.

Il faut empêcher les vaches de brouter les feuilles de cette berle : elle donne au lait un goût désagréable.

PIMPINELLA SAXIFRAGA. L.

(Les feuilles radicales ressemblent à celles de la pimprenelle.)

Syn. : *Boucage saxifrage, Pimprenelle saxifrage, Bouquetine, Pied-de-bouc.*

(OMBELLIFÈRES.)

Plante vivace, de 20 à 60 centimètres, commune aux bords des chemins, dans les endroits herbeux. Elle fleurit en juin.

La tige est un peu striée, subcylindrique. Les feuilles inférieures présentent des segments ovales, incisés; les supérieures, des segments linéaires ; les fleurs sont blanches, en ombelles à rayons grêles ; le fruit est petit, ovoïde.

La racine fraîche a une odeur de bouc et une saveur piquante, aromatique. On l'employait autrefois en décoction pour gargarismes dans la paralysie de la langue. Dans ce cas, on la faisait aussi mâcher. On l'a conseillée comme digestive.

ŒTHUSA CYNAPIUM. L.

(Du grec *aïthusso*, j'enflamme.)

Syn. : *Éthuse ache des chiens, Petite Ciguë, Ciguë des jardins, Faux persil, persil des fous.*

(OMBELLIFÈRES.)

Plante annuelle, glabre, d'un vert sombre, de 25 centimètres à 1 mètre, très commune dans les jardins et les lieux cultivés. Elle fleurit en juillet.

La tige est dressée, striée, rameuse ; les feuilles sont bi-tripinnatiséquées, à segments incisés ; les fleurs sont blanches, en ombelles à rayons nombreux.

Les feuilles ont été autrefois employées dans les affections nerveuses, dans le cancer. C'est un médicament trop actif et trop vénéneux pour être prescrit. La plante renferme un principe toxique très énergique, la *conicine*. Quelques grammes de feuilles ou de fleurs fraîches suffisent pour donner la mort. Cependant certains auteurs ont douté de la toxicité de cette ciguë.

En 1906, Powder et Tuton ont repris l'étude de cette plante au point de vue toxicologique, dans le but de fixer définitivement les idées à cet égard. La petite ciguë a été recueillie au moment où les fruits étaient complètement développés, mais encore verts. Par la distillation avec l'eau, elle a fourni une petite quantité d'essence incolore, prenant rapidement une couleur brun sombre ; le liquide distillé contenait un peu *d'acide formique*. Le produit resté dans le vase à distillation était un liquide aqueux très coloré et un peu de résine. Les auteurs réussirent à extraire de cette résine un hydrocarbure cristallisé et un alcool. Le reste de la résine, fondue avec de la potasse, fournissait les acides formique, butyrique et protocatéchique. Le liquide aqueux, débarrassé de la résine, contenait de la mannite avec du nitrate et du chlorure de potassium, de la glucose, une matière colorante amorphe et une quantité très faible d'un alcaloïde volatil ayant l'odeur de la *conicine*.

On confond quelquefois la petite ciguë avec le persil. Pour reconnaître la plante, froisser une feuille entre les doigts et se rappeler que le persil a une odeur aromatique, agréable, les fleurs sont d'un jaune clair et les feuilles d'un beau vert ; la petite ciguë a, au contraire, une odeur fétide, vireuse ; les fleurs sont blanches, les feuilles d'un vert foncé bleuâtre ; la base de la tige est roussâtre.

La sauce dans laquelle on met de la ciguë devient verte ; cette coloration ne se produit pas avec le persil (Dr Richer d'Amiens).

Socrate, philosophe grec, condamné à mort par ses compatriotes, fut empoisonné avec une décoction de petite ciguë.

ŒNANTHE PHELLANDRIUM. LMK.

(Du grec *oïnos*, vin, *anthos*, fleur ; les fleurs ont l'odeur du vin.)

Syn. : *Œnanthe phellandrie, Phellandrie aquatique, Ciguë aquatique, Fenouil d'eau.*

(OMBELLIFÈRES.)

Plante herbacée, glabre, vivace, à souche munie de fibres nombreuses, filiformes, non charnues, de 50 centimètres à 1m. 50, assez commune dans les marais, les rivières, les fossés. Elle fleurit en juillet.

Les tiges sont couchées, radicantes, submergées, rameuses, fistuleuses. Les feuilles sont bi-tripinnatiséquées, à segments ovales incisés. Les fleurs sont blanches, en ombelles à rayons grêles.

En Allemagne on a beaucoup employé les fruits de la phellandrie dans les bronchites chroniques et la tuberculose.

On les administre en poudre à la dose de 0 gr.50 à 2 grammes plusieurs fois par jour, en infusion à la dose de 10 grammes pour 1 litre d'eau. On en prépare aussi un électuaire, (Sandras).

On leur attribue des propriétés apéritives, diurétiques, fébrifuges et antiscorbutiques. Ils jouissaient autrefois d'une grande vogue dans le squirrhe et la gangrène.

Les feuilles sont vénéneuses. On réduit souvent toute la plante en poudre. On en fait un sirop contre la tuberculose.

Œnanthe fistulosa. L. (Œnanthe fistuleuse) était autrefois employée comme diurétique.

Œnanthe pimpinelloïdes. L. (Œnanthe à feuilles de boucage) espèce vénéneuse, a des tubercules radicaux qui sont comestibles. On mange à Angers, sous le nom de *jouanettes*, les tubercules de cet œnanthe.

FŒNICULUM OFFICINALE. ALL.

(Du latin *fœnum*, foin, ou *funiculus*, petit filet.)

Syn. : *Fenouil officinal*.

(OMBELLIFÈRES.)

Plante bisannuelle ou vivace, un peu glauque, de 1 à 2 mètres, assez commune sur les talus des chemins de fer, sur les coteaux calcaires. Elle fleurit en juillet.

La tige est robuste, cylindrique, dressée, striée, rameuse. Les feuilles sont bi-tripinnatiséquées, à segments filiformes. Les fleurs sont jaunes, en ombelles à rayons nombreux.

La racine de fenouil est une des cinq racines diurétiques. Elle est aussi apéritive (25 gr. de racines en infusion dans 1 litre d'eau).

Les fruits sont employés comme aromatiques, stomachiques, carminatifs et diurétiques. Ils renferment une huile essentielle verte qui est excitante. On recommande souvent aux nourrices une infusion de graines de fenouil (30 gr. pour 1 litre d'eau. Deux verres par jour) pour augmenter la sécrétion lactée. Son action est certaine, mais il ne faut pas oublier que l'huile essentielle passe dans le lait et peut occasionner des convulsions chez l'enfant. Cette infusion jouit aussi de propriétés apéritives.

L'huile essentielle de fenouil est quelquefois prescrite à la dose de quatre à cinq gouttes comme excitante.

Les semences pulvérisées associées à la poudre de charbon et de quinquina constituent un excellent dentifrice. On conseille les cataplasmes de feuilles fraîches de fenouil contre les engorgements laiteux.

On a conseillé autrefois la décoction de racines et de graines dans les fièvres éruptives. Certains empiriques la préconisent pour *conserver la vue*.

Les feuilles et la tige de fenouil servent de condiment et d'assaisonnement.

SILAUS PRATENSIS. BESS.

(Nom donné par Pline à diverses ombellifères.)

Syn. : *Silaüs des prés*, *Silave des prés*, *Persil bâtard*, *Fenouil des chevaux.*

(OMBELLIFÈRES.)

Plante vivace, de 40 à 60 centimètres, croissant dans les marais et les lieux humides. Elle fleurit en juillet.

Les tiges sont dressées, striées, rameuses. Les feuilles inférieures sont bi-tripinnatiséquées, à segments divisés en lanières allongées.

Les fleurs sont jaunâtres, en ombelles à rayons intérieurs plus courts que les extérieurs.

Les feuilles, la racine et les graines sont diurétiques et étaient autrefois employées dans la gravelle.

ANTHRISCUS CEREFOLIUM. HOFFM.

(Du grec *anthos*, fleur, *ruschos*, haie.)

Syn. : *Anthrisque cerfeuil*, *Cerfeuil cultivé.*

(OMBELLIFÈRES.)

Plante aromatique, annuelle, de 30 à 70 centimètres, cultivée dans les potagers. Elle fleurit en juin.

La tige est dressée, striée, rameuse. Les segments des feuilles sont courts, pinnatifides. Les fleurs sont blanches, en ombelles, sessiles ou subsessiles.

Le cerfeuil jouit de propriétés excitantes, emménagogues, antiscorbutiques, diurétiques et résolutives. On a préconisé le suc de cerfeuil ou la décoction de feuilles dans le petit lait contre les obstructions intestinales, la jaunisse, l'asthme, les catarrhes chroniques, dans les maladies de la peau, le scorbut. Geoffroy recommande le suc dans l'ascite, comme diurétique. On se sert aussi du suc frais de cerfeuil contre les piqûres de guêpes et d'abeilles.

On applique aussi la plante en cataplasmes sur les engorgements laiteux, ganglionnaires.

Les semences sont stimulantes et stomachiques.

Les feuilles de cerfeuil servent d'assaisonnement. On prend généralement les jeunes pousses. Elles entrent dans la composition des sucs d'herbes, du bouillon aux herbes. Dans ce dernier cas, l'ébullition fait perdre tous les principes essentiels.

MYRRHIS ODORATA. SCOP.

(Du grec *myrron*, parfum.)

Syn. : *Cerfeuil musqué.*

(OMBELLIFÈRES.)

Plante vivace, de 50 centimètres à 1 mètre, cultivée dans quelques jardins et subspontanée autour des habitations. Elle fleurit en juin.

La tige est robuste, creuse, cannelée. Les feuilles sont grandes, molles, à segments lancéolés. Les fleurs sont blanches, en ombelles à rayons assez nombreux.

La plante exhale une odeur qui rappelle celle de l'anis. Elle est stimulante.

Le suc dépuré de cerfeuil musqué a été conseillé dans l'ascite, comme diurétique. On fait quelquefois aussi macérer les feuilles dans du vin.

CONIUM MACULATUM. L.

(Du grec *conis*, poussière.)

Syn. : *Ciguë, Ciguë maculée, Grande Ciguë, Ciguë officinale, Ciguë de Socrate, Ciguë des Anciens.*

(OMBELLIFÈRES.)

Plante vivace, d'un vert sombre, à odeur vireuse, de 60 centimètres à 1 m. 20, assez commune aux bords des chemins, dans les bois, les lieux incultes. Elle fleurit en juin.

La tige est dressée, robuste, cylindrique, striée, rameuse, fistuleuse, glabre, avec des taches d'un pourpre foncé. Les feuilles sont alternes, très grandes, à segments allongés, quelquefois tachées. Les fleurs sont petites, blanches, en ombelles terminales à rayons nombreux. Le fruit est ovoïde, comprimé.

Les feuilles contiennent des alcaloïdes très dangereux, la *conicine* ou *conine*, la *méthylconicine* et de l'huile essentielle.

Brandes désignait sous le nom de *conin*, une résine particulière qu'il avait découverte dans la ciguë. Geiger et Giesecke ont affirmé que la plante doit ses propriétés vénéneuses à la *cicutine* que Berzélius appela *conicine*. Cet alcaloïde a l'apparence d'une huile jaunâtre, soluble dans l'alcool et l'éther; il est plus léger que l'eau : son odeur est forte, pénétrante, vireuse, elle rappelle celles de la ciguë, du tabac et de la souris ; sa saveur est âcre et corrosive. La conicine produit une irritation locale ; déposée sur la conjonctive, elle détermine de la rougeur et de la douleur. C'est un poison paralysant du système nerveux moteur, un modificateur du sang. A dose physiologique, elle ne produit aucune altération des tissus ; elle exalte la motricité des nerfs pour la diminuer ensuite et même la suspendre ; à petite dose, la conicine trouble les fonctions des organes; à dose toxique, elle amène rapidement la mort ; elle dilate la pupille, ralentit les sécrétions après les avoir exagérées, produit de l'anesthésie ou de l'hyperesthésie, de l'engourdissement, de la pâleur des téguments et du refroidissement des extrémités.

La conicine est peu usitée en France; elle l'est plus en Allemagne, Wertheim l'a vantée contre les fièvres intermittentes et le typhus. Il paraît qu'elle n'est pas plus efficace dans le premier cas que dans le second.

Elle a été indiquée dans les bronchites chroniques et la tuberculose. Elle calme la toux et les névralgies, mais elle réussit moins bien que l'opium. Elle a été préconisée dans la coqueluche aux doses de 1/2 à 2 milligrammes, toutes les six heures.

On a extrait des fleurs de la grande ciguë un autre alcaloïde, la *conhydrine*, qui est beaucoup moins toxique que la conicine.

Hippocrate, Arétée, Avicenne employaient déjà la ciguë. Storck l'a surtout prescrite dans le squirrhe, les engorgements ganglionnaires, dans la coqueluche, les toux rebelles.

Certains prétendent que la grande ciguë est anaphrodisiaque, ténifuge. Les anciens la donnaient contre le priapisme et la nymphomanie. Des observateurs ont prétendu que loin d'être anaphrodisiaque, la ciguë stimule l'appareil génital et éveille des désirs vénériens. Bergius cite un cas d'impuissance guérie par l'usage de cette plante.

Cette ciguë est surtout calmante; ses propriétés antispasmodiques sont contestées. On l'a conseillée aussi dans les affections syphilitiques et les maladies de la peau.

On prépare un suc de ciguë, une teinture, un alcoolature et une huile. On administre aussi la ciguë en pilules, en poudre et en extrait. Cette dernière préparation est encore très usitée aujourd'hui comme fondante. Trousseau prescrivait le cataplasme de feuilles de ciguë dans la tuberculose et contre certaines tumeurs. L'efficacité de la ciguë est incontestable chez les sujets scrofuleux atteints d'engorgement mono-articulaire chronique (Laboulbène).

Quand on veut se servir des feuilles, il faut les récolter avant l'épanouissement des fleurs. Quelques grammes de poudre de feuilles donnent la mort à un adulte.

Les semences de ciguë ont joui d'un grand crédit dans le cancer.

Ladé, un pharmacien de Genève, a trouvé que les semences contenaient plus de conicine avant leur maturité. Devay et Guillermond prétendent que les fruits de la ciguë doivent remplacer toutes les préparations de cette plante. On emploie aussi les cataplasmes de feuilles comme calmants et résolutifs.

La ciguë ne procure pas l'effet calmant de l'opium. On ne pourra jamais la substituer à ce médicament. Elle cause toujours de l'agitation et de l'insomnie.

Nous répétons ici la recommandation faite au sujet de la petite ciguë. Quand vous n'êtes pas fixé sur le nom de la plante, que vous ignorez si c'est du persil, du cerfeuil ou de la ciguë, *froissez une feuille entre vos doigts, si l'odeur qui se dégage est agréable, aromatique, concluez en faveur du persil ou du cerfeuil; si, au contraire, l'odeur est nauséabonde, vireuse, rejetez la plante, c'est la ciguë.*

SELINUM CARVIFOLIA

(Du grec *selinon*, persil.)

Syn. : *Sélin des marais*

(OMBELLIFÈRES.)

Plante vivace, glabre, de 30 à 90 centimètres, affectionnant surtout les prés humides, les marais. Elle fleurit en juillet.

La tige est dressée, anguleuse, rameuse. Les feuilles sont bi-tripinnatiséquées, à lobes linéaires mucronés ; les pétioles des feuilles supérieures sont dilatés. Les fleurs sont blanches, en ombelles à rayons nombreux.

Le sélin des marais a été employé autrefois en Courlande contre l'épilepsie (Trimius). On administrait la poudre de racine à la dose de 1 à 5 grammes, matin et soir, dans un demi-verre d'eau chaude sucrée. On peut augmenter la dose graduellement, s'il n'y a pas de vomissements. Herpin conseillait aussi ce médicament.

ARCHANGELICA OFFICINALIS. L.

(Du grec *archi*, au-dessus, *aggelos* auge.)

Syn. : *Angélique officinale, Racine du Saint-Esprit, Angélique des jardins.*

(OMBELLIFÈRES.)

Plante bisannuelle, de 0 m. 80 à 1 mètre, cultivée dans beaucoup de jardins. Elle fleurit en juillet.

La tige est cylindrique, grosse, dressée, rameuse, fistuleuse, striée, glabre. Les feuilles sont grandes, bipinnées. Les fleurs sont blanches, en ombelles, à rayons nombreux. La racine est grosse, allongée, charnue, noirâtre à l'extérieur.

Toute la plante dégage une odeur aromatique très agréable. On l'emploie comme excitante, diurétique et sudorifique. On a administré la racine en infusion (20 gr. par litre d'eau) dans la dyspepsie, les vomissements, les coliques flatueuses, les céphalées, les vertiges, la paralysie, la goutte, les maladies aiguës ou chroniques, le scorbut, contre *la morsure des chiens enragés.* On l'ordonne quelquefois dans la chlorose. Elle est indiquée comme expectorante à la fin des bronchites, comme emménagogue. C'est un excellent digestif et un antidyspeptique précieux trop peu connu des praticiens (Baillon). Les médecins allemands la prescrivent à la fin des fièvres ataxiques. La racine a une saveur un peu musquée, amère et renferme un peu d'*inuline.* Elle entre dans la composition du *Baume du Commandeur.* On en fait aussi une teinture.

On conseille les semences d'angélique officinale en infusion (10 gr. par litre d'eau) dans les mêmes cas. Elles contiennent plus d'huile volatile ; avec les graines et la racine on prépare un vin qui est très actif.

On confit au sucre les tiges et les nervures des feuilles.

PEUCEDANUM PALUSTRE. MŒNCH.

(Du grec *peuce*, pin, *danos*, combustible : allusion à l'odeur résineuse),

Syn. : *Peucédan des marais.*

(Ombellifères.)

Plante vivace, glabre, de 60 centimètres à 1 mètre, qu'on rencontre parfois dans certains marais. Elle fleurit en juillet.

La tige est dressée, striée, rameuse. Les feuilles sont bi-tripinnatiséquées, à lobes lancéolés, acuminés. Les fleurs sont blanches, en ombelles à rayons très nombreux et inégaux.

La racine et la tige ont été employées comme antispasmodiques et calmantes dans l'épilepsie et la gastralgie. Elles ne sont plus usitées.

PASTINACA SYLVESTRIS. MILL.

(Du latin *pastus*, nourriture.)

Syn. : *Panais sauvage, Pastenade.*

(OMBELLIFÈRES)

Plante bisannuelle, de 30 centimètres à 1 mètre, très commune dans les terrains calcaires. Elle fleurit en juillet.

La tige est dressée, striée, rameuse. Les feuilles sont pinnatiséquées, pubescentes en-dessous. Les fleurs sont jaunes, en ombelles à rayons nombreux.

La racine renferme de la mannite et est légèrement laxative. Les graines sont fébrifuges et carminatives.

Le genre *Pastinaca* nous fournit l'opopanax et le panais cultivé qui est un excellent aliment.

HERACLEUM SPHONDYLIUM. L.

(Du grec *Heraclès*, Hercule ; genre consacré à Hercule.)

Syn. : *Grande Berce, Branc-ursine, Spondyle, Panais des vaches, Acanthe d'Allemagne.*

(OMBELLIFÈRES)

Plante bisannuelle, de 50 centimètres à 1 m. 50, très commune dans les endroits humides, le long des haies. Elle fleurit en juin.

La tige est dressée, robuste, sillonnée, fistuleuse, rameuse. Les feuilles sont pubescentes en-dessous, pinnatiséquées. Les fleurs sont blanches, en grandes ombelles à rayons nombreux. Le fruit est glabre et a une odeur aromatique.

Les graines de la grande Berce sont carminatives. Elles remplacent souvent celles de l'angélique officinale.

La décoction de racine de Berce (25 à 50 gr. par litre d'eau) est digestive, carminative et vermifuge. La poudre de racine (8 gr.) a été indiquée contre l'épilepsie.

La racine et la tige, dépouillée de son écorce, fournissent par la distillation une liqueur alcoolique. En Pologne et en Lithuanie, on en fabrique une espèce de bière (*parst*).

En médecine populaire, on emploie la racine contre les durillons.

DAUCUS CAROTA. L.

(Du grec *daucos*, nom donné par les Grecs à diverses ombellifères.)

Syn. : *Carotte sauvage*, *Racine jaune.*

(OMBELLIFÈRES.)

Plante bisannuelle, de 30 à 80 centimètres, très commune dans les prés, les champs, au bord des chemins. Elle fleurit en juin.

La tige est dressée, rude, striée, rameuse. Les feuilles sont molles, les inférieures bipinnatiséquées, à segments ovales ou oblongs. Les fleurs sont blanches ou rosées, en grandes ombelles. La fleur centrale est toujours purpurine. On reconnaît facilement l'ombelle de la carotte : avant son épanouissement, elle ressemble à un petit nid d'oiseau.

La racine de carotte sauvage a une odeur forte et aromatique. On emploie les graines comme diurétiques.

La racine de la carotte cultivée est utilisée en médecine. Vauquelin l'a analysée et y a trouvé : du gluten, de l'albumine, de la mannite, du sucre, de la gomme, du ligneux, de l'acide malique, de l'acide pectique et une résine molle, d'une couleur jaune, d'une saveur très forte et d'une odeur pénétrante. Cette résine contient, selon Osanne, de la *carottine*, principe cristallisable, d'un jaune rouge.

La racine de carotte est mucilagineuse, adoucissante, apéritive et diurétique. On a conseillé la décoction contre la jaunisse et les maladies du foie. Elle est légèrement excitante. Le suc frais de la carotte est recommandé contre la goutte et la gravelle.

On applique des cataplasmes de carotte râpée sur certains

cancers, sur les gerçures des mamelons de nourrices. Il paraît qu'ils calment les douleurs produites par les brûlures.

Certaines personnes vantent l'infusion de carotte coupée de lait et édulcorée avec du miel, dans les bronchites légères. Les asthmatiques éprouvent, affirment-ils, un grand soulagement après l'absorption de ce breuvage.

La carotte favorise, par la mastication, la sortie des dents chez les jeunes enfants. Dubois la préconisait contre le carreau. Il la prescrivait comme nourriture exclusive. Ne serait-ce pas plutôt pour donner raison à l'onomatopée : Carotte ote-caro (De la Roche).

On emploie aussi les graines de la carotte cultivée comme diurétiques et carminatives. Elles renferment une huile volatile qui est excitante, diurétique et emménagogue.

La racine de carotte est un de nos meilleurs légumes. Elle est d'une digestion facile.

On se sert du jus pour colorer le beurre. A la campagne, on prépare souvent avec la carotte torréfiée et pulvérisée un simili-café très agréable.

HEDERA HELIX. L.

(Du latin *hœrere*, s'attacher.)

Syn. : *Lierre grimpant*, *Lierre à cautère*,
Herbe à dents, *Herbe à cors*.

(HÉRÉDACÉES.)

Arbrisseau grimpant s'attachant aux arbres ou aux murs au moyen de racines adventives, véritables petits crampons qui fixent solidement la tige. Il fleurit en octobre.

La tige est ligneuse ; les feuilles sont coriaces, luisantes, glabres, à lobes triangulaires ; celles des rameaux florifères sont ovales, allongées, acuminées ; les fleurs sont verdâtres, en ombelles subglobuleuses. La baie est noire.

On peut retirer de la tige, par incision, une sorte de gomme-résine qui répand, quand on la brûle, une odeur semblable à celle de l'encens. Dans le commerce, elle est en morceaux opaques, d'un brun foncé, à cassure vitreuse, transparente. On l'employait autrefois comme résolutive et emménagogue. On la conseillait en fumigations.

Les feuilles, froissées entre les doigts, répandent une odeur forte, aromatique et résineuse. On les administre en infusion comme excitantes. Elles sont, en outre, vulnéraires et détersives. Elles sont indiquées, en décoction, dans le traitement de la teigne et de la gale.

On en fait des bains locaux. On appliquait autrefois les feuilles de lierre sur les plaies produites par les vésicatoires pour *faire suppurer,* sur les plaies contuses, les brûlures, les érysipèles. Elles donnent une sensation agréable de fraîcheur.

Les fruits sont purgatifs à la dose de dix à quinze. Ils sont vénéneux et produisent souvent des vomissements. On employait jadis contre certaines fièvres les fruits mûrs, pulvérisés et macérés dans du vin ou du vinaigre.

Il paraît que la résine du lierre arrête la chute des cheveux.

On fait des filtres avec le bois qui est léger et poreux.

Les Grecs avaient choisi le lierre comme le symbole de la jeunesse parce que cet arbuste est toujours vert. Ils en ornaient Bacchus et les Bacchantes.

Disons en terminant que pour nettoyer et remettre à neuf les étoffes de drap noir, il suffit de les laver avec une décoction de feuilles de lierre.

VISCUM ALBUM. L.

(Du latin *viscus*, glu.)

Syn. : *Gui, Gui des Druides, Gui à fruits blancs.*

(LORANTHACÉES.)

Arbrisseau de 20 à 50 centimètres, formant de petites touffes arrondies sur les branches d'arbres. Il fleurit en mars.

La tige présente des rameaux dichotomes, articulés, glabres, d'un vert jaunâtre.

Les feuilles sont opposées, oblongues, épaisses, coriaces, persistantes. Les fleurs sont jaunâtres ; la baie est blanche.

Cette plante est parasite et propagée surtout par les merles et les grives qui sont très friands des baies. Ils frottent leur bec aux branches des autres arbres et y déposent ainsi la graine.

Les fruits et l'écorce sont antispasmodiques. On les a employés contre l'épilepsie, l'asthme, le hoquet, la coqueluche, etc. On emploie la plante sèche en décoction (30 grammes par litre d'eau), comme tonique, astringente et fébrifuge. Les baies sont purgatives.

Dernièrement, René Gaultier a administré le gui du chêne contre l'hémoptysie. Il s'est servi avec succès d'extrait éthéré qu'il a fait prendre en pilules à la dose de 0 gr. 80 par jour. Il a noté, sous l'influence de cette médication, un abaissement de la pression artérielle avec accélération du pouls.

On fait une glu avec la seconde écorce et les fruits du gui.

En Angleterre, une jeune fille vue à Noël sous une branche de gui (mistletoc) doit se laisser embrasser par celui qui l'a rencontrée ainsi.

En Normandie, les marchands de cidre suspendent à leur porte une branche de gui.

Dans notre pays, chacun veut avoir, à son foyer, comme porte-bonheur, un rameau de cet arbrisseau.

RIBES UVA-CRISPA. L.

(Du latin *rubus*, buisson.)

Syn. : *Groseillier à maquereau*, en picard de Proyart : *G. linté*.

(GROSSULARIÉES.)

Arbrisseau très rameux, de 80 centimètres à 1 m. 50, muni d'épines tripartites, assez commun dans les haies. Il fleurit en avril.

Les feuilles présentent des lobes obtus, incisés. Les fleurs sont verdâtres. La baie est ovoïde ou globuleuse, couverte de poils rudes et d'une couleur verdâtre ou rosée vineuse, d'une saveur sucrée.

Les fruits de ce groseillier sont légèrement excitants. Avant leur maturité, ils sont très acides ; on s'en sert pour relever certaines viandes ou certains poissons, notamment le maquereau, d'où son nom.

Les feuilles sont toniques, astringentes. On les administre en infusion ou en poudre. La décoction d'écorce est fébrifuge. On fait un vin avec les jeunes pousses et avec les fruits.

On cultive dans les jardins la variété *grossularia*, à fruits beaucoup plus gros.

En pâtisserie, on confit ces groseilles dans du sucre.

RIBES RUBRUM. L.

Syn. : *Groseillier ordinaire*, *Raisin de mars.*

(Grossulariées.)

Arbrisseau de 1 mètre à 1 m. 50, cultivé dans presque tous les jardins. Il fleurit en avril.

Les feuilles sont cordées à la base, crénelées, dentées, pubescentes en dessous. Les fleurs sont d'un vert pâle, en grappes pluriflores. La baie (groseille) est rouge, quelquefois blanche, petite, globuleuse, glabre, acide.

La groseille jouit de propriétés rafraîchissantes et laxatives. On en fait une tisane, un suc et une gelée. Délayé à la dose de 60 grammes dans 500 grammes d'eau, le sirop forme une boisson agréable indiquée dans la fièvre typhoïde.

Les feuilles et l'écorce jouissent des mêmes propriétés que celles du groseillier à maquereau.

RIBES NIGRUM. L.

Syn. : *Groseillier noir*, *Cassis.*

(Grossulariées.)

Arbrisseau de 1 mètre à 1 m. 50, cultivé dans les jardins. Il fleurit en avril.

Les feuilles sont cordées à la base, pubescentes, glanduleuses en dessous, odorantes. Les fleurs sont verdâtres, rougeâtres, en grappes pendantes. La baie (cassis) est noire, globuleuse, glabre, à saveur aromatique.

Le péricarpe du cassis contient un liquide aromatique très actif. Ce fruit est rafraîchissant et laxatif.

On prépare avec cette baie une sorte de ratafia.

Les feuilles de ce groseillier peuvent être employées en décoction (30 gr. par litre d'eau) comme diurétiques et rafraîchissantes. Elles sont indiquées dans l'ascite, la gravelle, la goutte, le rhumatisme, dans certaines affections des reins, de la vessie et de l'estomac.

SAXIFRAGA TRIDACTYLITES. L.

(Du latin *saxa*, rochers, *frangere*, briser.)

Syn. : *Percepierre, Saxifrage à trois doigts, Saxifrage des murailles.*

(SAXIFRAGÉES.)

Plante annuelle, de 5 à 15 centimètres, très commune sur les vieux murs, sur les toits de chaume, dans les terrains calcaires ou sablonneux. Elle fleurit en mars.

Les feuilles sont assez épaisses ; les radicales en rosette, les caulinaires cunéiformes, ordinairement à trois lobes. Les fleurs sont blanches, petites.

Le saxifrage est astringent et diurétique. Son nom lui a valu d'être employé autrefois dans la gravelle.

ADOXA MOSCHATELLINA. L.

(Du grec *a*, privatif, *doxa*, gloire : fleurs sans éclat.)

Syn. : *Herbe musquée, Muscatelline, Moscatelline printanière.*

(CAPRIFOLIACÉES.)

Plante herbacée, grêle, de 10 à 15 centimètres, assez commune dans les bois couverts. Elle fleurit en avril.

Les feuilles radicales ont un long pétiole, les deux caulinaires sont opposées, triséquées. Les fleurs sont d'un jaune verdâtre, en tête globuleuse.

Les feuilles ont une légère odeur musquée rendue plus pénétrante par quelques gouttes d'ammoniaque. On emploie, en médecine, les sommités de la moscatelline comme antispasmodiques, dans l'hystérie, dans la fièvre typhoïde et la pneumonie ataxiques. On les administre en oléo-saccharum, en pastilles, en sirop, en pilules et en électuaire.

L'herbe musquée peut servir à la préparation de deux produits : l'eau distillée et l'huile essentielle musquée, ou *musc végétal.*

SAMBUCUS NIGRA. L

(Du grec *sambuce*, flûte.)

Syn. : *Sureau noir*, *Sureau commun*, *Hautbois ;*
en picard de Proyart : *Seuhi.*

(Caprifoliacées.)

Arbrisseau ou petit arbre atteignant parfois de 4 à 8 mètres de hauteur, à écorce crevassée, grisâtre, remplie d'une moelle blanchâtre, très commun dans les haies, à la lisière des bois. Il fleurit en juin.

Les feuilles présentent des segments aigus, dentés. Les fleurs sont blanches, odorantes, en corymbes à cinq rameaux. Le fruit est noir (baie, nuculaine).

On emploie la seconde écorce de la racine, le liber, les feuilles, les fleurs et les fruits.

La seconde écorce de la racine fraîche est éméto-cathartique et a été conseillée par Boerhaeve, Sydenham et Martin Solon dans l'ascite. On l'administre odinairement sous forme de suc (20 à 50 gr. en une seule fois) La décoction d'écorce de racine sèche (20 gr. pour 500 gr. d'eau) est plus facile à préparer. La tisane d'écorce de tige a les mêmes propriétés (100 gr. pour 1 litre d'eau).

Le suc frais de l'écorce de racine de sureau est préférable à celui du liber (Vanoye). Il vaut mieux donner cette substance seule que de la combiner avec d'autres drastiques. Les premières doses doivent être assez fortes. On continuera le traitement, s'il y a des vomissements. S'ils sont trop fréquents on le suspendra pendant quelques jours. La dose quotidienne sera de 12 à 150 grammes administrée par cuillerées à bouche.

Le suc d'écorce de racine de sureau est un médicament sûr qu'on délaisse trop.

Le liber est purgatif et vomitif. Il est hydragogue et était vanté autrefois dans l'ascite (Boerhave et Gaubius). On en fait un suc, un apozème et un vin. (On met ordinairement 100 gr. d'écorce dans 1 litre de vin blanc.)

Les fleurs fraîches de sureau sont un peu amères, elles exhalent une odeur aromatique nauséeuse qui devient agréable par la dessiccation. Elles sont excitantes, sudorifiques et vulnéraires. On en prépare une infusion (5 gr. pour 1 litre d'eau) et une eau distillée usitée quelquefois dans les collyres résolutifs.

Les fleurs fraîches sont légèrement purgatives.

On emploie aussi pour l'usage externe la décoction de fleurs sèches (10 gr. pour 500 gr. d'eau) comme résolutive.

Les feuilles jouissent aussi de propriétés purgatives. Elles ont été indiquées dans l'ascite et dans la suppression des lochies. On les administre dans l'eau ou le lait.

Pulvérisées et prisées comme le tabac, elles réussissent souvent contre les épistaxis.

Les fruits sont purgatifs et sudorifiques. On les donne sous forme de rob. Ils donnent par fermentation une liqueur légèrement alcoolique.

C'est avec les fleurs du sureau que l'on prépare le vinaigre de toilette, dit *Surard*. On l'emploie aussi comme médicament à la dose de 4 à 10 grammes. Il est diurétique et sudorifique.

Les marchands de vin mettent quelquefois dans le vin des fleurs de sureau pour lui donner le parfum du Frontignan.

La moelle est employée, après dessiccation, pour faciliter les coupes au microtome.

Les enfants de nos campagnes font certains jouets avec les tiges.

SAMBUCUS EBULUS, L.

Syn. : *Yèble, Eble, Petit sureau, Sureau en herbe.*

(CAPRIFOLIACÉES.)

Plante herbacée, glabre, vivace, de 80 centimètres à 1 m. 50, commune aux bords des fossés, à la lisière des bois, aux bords des chemins. Elle fleurit en juillet.

La tige est dressée, cannelée. Les feuilles présentent des segments lancéolés, dentés. Les fleurs sont blanches, souvent rosées en dehors, en corymbes à trois rameaux principaux. La baie est noire, globuleuse.

Les feuilles ont été quelquefois employées à l'extérieur, en cataplasmes.

Cazin faisait bouillir des feuilles d'yèble et d'absinthe et les appliquait sur le ventre des enfants pour provoquer des évacuations.

Elles ont été conseillées dans l'ascite, comme hydragogues et dans la suppression des lochies. On a préconisé le suc des feuilles dans les mêmes cas.

A la campagne, on utilise les feuilles contre le farcin des chevaux, etc.

Les fleurs sont sudorifiques (20 gr. en décoction dans 1 litre d'eau).

L'écorce des racines et la deuxième écorce de la tige sont hydragogues. La racine est souvent employée comme purgative.

Les baies jouissent aussi de propriétés purgatives.

Cette plante avait une grande vogue chez les anciens : la fumée des feuilles chassait les serpents ; on enduisait les murs des maisons d'une décoction de feuilles pour éloigner les mouches.

VIBURNUM LANTANA. L.

(Du latin *viere*, lier.)

Syn. : *Mancienne, Cochène, Viorne.*

(CAPRIFOLIACÉES.)

Arbrisseau de 1 à 2 mètres, couvert de poils pulvérulents, commun dans les haies, dans les bois. Il fleurit en mai.

Les rameaux sont très flexibles. Les feuilles sont ovales, un peu cordiformes, dentées. Les fleurs sont blanches, odorantes, fertiles, toutes égales, en corymbes. Les baies sont ovoïdes, rouges, puis noires.

L'écorce de la mancienne est vésicante.

De la seconde écorce, on retire de la glu. On se sert des eunes tiges pour faire des harts.

VIBURNUM OPULUS. L.

Syn. : *Sureau d'eau, Obier, Aubier, Rose de Gueldres.*

(CAPRIFOLIACÉES.)

Arbrisseau de 2 à 4 mètres, à écorce lisse, assez commun dans les bois, les haies. Il fleurit en mai.

Les rameaux sont cassants ; les feuilles présentent des lobes profonds, dentés et sont glabres ; les fleurs sont blanches, en corymbes ; elles s'épanouissent de la circonférence au centre. Les baies sont rouges.

On a employé autrefois les fruits comme purgatifs, leur goût est plutôt désagréable.

Le bois du sureau d'eau est blanc et exhale une mauvaise odeur. Il entrait dans la fabrication de la poudre à canon.

LONICERA CAPRIFOLIUM. L.

(Dédié à *Lonicer*, botaniste allemand.)

Syn. : *Chèvrefeuille commun, Chèvrefeuille des jardins.*

(CAPRIFOLIACÉES.)

Arbrisseau sarmenteux, volubile, de 4 à 5 mètres, assez commun dans les jardins. Il fleurit en mai.

Les jeunes tiges sont glabres, ordinairement rougeâtres. Les feuilles inférieures sont ovales, glabres ; les supérieures, connées ; les florales, perfoliées. Les fleurs sont sessiles, en tête terminale, très odorantes. Les baies sont ovoïdes, rouges.

L'écorce fraîche est diurétique. On l'administre en décoction (25 gr. par litre d'eau) contre l'ascite, la gravelle.

Les feuilles du chèvrefeuille sont astringentes. On les emploie en infusion, pour gargarisme. On prépare un sirop de chèvrefeuille (50 à 100 gr.). Le vin n'est plus usité.

Les fleurs sont béchiques et antispasmodiques. On les recommande en infusion dans les bronchites et l'asthme.

BRYONIA DIOICA. JACQ.

(Du grec *bryo*, je végète avec force.)

Syn. : *Bryone, Navet du diable, Couleuvrée, Feu ardent, Racine vierge, Rave de serpent.*

(CUCURBITACÉES.)

Plante vivace, de 1 à 2 mètres, assez commune dans les haies. Elle fleurit en juin.

La tige est grêle, anguleuse, grimpante, munie de vrilles ; les feuilles sont palmatilobées, hérissées de poils. Les fleurs sont verdâtres, dioïques ; les mâles beaucoup plus grandes et plus longuement pédonculées. La baie est petite, rouge.

La racine est grosse, charnue, fusiforme, jaunâtre. Sa saveur est âcre, amère, caustique, d'une odeur désagréable, vireuse et nauséeuse. Vauquelin, Brandes, Dulong d'Astafort l'ont analysée et en ont retiré principalement de la fécule, de la résine, de l'albumine et un principe amer, *la bryonine*, de consistance molle, soluble dans l'eau et l'alcool.

Elle est conseillée comme purgative, hydragogue et diurétique.

On employait autrefois la poudre de racine à la dose de 1 gr. 50.

On indiquait surtout la *fécule de bryone* comme un purgatif énergique, et un excellent hydragogue.

Il y a plusieurs moyens de se procurer le suc de bryone. Le plus simple consiste à couper l'extrémité d'une racine que l'on choisit grosse et à pratiquer une excavation dans l'intérieur ; on voit bientôt de petites gouttes s'amasser dans la cavité. C'est ce liquide qu'on fait prendre aux malades. D'autres mettent du sucre pulvérisé dans la cavité et obtiennent ainsi un suc moins désagréable.

Souvent on se sert de la racine entière, fraîche ou sèche. Quand on veut la récolter pour la dessiccation, on l'arrache à la fin de l'automne ou au printemps, on la coupe par tranches assez minces et on la fait sécher à l'ombre. La racine fraîche est beaucoup plus active, elle est alors trop dangereuse. Si on applique sur la peau une tranche fraîche de racine de bryone, il se produit rapidement de la rubéfaction et même de la vésication. Aussi est-elle indiquée comme rubéfiante.

Administrée à l'intérieur, la poudre de racine est vomitive, mais il paraît que son effet est incertain. On l'a appelée *ipécacuanha européen*. A la dose de 1 gramme ou de 1 gr. 50, cette poudre agit à peu près comme le jalap, mais un peu plus lentement (Loiseleur-Deslongchamps).

On emploie encore cette racine en macération dans l'eau pendant quelque temps.

Les baies sont laxatives. Leur décoction (40 gr. par litre d'eau) est parasiticide. Les semences sont ténifuges.

La bryone a été conseillée dans l'hystérie, la manie, l'épilepsie, dans certaines affections cérébrales, les paralysies, dans les affections de la peau.

A la campagne, les femmes qui ne veulent plus nourrir, prennent des lavements de décoction de racine de bryone pour tarir la sécrétion lactée. C'est, paraît-il, un excellent dérivatif.

La racine râpée est quelquefois appliquée, comme rubéfiante, sur les articulations, dans la goutte et le rhumatisme.

Nous ne conseillons pas l'usage de cette plante qui occasionne souvent des accidents graves.

CUCURBITA MAXIMA. DUCH.

Syn. : *Potiron, Potiron jaune commun, Courge, Courgeron.*

(Cucurbitacées.)

Plante herbacée annuelle, étalée sur le sol, atteignant parfois 10 mètres de longueur. Elle fleurit en juin.

La tige est épaisse, cylindrique, quelquefois anguleuse, hérissée de poils, charnue et fistuleuse. Les feuilles sont grandes, réniformes, poilues. Le pétiole est épais, fistuleux. Les vrilles sont rameuses. Les fleurs sont jaunes, grandes, monoïques, axillaires, solitaires. Le fruit est énorme, globuleux, un peu déprimé *(potiron)*. La pulpe est jaune, jaune rougeâtre, assez ferme. L'intérieur offre une cavité irrégulière dont les parois plus molles renferment les graines. Celles-ci sont assez grosses, comprimées, obovales, entourées d'un petit rebord épais, lisse. L'enveloppe est dure, l'amande blanche. On appelle aussi ces graines *pépins*.

Les graines de courge renferment des résines, des huiles fixes et de l'aleurone. Elles entraient dans le mélange des *semences froides majeures*, des anciennes pharmacopées. Elles ont été employées par les *signatores* contre les tœnias (Porta). Après avoir enlevé l'enveloppe on les pile avec du sucre dans un mortier et on obtient une pâte qu'on donne à la dose de 50 grammes.

Elles sont rafraîchissantes et calmantes et ont été indiquées dans la néphrite, la cystite, l'uréthrite, l'ischurie. Tyson et Mongeny employaient les semences de courge contre le tœnia.

Avec les graines dépouillées de leur enveloppe, on prépare une émulsion et une pâte.

La courge est un aliment sain, adoucissant et légèrement laxatif.

Cucurbita pepo, Ser. (Citrouille, Giraumon) jouit des mêmes propriétés que le potiron.

Cucumis sativus, L. (Cornichon, Concombre), est très peu employé en médecine. On appliquait autrefois la pulpe râpée sur les brûlures pour calmer la douleur. On en faisait aussi une pommade émolliente contre certaines affections de la peau.

Avec les graines, qui sont émulsives, on prépare des boissons adoucissantes.

Cucumis melo, L. (Melon) est laxatif. C'est un aliment rafraîchissant très agréable.

ASPERULA ODORATA. L.

(Du latin *asper*, rude.)

Syn. : *Aspérule odorante, Petit muguet, Hépatique étoilée, Reine des bois.*

(Rubiacées.)

Plante herbacée, vivace, de 10 à 40 centimètres, assez commune dans les bois frais. Elle fleurit en mai.

La tige est dressée, simple, carrée, lisse, avec un anneau de poils sous les verticelles foliaires. Les feuilles sont longues, oblongues, lancéolées, mucronées, glabres. Les fleurs sont blanches, en corymbe court.

Le petit muguet jouit de propriétés vulnéraires, toniques et sudorifiques. L'odeur agréable qu'exhale cette aspérule est due à la *coumarine*, qu'on retrouve dans le mélilot, la flouve et surtout dans la fève Tonka, bien connue des amateurs de tabac à priser. Toutes ces plantes servent à la fabrication du parfum connu sous le nom de *foin coupé*.

Les Allemands font macérer les jeunes pousses du petit

muguet dans du vin blanc et obtiennent une boisson tonique, légèrement enivrante.

On se servait autrefois de la racine d'aspérule pour teindre en rouge.

Asperula cynanchica, L. (Herbe à l'esquinancie) était autrefois indiquée dans l'amygdalite (infusion de sommités pour gargarisme).

GALIUM VERUM. L.

(Du grec *gala*, lait: certaines espèces font cailler le lait.)

Syn. : *Gaillet, Galiet, Caille-lait jaune, Fleur de Saint-Jean.*

(Rubiacées.)

Plante vivace, d'un vert foncé, noircissant en herbier, de 10 à 60 centimètres, commune aux bords des chemins, à la lisière des bois, dans les prés. Elle fleurit en juin.

Les tiges sont dressées, diffuses, pubescentes. Les feuilles sont linéaires, étroites, mucronées, verticillées, luisantes en dessus, à bords roulés en dessous. Les fleurs sont jaunes, odorantes, en panicules terminales. Le fruit est petit, glabre.

On emploie les sommités du caille-lait jaune en infusion (50 gr. par litre d'eau) comme antispasmodiques, diaphorétiques.

Timbal-Lagrave prétendait que *Galium palustre*, L. (Caille-lait des marais) est plus actif et qu'il faut récolter la plante quand les fleurs sont encore en boutons.

Miergues, fils, communiqua une note à l'Académie des sciences dans laquelle il vantait *Galium mollugo*, L. (Caille-lait blanc) contre l'épilepsie. Il avait appris par son père que Gouan tenait d'un M. Jourdain, recteur de l'Académie de Tain, la formule d'un remède antiépileptique qui avait pour base *Galium mollugo* ou *palustre*. Ces expériences ont été répétées par le Dr Durand et par Valpières de Pradines qui ont obtenu des résultats satisfaisants (Bouchardat).

En Angleterre, on cultive en grand le caille-lait jaune qui entre dans la préparation du fromage de Chester.

Galium mollugo, L. (Gaillet, Caille-lait blanc) est apéritif, sudorifique, diurétique et antispasmodique. On l'emploie en infusion (60 gr. de plante sèche pour 1 litre d'eau), en poudre (8 à 12 gr.), contre l'hypocondrie, l'ascite, le rhumatisme.

VALERIANA OFFICINALIS. L.

(Du latin *valere*, se bien porter.)

Syn.: *Valériane officinale, Valériane sauvage, Grande valériane, Herbe aux chats, Herbe de Saint-Georges.*

(VALÉRIANÉES.)

Plante vivace, de 60 centimètres à 1 mètre, commune dans les bois frais, les endroits humides, les marais. Elle fleurit en juin.

La tige est dressée, sillonnée, velue, fistuleuse. Les feuilles sont pubescentes, pinnatiséquées, à segments lancéolés, étroits, aigus. Les fleurs sont blanches ou d'un blanc rosé, petites, odorantes, en cymes corymbiformes. Le fruit est ovoïde, strié, glabre.

Guibourt fait observer que la valériane officinale des endroits secs n'est pas la même que celle des marais et des bois ombragés; il crée deux variétés : la première, *subdentata*, qui croît dans les terrains secs, présente des feuilles à lobes étroits lancéolés, même linéaires-lancéolés, presque sans dents; la deuxième, *serrata*, qui appartient aux endroits humides, a des feuilles à lobes larges, ovales et fortement dentés.

La racine de la valériane est courte, tronquée, à collet écailleux donnant de nombreuses radicules allongées. On la récolte à la fin de la première année. Quand elle est fraîche, elle est presque inodore, mais par la dessiccation son odeur est très forte, désagréable. La saveur est d'abord légèrement sucrée, puis amère. Tromsdorff, Pentz, Grote, Ettling l'ont analysée et y ont trouvé: une huile volatile, de l'acide valérianique, de la résine, un extrait aqueux, de l'amidon, etc...

L'huile volatile est un des principes actifs de la racine, c'est un mélange d'une huile d'odeur camphrée et d'acide valérianique. Cet acide a été découvert par Pentz et étudié par Tromsdorff et Ettling. La résine est noire, elle a une odeur de cuir et une saveur très âcre.

La racine de valériane est tonique, stimulante, antispasmodique, emménagogue, sudorifique, narcotique et vermifuge. Combinée avec le jalap, l'oxymel scillitique et le sulfate de soude, elle constitue le *médicament anthelminthique de Storcq*.

La valériane est un excitant général assez faible dont l'action se porte surtout sur le cerveau. A haute dose, elle donne de la céphalalgie, des troubles dans la vision, des vertiges. On l'a conseillée dans l'hystérie (Trousseau), l'hypocondrie, l'épilepsie, la migraine, dans certaines névroses, les convulsions des enfants, le diabète, la gastralgie, les fièvres intermittentes. Dans ce dernier cas, on l'associe souvent au quinquina. On l'a indiquée aussi dans certaines pyrexies présentant des symptômes ataxiques, mais c'est surtout comme antispamodique qu'il faut l'employer. Elle a été ordonnée contre la polydipsie.

Les préparations les plus usitées sont : l'essence de valériane (contient une huile volatile à odeur camphrée (*bornéenne*) et une huile volatile oxygénée à odeur de foin (*valérol*), la poudre (dose : 1 à 10 gr. ; on la mélange souvent avec le miel), l'eau distillée, la tisane (employée habituellement : 10 gr. de racine en macération dans 1 litre d'eau, pendant six heures), la teinture alcoolique, la teinture éthérée, l'éthérolé, l'extrait et le sirop.

L'odeur de la racine de valériane, même fraîche, plaît aux chats. Nous avons vu ces animaux mettre à nu des racines de valériane et se rouler dessus avec volupté.

Valeriana dioïca, L. (Valériane dioïque) *Valeriana sambucifolia*, Mik. (Valériane à feuilles de sureau), jouissent des mêmes propriétés.

VALERIANELLA OLITORIA. POLL.

(Du latin *valeriana*, petite valériane.)

Syn. : *Salade de blé*, *Mâche*, *Doucette*, *Blanchette*, *Salade de chanoine*; en picard : *Coquille*.

(Valérianées.)

Plante annuelle, de 10 à 30 centimètres, assez commune dans les champs. Elle fleurit en avril.

Les tiges sont grêles et rudes. Les feuilles inférieures sont disposées en rosette, les caulinaires sont entières ou légèrement dentées. Les fleurs sont petites, d'un blanc rosé ou bleuâtre, en glomérules. Le fruit est comprimé.

La mâche jouit de propriétés rafraîchissantes, adoucissantes, pectorales et laxatives.

On la mange surtout en salade avec la betterave rouge coupée en rondelles ou avec le céleri.

SCABIOSA SUCCISA. L.

(Du latin *scabies*, gale.)

Syn. : *Scabieuse tronquée*, *Mors du diable*, *Herbe de Saint-Joseph*.

(Dipsacées.)

Plante vivace, de 30 centimètres à 1 mètre, assez commune dans les marais, dans certains bois. Elle fleurit en août.

La tige est simple ou rameuse; les feuilles sont ovales ou oblongues, entières. Les fleurs sont ordinairement bleues, quelquefois roses ou blanches. La scabieuse tronquée est dépurative, apéritive et légèrement tonique. On emploie les feuilles en décoction, à la dose de 10 à 15 grammes par litre d'eau.

On attribuait autrefois à la scabieuse beaucoup de propriétés, entre autres celle de guérir la gale (*scabies*, en latin); le peuple crut qu'une plante aussi précieuse devait exciter la jalousie du diable, et que la troncature de la racine provenait de morsures faites par le démon qui pensait ainsi la faire disparaître.

KNAUTIA ARVENSIS. COULT.

(Dédié à Knaut, botaniste allemand.)

Syn. : *Scabieuse des champs.*

(Dipsacées.)

Plante vivace, poilue, de 30 à 60 centimètres, commune dans les champs, dans les clairières des bois. Elle fleurit en juin.

La tige est ordinairement rameuse, velue. Les feuilles sont pubescentes ; les inférieures oblongues, lancéolées, entières ou sinuées; les supérieures à lobes lancéolés ou linéaires. Les fleurs sont d'un bleu rosé, quelquefois blanches, les extérieures plus grandes.

La scabieuse des champs est dépurative, apéritive, tonique et sudorifique. On emploie les feuilles et la racine en décoction (10 à 15 gr. par litre d'eau). On a conseillé les feuilles dans les maladies de peau et surtout contre la gale. On en préparait autrefois une liqueur et un sirop.

DIPSACUS SYLVESTRIS. MILL.

(Du grec *dipsao*, j'ai soif.)

Syn. : *Cardère sauvage, Cuvette ou Bain de Vénus, Bain d'oiseau, Cabaret des oiseaux, Grande verge à pasteur, Laitue aux ânes, Peignerolle.*

(Dipsacées.)

Plante bisannuelle, de 80 centimètres à 1 m. 50, commune dans les lieux incultes, aux bords des fossés. Elle fleurit en juillet.

La tige est robuste, cannelée, munie d'aiguillons courts. Les feuilles sont oblongues, quelquefois lancéolées, crénelées, munies d'aiguillons sur la nervure médiane, les caulinaires sont connées. Les fleurs sont d'un rose lilas, rarement blanches, en capitules ovoïdes, oblongs.

Cette plante est dépurative, apéritive, sudorifique et diurétique.

On employait autrefois la racine en décoction (40 gr. par litre d'eau). On en faisait un sirop qui était préconisé dans les maladies de peau. L'eau de pluie qui s'amasse autour de la tige entre deux feuilles connées était préconisée autrefois dans les conjonctivites. Les oiseaux viennent souvent se désaltérer à ces petits réservoirs, d'où le nom de cabaret des oiseaux. Jadis la cardère sauvage remplaçait quelquefois la cardère à foulon, ou chardon à bonnetier, pour carder les laines.

Dipsacus fullonum, Willd. (Chardon à foulon) jouit des mêmes propriétés.

ONOPORDON ACANTHIUM. L.

(Du grec *onos*, *perdein*, pet d'âne.)

Syn. : *Onoporde-acanthe*, *Pet d'âne*, *Chardon-Acanthe*, *Chardon aux ânes*, *Artichaut sauvage*.

(Composées.)

Plante bisannuelle, blanchâtre, de 50 centimètres à 1m.50, commune aux bords des chemins, dans les lieux incultes. Elle fleurit en juin.

La tige est robuste, ailée, épineuse, souvent rameuse. Les feuilles sont oblongues, décurrentes, sinuées ou lobées épineuses. Les fleurons sont purpurins, en gros capitules globuleux. L'involucre présente des folioles lancéolées, épineuses.

Les capitules et la racine de cette plante ont été conseillés dans la blennorrhagie.

On en extrait une huile comestible.

La racine tendre, charnue, est un excellent aliment ainsi

que le réceptacle et les jeunes tiges, débarrassées de leur écorce.

L'onoporde est une plante très décorative. Il figure dans les armes de la ville de Nancy avec cette devise: *Non inultus premor* : Qui s'y frotte s'y pique.

CARLINA VULGARIS. L.

Syn. : *Carline.*

(Composées.)

Plante bisannuelle, pubescente, de 20 à 60 centimètres, commune sur les coteaux arides, dans les champs en friche. Elle fleurit en juillet.

La tige est raide, souvent rameuse au sommet. Les feuilles sont blanchâtres, tomenteuses en dessous, oblongues, dentées-épineuses. Les fleurs sont jaunâtres, en capitules assez gros.

La carline peut être employée comme sudorifique.

CYNARA SCOLYMUS. L.

(Du grec *kinara*, artichaut.)

Syn. : *Artichaut.*

(Composées.)

Plante très robuste, de 80 centimètres à 1 m. 50, cultivée dans beaucoup de potagers. Elle fleurit en août.

La tige est cannelée. Les feuilles sont grandes, blanchâtres en dessous, pinnatipartites, présentant quelquefois des lobes épineux, les supérieures sont pinnatifides. Les fleurs sont d'un bleu purpurin, en très gros capitules.

L'artichaut est une plante officinale et alimentaire.

Les capitules étaient autrefois employés comme diurétiques. Leur saveur est amère. Il faut les récolter avant l'épanouissement des fleurs.

Les feuilles sont amères, toniques et fébrifuges. Elles excitent l'estomac et donne de l'appétit. On les administre en poudre ou en infusion (15 à 30 gr. par litre d'eau) contre certaines diarrhées. La macération de la racine dans le vin blanc a été vantée contre l'ascite et la jaunisse.

Les empiriques vantent beaucoup la décoction de feuilles d'artichaut (4 feuilles pour un litre d'eau), contre le rhumatisme. Il suffit de prendre pendant 10 jours, un verre de cette tisane, une heure avant les principaux repas.

On mange le receptacle et la base des bractées. C'est un aliment peu nourrissant, mais assez agréable.

CIRSIUM ARVENSE. LMK.

(Du grec *kirsos*, varice.)

Syn. : *Chardon des champs*, *Chardon vulgaire*, *Chardon hémorroïdal*, *Sarrette des champs*.

(COMPOSÉES.)

Plante vivace, de 50 à 80 centimètres, très commune dans les champs, les lieux incultes. Elle fleurit en juin.

La tige est anguleuse, rameuse. Les feuilles sont pinnatipartites ou sinuées, épineuses, presque glabres, les caulinaires souvent amplexicaules. Les fleurons sont purpurins, quelquefois blancs, en capitules ovoïdes.

Cette plante était autrefois employée contre les varices surtout les hémorroïdes.

SILYBUM MARIANUM. GŒRTN.

Syn. : *Chardon-Marie*.

(COMPOSÉES.)

Plante glabre, bisannuelle, de 40 centimètres à 1 m. 30, assez rare, croissant dans le voisinage des habitations, sur les coteaux calcaires, aux bords des chemins. Elle fleurit en juillet.

La tige est robuste, rameuse. Les feuilles sont grandes, marbrées de blanc, sinuées, pinnatifides à lobes courts, épineux ; les caulinaires sont amplexicaules. Les fleurons sont purpurins, en gros capitules subglobuleux.

Le Charbon-Marie est amer, tonique, fébrifuge et sudorifique. On emploie ordinairement les feuilles en infusion dans l'inappétence, la diarrhée, la fièvre intermittente, la pleurésie, l'ictère.

LAPPA MAJOR. DC.

(Du grec *lambanein*, prendre.)

Syn. : *Bardane officinale*, *Glouteron*, *Herbe aux teigneux*, *Napolier*, *Coupeau ;* en picard de Proyart : *Tignon*.

(COMPOSÉES.)

Plante bisannuelle, de 80 centimètres à 1 m. 20, assez rare, croissant dans les lieux incultes, aux bords des chemins. Elle fleurit en juin.

La tige est pubescente, rameuse. Les feuilles sont pubescentes en dessous, tomenteuses, blanchâtres en dessus, entières ou sinuées, les radicales cordiformes, les caulinaires ovales lancéolées. Les fleurons sont ordinairement purpurins, en gros capitules *longuement* pédonculés. L'involucre est glabre, les écailles sont imbriquées, terminées par une pointe recourbée en crochet.

La racine est grosse, noirâtre à l'extérieur; elle a une odeur désagréable, une saveur douceâtre un peu amère, nauséeuse. Elle contient de l'inuline, de l'extractif amer et des sels à base de potasse. On la conseille comme diaphorétique et dépurative dans les maladies de la peau, surtout lorsque celle-ci est sèche, dans la syphilis, la goutte, le rhumatisme. La racine de bardane est sudorifique quand on administre la tisane bien chaude ; d'un autre côté, il est certain que la quantité de nitrate de potasse contenue dans la racine n'est pas suffisante pour lui donner des propriétés diurétiques. La grande quantité de tisane absorbée explique l'abondance plus grande des urines.

Elle jouit aussi de propriétés amères, toniques et astringentes.

La bardane est très employée dans la médecine populaire. On applique ses larges feuilles sur la poitrine dans les affections chroniques des bronches et des poumons. On fait un cataplasme avec les feuilles cuites dans du lait qu'on place sur les endroits douloureux. Certains empiriques, méprisant l'antisepsie, oignent les feuilles de beurre frais non salé et pansent ainsi les plaies contuses. Ils conseillent aussi de laver ces plaies avec l'infusion de racines. Ils prétendent guérir la rougeole en trois ou quatre jours en procédant de la manière suivante : Faire infuser pendant cinq minutes 25 grammes de racines de bardane dans 500 grammes d'eau ; administrer au petit malade une cuillerée à café de cette tisane toutes les cinq minutes ; en deux heures, l'éruption est complète !! et en trois jours, l'enfant est guéri !!!

Forestus prétend qu'un malade retenu au lit par des douleurs de goutte fit usage de la décoction de bardane dans la bière et qu'il fut guéri en huit jours !! (60 gr. de racines pour 1 litre d'eau ou de bière. — En boire 2 litres dans la journée !!!)

La tisane de bardane a été recommandée dans la gravelle.

On préconisait autrefois les feuilles fraîches dans le traitement de la teigne. On les plaçait sur la tête du malade.

On ventait aussi l'application des feuilles pilées sur les croûtes de l'impétigo et sur certains ulcères.

En Angleterre, on emploie beaucoup les semences de bardane comme sudorifiques.

Les préparations usitées sont : la tisane (20 grammes de rac. en infusion dans un litre d'eau) ; l'extrait (2 à 10 grammes par jour).

Lappa minor : DC. (Bardane à petites têtes), *Lappa pubens*, Boreau (Bardane à têtes poilues), *Lappa tomentosa* : Lmk. (Bardane à têtes cotonneuses), jouissent des mêmes propriétés.

SERRATULA TINCTORIA. L.

(Du latin *serra*, scie : dentelures de la feuille.)

Syn. : *Sarrette des teinturiers.*

(COMPOSÉES.)

Plante vivace, haute de 40 centimètres à 1 mètre, assez rare, croissant à la lisière des bois montueux. Elle fleurit en août.

La tige est anguleuse, sillonnée, rameuse. Les feuilles sont un peu rudes, pinnatipartites, à lobes dentés ; les caulinaires sessiles. Les fleurs sont purpurines, en capitules assez petits, oblongs, cylindriques ; l'involucre est rougeâtre.

La sarrette était employée autrefois comme vulnéraire.

On retire de la plante un suc qui fournit une belle couleur jaune.

CENTAUREA CALCITRAPA. L.

(Guérit d'une blessure le centaure Chiron.)

Syn. : *Chardon étoilé, Chausse-trape, Centaurée étoilée.*

(COMPOSÉES.)

Plante bisannuelle, de 30 à 60 centimètres, très commune aux bords des chemins, dans les lieux incultes. Elle fleurit en juillet.

La tige est anguleuse, très rameuse. Les feuilles sont pubescentes en dessus, pinnatipartites, à lobes linéaires dentés ; les radicales en rosette. Les fleurons sont purpurins, en capitules ovoïdes oblongs. L'involucre est glabre.

La chausse-trape jouit de propriétés toniques, fébrifuges et sudorifiques. Figuier, professeur de chimie à Montpellier, a analysé cette plante et y a trouvé : une matière résiniforme, une substance animalisée, une substance gommeuse, de l'acétate de potasse, du sulfate de potasse et du sulfate de chaux, du muriate de chaux et de potasse, une matière colorante verte, une petite quantité d'acide qu'il soupçonne être de l'acide acétique. Un peu plus tard, Petit, pharmacien à Corbeil, chercha à déterminer la nature du principe amer du chardon étoilé. Comme la noix de galle donne un précipité dans la décoction de fleurs de cette plante, il serait possible que ce principe appartînt à la classe des alcalis organiques (*Journal de pharmacie*, septembre 1822). Ce principe amer n'est autre que le *cnisin,* retiré en 1837 par Nativelle, des feuilles du chardon bénit. François Scribe le retrouva un peu plus tard dans les feuilles du chardon étoilé. Le cnisin est un corps neutre qui cristallise en aiguilles blanches, transparentes, d'une saveur très amère. Il est à peine soluble dans l'eau froide, se dissout mieux dans l'eau bouillante. Par sa composition, il se rapproche beaucoup de la *salicine* et de la *phloorhidzine.* A la dose de 30 centigrammes pris à jeun, il détermine des nausées et des vomissements. Les anciens médecins connaissaient cette action émétique; ils prescrivaient une infusion de feuilles de chardon bénit comme moyen adjuvant des médicaments émétiques.

Le cnisin réussit fort bien, à la dose de 20 centigrammes dans les fièvres intermittentes. On peut aussi conseiller le chardon étoilé dans les mêmes cas (Gilibert, Chrestien). Il vaut mieux se servir des feuilles qui sont plus amères que les autres parties de la plante. On donne quelquefois la racine en infusion dans l'eau ou en macération dans le vin. On se sert aussi de la poudre de feuilles et de l'extrait.

On a vanté la chausse-trape, comme diurétique, dans les maladies des voies urinaires, surtout dans la néphrite calculeuse. Elle entrait dans la composition du *remède de Baville*. (Moquin-Tandon).

Lorsqu'on veut obtenir un effet diurétique, on donne une infusion de 25 grammes de feuilles dans un litre d'eau, ou encore un verre ordinaire d'eau dans laquelle on a fait macérer 15 grammes de semences par litre.

Les jeunes pousses sont comestibles.

L'involucre de cette centaurée ressemble vaguement à une

chausse-trape, fer à plusieurs pointes que l'on disposait autrefois par terre pour empêcher le passage de la cavalerie ennemie.

CENTAUREA CYANUS. L.

Syn. : *Bleuet, Bluet, Blavet, Bardeau, Aubifoin, Casse-lunettes.*

(COMPOSÉES.)

Plante annuelle ou bisannuelle, tomenteuse, blanchâtre, de 40 à 80 centimètres, très commune dans les moissons. Elle fleurit en mai.

La tige est grêle, rameuse. Les feuilles inférieures sont pinnatipartites, pétiolées ; les autres, sessiles, étroites. Les fleurs sont bleues ; l'involucre est ovoïde.

Les capitules du bleuet ont une saveur un peu amère. Ils servaient autrefois dans certaines affections oculaires (*d'où le nom de casse-lunettes*). On les administrait en collyres. Quelques oculistes ordonnent encore l'eau distillée de bleuet.

L'infusion des feuilles et de la tige (10 gr. par litre) était autrefois indiquée dans le rhumatisme, les coliques néphrétiques, l'ascite.

Les anciens la vantaient contre la piqûre des scorpions.

Les graines sont purgatives (2 grammes dans un peu de miel). On les donnait aussi à la dose de 4 grammes contre la jaunisse.

CENTROPHYLLUM LANATUM. NECK.

(Du grec *kentron*, épine, *phullon*, feuille.)

Syn. : *Centrophylle laineux, Chardon bénit des Parisiens.*

(COMPOSÉES.)

Plante annuelle, de 30 à 60 centimètres, croissant dans les lieux incultes, sur les coteaux arides. Elle fleurit en juillet.

La tige est dressée, pubescente, rameuse. Les feuilles sont

coriaces, pubescentes, demi-amplexicaules, pinnatifides, à lobes lancéolés épineux ; les supérieures auriculées. Les fleurs sont jaunes ; l'involucre est gros, subglobuleux, aranéeux.

Le centrophylle est amer, tonique et fébrifuge. On emploie surtout les feuilles.

ACHILLEA MILLEFOLIUM. L.

(*Dédié à Achille, élève du centaure Chiron. Il aurait, selon Pline, employé le premier cette plante pour guérir les blessures.*)

Syn. : *Millefeuille, Herbe au charpentier, Saigne-nez, Sourcils de Vénus, Achillée, Herbe au cocher, Dent de loup, Herbe militaire.*

(Composées.)

Plante vivace, à racine rampante, de 20 à 70 centimètres, commune aux bords des chemins. Elle fleurit en juin.

La tige est dressée, pubescente, dure, parfois laineuse. Les feuilles sont molles, bipinnatiséquées, à segments nombreux linéaires. Les fleurs sont blanches, quelquefois rouges ; l'involucre est ovoïde, poilu.

La millefeuille est amère, astringente, tonique, stimulante, antispasmodique, emménagogue et vulnéraire. Elle a une odeur camphrée très aromatique. Tessier, de Lyon, a vanté cette plante contre les hémorroïdes. Il administrait le jus de feuilles ou l'infusion de sommités (3 tasses de cette tisane par jour). Elle modère et supprime même les flux hémorroïdaires. Elle a encore, paraît-il, la propriété de tarir les sécrétions muqueuses et les suppurations du rectum, indépendantes, bien entendu, de dégénérescence cancéreuse. L'action de la millefeuille se porte spécialement sur les vaisseaux et nerfs du rectum. Elle est à la fois astringente, tonique et sédative. On doit réserver ce médicament pour les flux passifs, lorsqu'il y a atonie du rectum et pour les écoulements trop abondants qui amènent de la débilité (Bouchardat).

On appliquait autrefois la millefeuille sur les plaies produites par instrument tranchant et sur les plaies contuses, ce qui retardait très probablement la guérison. Elle était conseillée contre les hémorragies.

Les sommités fleuries sont indiquées en infusion comme stimulantes et emménagogues. Dans le cas où les règles sont supprimées en dehors de l'état de grossesse, la millefeuille les fait réapparaître. Lorsque l'écoulement des lochies ne se fait pas normalement, le suc ou une infusion de la plante les ramène assez facilement (20 gr. de sommités pour un litre d'eau).

L'achillée a été préconisée dans les affections nerveuses.

ACHILLEA PTARMICA. L.

Syn. : *Herbe à éternuer, Estragon sauvage.*

(COMPOSÉES.)

Plante vivace, de 40 à 90 centimètres, rare en Picardie. Elle fleurit en juillet.

La tige est presque glabre, raide, un peu anguleuse. Les feuilles sont linéaires lancéolées, denticulées. Les fleurs sont blanches. L'involucre est hémisphérique.

Cette plante était autrefois très usitée. On lui attribuait des propriétés sternutatoires, résolutives et détersives. On la réduisait en poudre et on la prisait. Elle était vantée contre les maux de dents. Bouchardat dit qu'elle est sialagogue.

On la mange en salade.

ANTHEMIS NOBILIS. L.

(Du grec *anthemon,* fleur.)

Syn. : *Camomille romaine.*

(COMPOSÉES.)

Plante vivace, aromatique, de 10 à 40 centimètres, originaire du Levant, cultivée surtout aux environs d'Angers. Dans la Somme, on la trouve seulement dans les jardins. Elle fleurit en juillet.

La tige est pubescente, couchée, ascendante ou dressée, cylindrique, rameuse. Les feuilles sont d'un vert-blanchâtre, bi ou pinnatiséquées, à lobes courts. Les fleurs sont solitaires, à disque jaune et à rayons blancs (fleurs tubuleuses jaunes, ligules blanches). Le fruit est allongé, jaunâtre, surmonté d'un petit bourrelet membraneux. Le réceptacle est convexe, garni de paillettes.

On emploie surtout les fleurs. Elles doivent leurs propriétés à un principe amer soluble dans l'eau et l'alcool, à une essence d'un bleu foncé et de consistance visqueuse (essence de camomille romaine). Elles sont stimulantes, toniques, fébrifuges, anthelminthiques et antispasmodiques. Elles sont conseillées dans la dyspepsie, dans l'atonie des organes digestifs, le météorisme, les affections spasmodiques, dans la chlorose, l'anémie.

C'est un fébrifuge qui était fort usité avant la découverte du quinquina. Wanters prétendait même que la camomille lui est supérieure. On l'ordonne aujourd'hui dans certains cas bénins de fièvre intermittente. En Angleterre, on fait prendre aux malades de fortes infusions de camomille et en grande quantité pour provoquer le vomissement et aider l'action des émétiques (Bouchardat). Elle a été indiquée aussi contre les névralgies (Lecomte), (5 à 30 grammes par litre d'eau, en infusion). Ozanam l'a donnée aux mêmes doses dans les suppurations graves.

Dioscoride recommandait déjà les fleurs de camomille romaine dans les fièvres intermittentes. Il les administrait en poudre à la dose de 3 à 4 grammes dans un peu de miel, ou dans de l'eau, en trois ou quatre fois, dans l'intervalle des accès

Dans les cas de dyspepsie, on prescrira une infusion chaude de camomille après les repas (4 ou 5 capitules pour 150 gr. d'eau).

Les principales préparations sont : la tisane (2 à 10 gr. en infusion dans un litre d'eau), on peut porter la dose à 30 gr., l'huile de camomille à laquelle on ajoute souvent du camphre (elle est usitée contre les coliques, les douleurs rhumatismales), l'extrait, l'oléo-saccharum et l'eau distillée. On donne encore les fleurs de camomille macérées dans le vin. L'infusion de fleurs est souvent conseillée pour l'usage externe, en lotions dans les conjonctivites, etc...

On vend souvent des capitules de *Pyrethrum parthenium*, *Sm.*, et de *Chrysanthemum parthenium*, *Pers.* pour des fleurs de camomille romaine. Selon Timbal, il est facile de reconnaître ces fleurs : 1° par l'odeur ; 2° la grosseur et la forme des capitules ; 3° la forme tubuleuse à cinq dents des fleurons du centre de la fleur, petits, peu nombreux, à peine visibles dans la camomille ; grands, très nombreux, très longs dans les deux autres.

Dom Robbe rangeait cette plante dans les carminatives.

Les fleurs d'*Anthemis arvensis*, L. (Fausse camomille, Œil de vache) jouissent de propriétés fébrifuges et vermifuges. On remplace quelquefois les fleurs de camomille par les capitules de cette plante. Les sommités fleuries d'*Anthemis cotula*, L. (Camomille puante, Maroute cotule) jouissent des mêmes propriétés que la fausse camomille. Elles ont été indiquées comme résolutives. On les a conseillées comme succédanées de la camomille romaine.

MATRICARIA CHAMOMILLA. L.

(Allusion aux propriétés médicinales (matrice.)

Syn. : *Matricaire*, *Camomille*.

(COMPOSÉES.)

Plante annuelle, aromatique, de 20 à 60 centimètres, assez commune dans les lieux incultes, dans les moissons. Elle fleurit en juin.

La tige est dressée, ascendante ou diffuse, rameuse. Les feuilles présentent des segments linéaires. Les fleurs ont un disque jaune et des rayons blancs. Le réceptacle est ovoïde, conique, creux.

Les fleurs de la matricaire sont stomachiques, stimulantes,

fébrifuges et emménagogues. On les administre en infusion (8 gr. pour 1/2 litre d'eau) dans l'hypocondrie, les affections nerveuses, l'hystérie.

Les sommités de *Matricaria inodora*, L. (Matricaire inodore) jouissent à peu près des mêmes propriétés.

Matricaria parthenium, L. ou *Pyrethrum parthenium*, Sm. (Espargoute, Matricaire officinale) possède les mêmes vertus thérapeutiques que la camomille romaine. Son odeur est forte et désagréable.

BELLIS PERENNIS. L.

(Du latin *bellus*, joli, gracieux.)

Syn. : *Pâquerette, Petite Marguerite, Margueriette.*

(Composées.)

Plante vivace, de 5 à 15 centimètres, très commune aux bords des chemins, dans les pelouses, les prairies. Elle fleurit en mars.

Ces feuilles sont obovales, spatulées, crénelées, disposées en rosette. Les fleurs ont un disque jaune et des rayons blancs. Les pédoncules sont monocéphales et dépassent les feuilles.

La paquerette est dépurative.

L'infusion (25 gr. par litre d'eau) est indiquée dans les maladics de peau, la scrofule.

On employait autrefois le jus frais des feuilles.

Elle jouit aussi de propriétés vulnéraires.

Le Dahlia, de la famille des composées, est une plante d'ornement. Elle est rarement employée en médecine.

Les feuilles et les fleurs sont sédatives. On a autrefois vanté les tubercules dans le traitement du rhumatisme et de la goutte. On en faisait des cataplasmes émollients. Il paraît que, soumis à l'ébullition, ces tubercules sont comestibles.

ARTEMISIA VULGARIS. L.

(Dédiée à Artémise, reine de Carie.)

Syn. : *Armoise commune, Herbe à cent goûts, Couronne de Saint-Jean.*

(COMPOSÉES.)

Plante vivace, à souche épaisse, ligneuse, de 50 centimètres à 1 m. 20, commune dans les décombres, aux bords des chemins, dans les lieux incultes. Elle fleurit en juillet.

Les tiges sont dressées, rameuses. Les feuilles, vertes en dessus, blanchâtres, tomenteuses en dessous, sont bi ou pinnatipartites, à segments lancéolés, souvent incisés, glabres, auriculées à la base. Les fleurs sont jaunâtres ou rougeâtres, en capitules ovoïdes oblongs, subsessiles.

L'armoise répand une odeur légèrement aromatique. On emploie ses feuilles et ses sommités en infusion. Les feuilles contiennent un principe amer, l'*artémisine* et une huile volatile. Quand on pile les feuilles d'armoise, on obtient un résidu composé d'une espèce de coton qui sert à la préparation des moxas (Bouchardat). Cette plante a des propriétés toniques, excitantes, emménagogues, anthelminthiques et vulnéraires. On l'ordonne surtout pour provoquer l'écoulement des règles, sous forme de tisane, en lavements (infusion concentrée) et en fumigations (on fait asseoir la malade sur un récipient dans lequel on verse une forte infusion d'armoise (100 gr.). Anke prétend qu'elle guérit l'épilepsie, surtout au début, et en particulier celle qui se déclare au moment de la puberté ou qui dépend de troubles utérins (aménorrhée ou dysménorrhée). Il la conseille aussi dans la chlorose et l'éclampsie des enfants. Elle réussit bien dans l'aménorrhée et la dysménorrhée qui sont causées par l'éréthisme nerveux. On prescrit habituellement la racine en poudre dans l'épilepsie et l'infusion dans les affections utérines, à la dose de 4 à 60 grammes et même 180 grammes. On vante l'extrait éthéré dans les convulsions des enfants, dans la chorée. On donne aussi l'infusion de sommités (15 gr. par litre d'eau) dans les cas de vertige, dans les névralgies, les vomissements. Chomel l'a recommandée dans l'hystérie

On fait un vin, un extrait, un sirop d'armoise (30 à 100 gr. par jour) et un sirop d'armoise composé. Toutes ces préparations sont indiquées dans l'aménorrhée. La poudre de Bresler (P. d'absinthe) est vantée dans l'épilepsie. L'artémisine est surtout conseillée comme amère et stimulante.

Artemisia maritima. L. (Absinthe maritime, Absinthe marine, Sanguenite, Santonique, Xantonique) jouit des mêmes propriétés que l'armoise, mais est beaucoup plus active.

La plante est plus grêle, plus blanche, plus tomenteuse, son odeur plus camphrée. Elle renferme une essence et est surtout vermifuge. On l'emploie en infusion (4 à 15 grammes de feuilles dans 125 grammes d'eau ou de lait) ou en lavements (2 à 10 grammes en infusion dans 200 grammes d'eau).

On s'en servait déjà au XVIe siècle, dans la Saintonge où cette espèce est regardée comme le vermifuge par excellence.

ARTEMISIA ABSINTHIUM. L.

(Du grec *a*, privatif, *psinthos*, douceur.)

Syn. : *Absinthe, Herbe sainte, Herbe aux vers, Aluyne, Aloïne.*

(COMPOSÉES.)

Plante vivace, de 40 à 60 centimètres, cultivée dans les jardins. Elle fleurit en juillet.

La tige est dressée, blanchâtre ; les feuilles sont soyeuses, blanches en dessous, verdâtres en dessus, les caulinaires sont bipinnatiséquées ; l'involucre est blanchâtre ; les fleurs sont toutes tubuleuses, jaunâtres, les capitules, globuleux.

Elle a les mêmes vertus thérapeutiques que l'armoise, mais son action est bien plus énergique. On emploie les feuilles et les sommités d'absinthe. Elles ont une odeur forte, aromatique, une saveur amère. Braconnot a analysé la plante et y a trouvé une huile volatile, une matière résiniforme et une matière animalisée très amères, de la chlorophylle, de l'albumine, une fécule particulière, des sels, entre autres de l'absinthate de potasse. Le principe amer est *l'absinthine*, découverte plus tard. On prescrit cet alcaloïde comme apéritif dans l'anorexie avec constipation, dans la chloro-anémie (Dose : 0 gr. 10 en pilules).

Administrée à haute dose, l'absinthe produit tous les symptômes de l'irritation gastrique : de la chaleur à l'épigastre, de la soif. A petite dose, elle excite l'appétit, facilite la digestion et accélère la circulation. Elle est indiquée dans la dyspepsie, surtout quand il y a atonie des organes de la digestion, dans certaines aménorrhées et dysménorrhées, dans les leucorrhées, les diarrhées rebelles, les fièvres intermittentes.

On l'ordonne souvent comme anthelminthique, fébrifuge, apéritive, eupeptique, stomachique et tonique. Elle est emménagogue à haute dose.

Par la distillation des feuilles fraîches d'absinthe, on obtient la liqueur bien connue (*absinthe*). Son huile volatile est très toxique, ce qui explique les ravages causés chez les individus qui en font un usage immodéré. Elle produit une maladie aussi terrible que l'alcoolisme, *l'absinthisme*, qui est caractérisé par du tremblement, de la stupeur, de l'hébétude, des convulsions, des hallucinations, des accès de fureur, des idées de persécution, des attaques épileptiformes, la perte des facultés et enfin la démence. Il est bien certain que l'augmentation constante de la population des asiles d'aliénés est due en grande partie à la consommation croissante de la liqueur. Les terribles effets de l'absinthe sont encore aggravés par les mauvais alcools qui entrent dans la préparation de cette mixture.

L'absinthe est une plante si amère qu'on l'a comparée à l'aloès, d'où ses noms, *aloïne*, *aluyne*.

Les principales préparations pharmaceutiques de l'absinthe sont : la poudre (2 à 5 gr.), la tisane (15 à 20 gr. de sommités en infusion dans un litre d'eau), l'eau distillée, l'huile essentielle, la crème d'absinthe blanche, l'extrait, le vin (30 gr. de sommités fleuries ou de feuilles, vin blanc, 1 litre; alcool à 60°, 60 gr. — Dose : 50 à 100 gr.) la teinture alcoolique, la quintessence, le sirop et l'huile. Ce dernier médicament est employé en frictions sur le ventre comme vermifuge (50 à 100 gr.).

L'absinthe fait partie de l'élixir stomachique de Stoughton.

Il faut éviter de prescrire les préparations de cette plante aux nourrices et aux enfants.

L'Estragon, de la famille des Composées, est stomachique, tonique, excitant et fébrifuge. On recommande quelquefois l'infusion (25 gr. de sommités par litre d'eau). Il est surtout employé en cuisine comme condiment. On l'utilise aussi pour aromatiser le vinaigre.

TANACETUM VULGARE. L.

(Du grec *tanaos*, long : les fleurs restent longtemps sans se flétrir.)

Syn.: *Tanaisie*, *Herbe aux vers*, *Barbotine*, *Herbe de Saint Marc*.

(COMPOSÉES.)

Plante aromatique, presque glabre, de 60 centimètres à 1 mètre, assez commune aux bords des chemins, dans les lieux incultes un peu humides. Elle fleurit en juillet.

Les tiges sont dressées, raides, rameuses. Les feuilles sont pinnatiséquées, à segments oblongs, pinnatifides. Les fleurs sont jaunes, en corymbe.

L'odeur de la tanaisie est forte, sa saveur est âcre, amère et camphrée. On emploie les sommités fleuries comme anthelminthiques, emménagogues, toniques, stimulantes, stomachiques et sudorifiques (20 gr. en infusion dans un litre d'eau).

La poudre est quelquefois conseillée à la dose de 5 grammes. Les graines sont souvent administrées comme vermifuges sous le nom de *semen-contra*. Le véritable semen-contra est produit par une armoise. Chez les enfants de cinq à dix ans, on donnera une dose de poudre de 0 gr. 50 à 1 gramme dans un peu de confiture. Comby recommande le lavement suivant contre les oxyures : Tanaisie, 2 grammes, infuser dans eau bouillante 200 grammes et ajouter 20 grammes de glycérine.

La tanaisie renferme un principe amer dû à une huile essentielle et à la *tanacétine* qui sont presque aussi toxiques que l'absinthe. On prescrit quelquefois la tanacétine comme tonique et fébrifuge.

Les feuilles de tanaisie cuites dans l'eau et appliquées sous forme de cataplasmes sur le ventre des enfants agissent comme vermifuges.

Certains brasseurs substituent parfois les feuilles de cette plante aux fleurs de houblon dans la fabrication de la bière. C'est une pratique très dangereuse : la tanacétine et l'huile essentielle produisent des accidents analogues à ceux de l'absinthe.

L'herbe de Saint-Marc est insecticide. A la campagne on a l'habitude d'en placer quelques tiges entre les matelas pour chasser les puces et les punaises. On en met aussi dans les niches des chiens pour les débarrasser de leur vermine.

CALENDULA ARVENSIS. L.

(Du latin *calendæ*, calendes; la plante fleurit toute l'année.)

Syn. : *Souci des champs*, *Souci de vigne*.

(Composées.)

Plante pubescente, annuelle, de 10 à 30 centimètres, assez rare dans la Somme. Elle fleurit en juin.

La tige est diffuse, rameuse. Les feuilles sont entières ou dentées, les inférieures plus larges, oblongues, les supérieures lancéolées. Les fleurs sont jaunes.

On employait autrefois les sommités de souci comme stimulantes, antispasmodiques, emménagogues et diurétiques. Les feuilles renferment un suc très astringent. Pilées et appliquées sur les verrues et les cors, elles les font disparaître. On emploie toute la plante en infusion (10 gr. par litre d'eau) dans l'ascite, les accidents nerveux, etc. La poudre de fleurs est un excellent fébrifuge à la dose de 4 à 8 grammes. On prépare aussi un vin de souci.

Les fleurs remplacent quelquefois le safran et servent à colorer le beurre.

FILAGO GERMANICA. L.

(Du latin *filum*, fil ; plante cotonneuse.)

Syn. : *Cotonnière*, *Herbe à coton.*

(Composées.)

Plante tomenteuse, blanche, annuelle, de 10 à 30 centimètres, assez commune dans les champs en friche. Elle fleurit en juillet.

La tige est simple à la base, dichotome au sommet, à rameaux dressés. Les feuilles sont oblongues, ordinairement aiguës, ondulées, à bords roulés en dessous. Les fleurs sont d'un blanc jaunâtre, en glomérules subglobuleux.

On conseillait autrefois l'infusion de cotonnière comme vulnéraire.

ANTENNARIA DIOICA. GŒRTN.

(Du latin *antenna*, antenne ; forme des soies des capitules mâles.)

Syn. : *Pied-de-chat*, *Gnaphalier.*

(Composées.)

Plante tomenteuse, blanchâtre, vivace, dioïque, de 10 à 30 centimètres, très rare, croissant surtout sur les coteaux secs, dans les pelouses. Elle fleurit en mai.

La tige est dressée, simple. Les feuilles radicales sont obovales, les caulinaires lancéolées linéaires. Les fleurs sont blanchâtres ou rosées, en corymbe terminal ombelliforme. Les capitules mâles ont un involucre à folioles blanches ou rosées, larges ; les capitules femelles ont un involucre à folioles roses, oblongues ou lancéolées.

Les capitules sont légèrement aromatiques. On les emploie en infusion comme béchiques dans les affections catarrhales chroniques des bronches. Ils entrent dans les espèces pectorales.

La plante doit son nom de pied-de-chat à son duvet velouté qui a la douceur de la patte du chat quand il a rentré ses griffes.

Gnaphalium sylvaticum, L. (Gnaphale des bois) a des propriétés astringentes et béchiques. La décoction des capitules (40 gr. dans un litre d'eau) a été conseillée dans l'hémoptysie, dans la diarrhée et contre les règles abondantes.

PULICARIA DYSENTERICA. GŒRTN.

(Du latin *pulex*, puce ; herbe qui chasse les puces.)

Syn. : *Pulicaire*, *Herbe de Saint-Roch*, *Herbe à la dysenterie*.

(COMPOSÉES.)

Plante vivace, pubescente, tomenteuse, à odeur forte, de 40 à 70 centimètres, très commune aux bords des chemins, des eaux, des fossés, dans les lieux humides et marécageux. Elle fleurit en juillet.

La tige est rameuse. Les feuilles sont oblongues lancéolées, amplexicaules, ondulées, dentées. Les fleurs sont jaunes, en capitules assez gros.

Desmartis a conseillé la décoction concentrée de pulicaire en tisane et en lavements contre la diarrhée qui précède le choléra. Il la prescrit aussi contre les diarrhées d'été qui surviennent quand l'organisme est débilité et que le malade éprouve le matin de fréquentes envies de vomir. On met souvent des tiges de cette plante dans les appartements pour éloigner les puces. La pulicaire jouissait autrefois d'un grand crédit. On avait soin d'en cueillir à la Saint-Roch, d'en faire des paquets avec la verveine et de les placer en différents endroits pour préserver de la foudre et de la grêle !!

INULA HELENIUM. L.

(Du grec *inaein*, purger ; propriétés de certaines espèces.)

Syn. : *Aunée, Inule campane, Panacée de Chiron.*

(Composées.)

Plante vivace, de 80 centimètres à 1 m. 50, ~~très rare~~ dans la Somme. Elle fleurit en juillet.

La tige est dressée, robuste, velue. Les feuilles radicales sont grandes, ovales, allongées, cotonneuses en dessus, crénelées ; les feuilles caulinaires sont sessiles, acuminées. Les fleurs sont jaunes, grandes, solitaires ; l'involucre est composé de plusieurs rangs de folioles herbacées, cordiformes, cotonneuses. La racine est épaisse, charnue, longue, roussâtre.

En médecine, on emploie surtout la racine. On ne la récolte que la deuxième ou troisième année. Elle a une odeur forte, un peu camphrée, une saveur âcre et amère. Feneulle et John l'ont analysée et ont trouvé une huile volatile liquide, de l'*hélénine*, une résine molle et âcre, un extrait amer, de la gomme, de l'*inuline,* de l'albumine végétale, de la fibre ligneuse, des sels végétaux de potasse, de chaux et de magnésie. L'*hélénine* est une matière blanche, ayant l'odeur de l'aunée. On la nomme encore *camphre d'aunée.*

Rose a signalé l'existence, dans la racine d'aunée, d'une sorte de fécule grise, odorante, qui se dissout dans l'eau chaude et se précipite lorsque le liquide se refroidit. Thomson lui a donné le nom *d'inuline.* Elle ressemble beaucoup à la fécule. Sa dissolution est mucilagineuse ; quand on l'évapore, l'inuline se sépare sous forme de pellicules membraneuses, elle se transforme sous l'influence des acides en un sucre particulier que Bouchardat a le premier fait connaître et désigné sous le nom *sucre d'inuline.* Il ne cristallise pas.

L'aunée jouit de propriétés toniques, excitantes, diurétiques, diaphorétiques, emménagogues, anthelminthiques. On l'ordonne souvent dans les cas d'atonie des organes digestifs, dans certains catarrhes des bronches, de la vessie, dans les diarrhées séreuses, les fleurs blanches. On a conseillé la décoction d'aunée concentrée, en lotions, contre la gale. Elle apaise les démangeaisons. On a composé un onguent d'aunée dans le même but. On a recommandé la poudre de racine dans le traitement de la fièvre intermittente.

On applique aussi la racine, en cataplasmes sur certains ulcères.

On prescrit la poudre (1 à 5 gr.), la tisane (rac. d'aunée concassées : 27 gr. dans un litre d'eau), le vin, la teinture alcoolique, l'extrait et la conserve.

Les teinturiers se servaient autrefois de la racine qui fournit une belle couleur bleue.

Inula conyza, DC. (Inule conyze, Œil de cheval, Conyze des prés) jouit à peu près des mêmes propriétés que l'aunée. Elle était autrefois conseillée contre la gale *(Coniza signifie gale)*. Dioscoride lui attribuait encore d'autres vertus.

Matthiole qui l'a traduit, s'exprime ainsi : « *Le parfum de l'herbe fait enfouyr les serpens et chasse les mouchons et si fait mourir les puces.* »

SOLIDAGO VIRGA AUREA. L.

(Du latin *solidare*, consolider.)

Syn. : *Verge d'or, Grande verge dorée.*

(Composées.)

Plante vivace, de 30 à 80 centimètres, très commune dans les bois secs et montueux, dans les pâturages. Elle fleurit en août.

La tige est dressée, raide, simple ou rameuse. Les feuilles sont presque glabres, ovales, oblongues, rétrécies aux deux extrémités ; les supérieures entières, les inférieures atténuées en pétiole. Les fleurs sont jaunes, rayonnantes.

La verge d'or jouit de propriétés vulnéraires, astringentes et diurétiques.

SENECIO VULGARIS. L.

(Du latin *senex*, vieillard : allusion aux aigrettes blanches.)

Syn. : *Seneçon commun*, *Seneçon des oiseaux*, *Herbe au charpentier*.

(Composées.)

Plante annuelle, de 15 à 50 centimètres, très commune dans les champs, dans les décombres. Elle fleurit en mars.

La tige est dressée, rameuse, molle, glabre, pubescente aranéeuse au sommet. Les feuilles sont pinnatifides, à lobes oblongs obtus, inégalement sinués dentés, les supérieures amplexicaules, les inférieures atténuées en pétiole. Les fleurons sont jaunes, en corymbe.

Les feuilles du seneçon commun sont émollientes, rafraîchissantes, vulnéraires et emménagogues. On les administre en décoction. On en fait parfois des cataplasmes. Elles entrent dans la composition du *Faltrank* ou *Thé suisse*. La racine favorise la menstruation. On la recommande dans la dysménorrhée.

Les alcaloïdes de cette plante sont la *sénecine* et la *sénecionine*.

L'extrait fluide de seneçon commun est quelquefois prescrit dans les cas de dyspepsie, lorsqu'il y a atonie de l'estomac et dans la dysménorrhée (30 gouttes avant les deux principaux repas). On en prépare aussi un sirop.

Cette plante a été conseillée autrefois dans les fièvres intermittentes, les engorgements du sein, les hémorroïdes, la goutte, l'épilepsie et le choléra.

Senecio Jacobœa, L. (Jacobée, Herbe de Saint-Jacques, Herbe dorée) a des propriétés vulnéraires, astringentes et expectorantes. La décoction de sommités (20 grammes par litre d'eau) est indiquée dans la diarrhée, le catarrhe bronchique, etc...

Les feuilles servaient autrefois à teindre en jaune.

Senecio aquaticus, Huds. (Seneçon aquatique) est emménagogue.

EUPATORIUM CANNABINUM. L.

(*Eupator*, surnom du roi Mithridate.)

Syn. : *Eupatoire à feuilles de chanvre*, *Chanvrin*, *Eupatoire d'Avicenne*, *Eupatoire des Arabes*, *Herbe de Sainte-Cunégonde*.

(Composées.)

Plante vivace, pubescente, de 80 centimètres à 1 m. 20, commune aux bords des eaux, dans les marais. Elle fleurit en juillet.

La tige est simple ou rameuse, ordinairement rougeâtre. Les feuilles sont opposées, à 3-5 segments pétiolulés, lancéolés, dentés. Les fleurs sont purpurines, en corymbe rameux.

Les feuilles de l'eupatoire sont amères, toniques, apéritives et purgatives. La racine est apéritive, vulnéraire et purgative.

On emploie les feuilles comme toniques en infusion (90 gr. par litre) ; la poudre de racine est un excellent purgatif à la dose de 8 grammes.

Righini a découvert l'alcaloïde, l'*eupatorine*, qui a une saveur piquante.

TUSSILAGO FARFARA. L.

(Du latin *tussis*, toux, *ago*, je chasse.)

Syn. : *Tussilage*, *Pas-d'âne*, *Pied-de-cheval*, *Pied-de-poulain*, *Taconnet*, *Herbe de Saint-Guérin*, *Racine de peste*.

(Composées.)

Plante vivace, de 10 à 20 centimètres, commune dans les endroits humides, argileux ou calcaires. Elle fleurit en mars.

La tige est cylindrique, portant des écailles sessiles, rougeâtres, cotonneuses. Les feuilles naissent après la floraison et sont radicales, disposées en rosette, grandes, cordiformes, d'un vert clair en dessus, cotonneuses et blanchâtres en dessous. Les capitules sont jaunes, solitaires.

L'odeur des fleurs est assez forte, mais agréable. La saveur est amère et aromatique. On les emploie, comme béchiques, en infusion théiforme, à la dose de 20 à 30 grammes par litre d'eau, dans les bronchites aiguës.

L'action de cette infusion est due surtout aux propriétés stimulantes et toniques des fleurs. On les a conseillées aussi dans les maladies du poumon. Les fleurs du tussilage font partie des espèces béchiques. Il faut les faire bien sécher pour les conserver. On en fait un sirop.

Dans certains pays, on préfère se servir des feuilles. Elles ont une amertume plus prononcée et sont dépuratives et toniques. On les administre en décoction (30 grammes pour un litre d'eau) dans les affections cutanées. On fait des cataplasmes avec les feuiles pilées. Bien séchées et fumées comme le tabac, ces feuilles calment certains maux de dents.

PETASITES VULGARIS. DESF.

(Du grec *petasos*, chapeau.)

Syn. : *Pétasite*, *Herbe aux teigneux*, *Chapelière*, *Herbe à la peste*.

(Composées.)

Plante vivace, de 20 à 40 centimètres, très rare dans la Somme. Elle fleurit en mars.

Les tiges sont cotonneuses, munies d'écailles lâches, lancéolées, pubescentes, aranéeuses. Les feuilles sont toutes radicales, réniformes-cordées, sinuées, dentées, longuement pétiolées. Les fleurs sont rougeâtres et paraissent avant les feuilles.

On emploie en médecine, les fleurs, les feuilles et la racine. Les fleurs sont sudorifiques et diurétiques. On vante les feuilles dans la teigne. On les applique simplement sur la tête des malades. La racine est sudorifique. On l'administre en décoction.

LAMPSANA COMMUNIS. L.

(Du grec *lapadzein*, purger.)

Syn. : *Lampsane commune*, *Herbe aux mamelles.*

(Composées.)

Plante annuelle, de 30 à 80 centimètres, très commune dans les champs et les jardins. Elle fleurit en juin.

La tige est dressée, glabre ou pubescente à la base. Les feuilles inférieures sont lyrées, à lobe terminal très grand, cordé à la base, les supérieures lancéolées. Les fleurs sont jaunes en capitules petits.

L'infusion des sommités est purgative.

A la campagne, on fait des cataplasmes avec les feuilles cuites que l'on applique sur les gerçures des mamelles des vaches et sur certains engorgements ganglionnaires. Il paraît que c'est un excellent émollient.

CICHORIUM INTYBUS. L.

(Du nom grec de la plante, *cichoré.*)

Syn. : *Chicorée sauvage*, *Chicorée amère*.

(Composées.)

Plante vivace, de 50 centimètres à 1 mètre, commune aux bords des chemins, dans les lieux incultes. Elle fleurit en juillet.

La tige est dressée, très rameuse, pubescente, à rameaux divergents. Les feuilles inférieures sont ordinairement roncinées, les autres, lancéolées, amplexicaules. Les fleurs sont bleues, assez grandes.

On emploie toute la plante. Elle a des propriétés toniques, sudorifiques, dépuratives, stomachiques, fébrifuges et légèrement laxatives. Elle était autrefois conseillée comme fondante et apéritive dans certaines maladies du foie et des viscères abdominaux, dans les maladies de la peau, dans les fièvres intermittentes, etc.

Les feuilles de chicorée ont une saveur amère; elles renferment de l'extractif, de la chlorophylle, de l'albumine, du sucre, des sels et entre autres, du nitrate de potasse. Elles doivent leur action tonique au principe amer.

La chicorée stimule les fonctions digestives et augmente l'appétit. On l'ordonne souvent contre l'atonie des organes digestifs. On la prescrit encore aujourd'hui dans les maladies de la peau et elle réussit souvent, à condition de la donner à fortes doses; elle agit alors comme les alcalins et est un peu diurétique. Elle renferme un suc propre, laiteux, qui s'écoule lorsque l'on fait une incision à la tige, aux feuilles ou à la racine. Il est probable que ce suc contient une résine qui donne l'amertume. La tisane de feuilles se fait par infusion ou par décoction (30 gr. de feuilles fraîches en infusion dans un litre d'eau, ou 10 gr. de feuilles sèches pour la même quantité d'eau). Les anciens préféraient la décoction. On recommande aussi l'extrait à la dose de 1 à 4 grammes dans une potion. On en retire un suc qu'on associe souvent avec celui du pissenlit, de la fumeterre et du trèfle d'eau. Il était autrefois indiqué dans la lithiase biliaire. Le suc, l'infusion et la décoction ont donné quelques succès dans l'ictère.

Dans notre région, la racine jouit d'une plus grande vogue que les feuilles. Elle est oblongue, assez grosse, roussâtre, inodore, d'une saveur amère. Elle a à peu près la même action que les feuilles et contient en plus de l'inuline (Watt). Elle est purgative et apéritive. La tisane de racine se fait par infusion (racines de chicorée, 15 gr. pour un litre d'eau). On trouve toujours dans les pharmacies, l'extrait de chicorée et le sirop de chicorée composé. Cette dernière préparation est très employée, à la dose de 5 à 20 grammes, pour les enfants du premier âge.

Mise à l'abri de la lumière, dans les caves, la chicorée fournit cette belle salade d'hiver, la *Barbe de capucin*.

Dans la Somme et le nord de la France, on cultive une variété de chicorée à racine plus grosse, dite *Chicorée à café*. On torréfie la racine, on la pulvérise et on l'ajoute au café pour lui *donner de la couleur*. Elle le rend aussi plus amer, moins tonique, moins excitant et diminue son arome. La chicorée en poudre est souvent employée pour falsifier le café pulvérisé. Pour s'apercevoir de la fraude, il suffit de jeter une pincée du mélange dans l'eau, le café surnage et la chicorée tombe au fond, en colorant le liquide.

Cichorium endivia, L. (Endive) originaire de l'Inde, est cultivée dans presque tous les potagers. Il y a de nombreuses variétés qui peuvent se grouper autour de deux types, la chicorée frisée ou endive proprement dite, à feuilles très découpées, frisées, crépues *(C. endivia, var. crispum)* et la scarole, scariole ou escarole, à feuilles élargies et non crépues *(C. endivia, var. latifolium)*. Ces chicorées sont toniques, laxatives, fébrifuges, dépuratives et légèrement diurétiques.

TRAGOPOGON PRATENSIS. L.

(Du grec *tragos*, bouc, *pogon*, barbe : allusion aux aigrettes.)

Syn. : *Salsifis des prés*, *Barbe de bouc*.

(Composées.)

Plante bisannuelle, de 30 à 70 centimètres, assez commune dans les prairies. Elle fleurit en juin.

La tige est dressée, simple ou rameuse, glabre ; les feuilles sont lancéolées, linéaires, amplexicaules ; les fleurs sont jaunes, les capitules sont grands, les pédoncules ne sont ordinairement pas renflés au sommet ; les achaines égalent le bec ou sont plus courts.

La racine du salsifis est dépurative, sudorifique et diurétique. On emploie ordinairement la décoction (25 gr. par litre d'eau) dans les maladies de peau, la goutte, le rhumatisme, le catarrhe des bronches. On vantait autrefois cette décoction en lotions dans la teigne.

On mange les feuilles en salade. *T. porrifolius*. L. (Salsifis blanc), est cultivé pour l'usage alimentaire.

SCORZONERA HUMILIS. L.

(Étymologie italienne signifiant *racine noire.*)

Syn. : *Scorzonère, Scorzo-vipère.*

(Composées.)

Plante vivace, de 20 à 40 centimètres, affectionnant les prés tourbeux. Elle fleurit en mai.

La tige est dressée, fistuleuse, molle, monocéphale : les feuilles sont entières, glabres, les radicales, lancéolées-linéaires, les caulinaires, peu nombreuses, étroites ; les fleurs sont jaunes, plus longues que l'involucre ; l'aigrette est d'un blanc sale.

La racine de scorzonère jouit des mêmes propriétés que celle du salsifis ; elle est dépurative, sudorifique et diurétique. La décoction (15 à 40 gr. dans un litre d'eau) est indiquée dans les affections cutanées, la goutte, le rhumatisme, le catarrhe bronchique et la rougeole.

On attribuait autrefois à cette plante la propriété de guérir les morsures de vipère, d'où son nom de *Scorzo-vipère.*

On cultive dans les potagers *S. hispanica.* L. (Scorzonère d'Espagne, Salsifis noir).

TARAXACUM OFFICINALE. WIGG.

(Du grec *taraxis*, trouble, *akeomai*, guérir.)

Syn : *Pissenlit, Dent-de-Lion, Liondent, Salade de taupe, Laitue de chien, Couronne de moine ;* en picard de Proyart : *Lancheron.*

(Composées.)

Plante vivace, très commune dans les prairies, aux bords des chemins. On la rencontre sous presque toutes les latitudes. Elle fleurit en avril.

Les feuilles radicales sont roncinées ou pinnatipartites, à lobes triangulaires aigus. La hampe florale est droite, fistuleuse, fragile. Les fleurs sont jaunes. A la maturité, les aigrettes sont disposées en tête globuleuse.

On emploie les feuilles et les racines. Il faut avoir soin de récolter les feuilles qui ont acquis leur développement ; les feuilles naissantes sont peu actives. Le pissenlit est inodore, il contient un suc laiteux amer. L'analyse de ce suc a décelé la présence d'un extractif, d'une résine verte, de la fécule, de l'inuline, d'une matière sucrée, de la mannite, du nitrate de potasse et de chaux. Le suc résino-laiteux facilite les fonctions du foie et décongestionne le système veineux abdominal. Cette plante est tonique, amère, dépurative, stomachique, sudorifique, fébrifuge. On administre les feuilles comme celles de la chicorée et dans les mêmes cas. (Infusion : 20 gr. pour 1 litre d'eau.)

Au printemps et à l'automne, certaines personnes ont l'habitude de prendre l'extrait ou le suc dépuré de pissenlit.

La racine est, dans nos régions, beaucoup plus usitée que les feuilles. (Décocté : 20 gr. pour 1 litre d'eau.) Elle est diurétique, de là le nom de la plante. Le suc de la racine est plus amer que celui des feuilles. A dose élevée, l'extrait a une action purgative.

Elle a été recommandée dans l'ascite, les fièvres intermittentes, l'ictère, les maladies de foie. Ses vertus dépuratives ont été très discutées. Barbier n'y croyait pas. Il reconnaissait néanmoins que la racine était utile dans les maladies de la peau.

On en prépare une eau distillée et un onguent. Le pissenlit et le chiendent entraient dans la composition de cette *tisane royale,* dont Louis XIV paya si généreusement la recette. (Moquin-Tandon.)

On torréfie et on pulvérise la racine de pissenlit pour la substituer à la chicorée.

Le pissenlit est une excellente plante fourragère. Il augmente la sécrétion lactée. Au printemps, on recueille les pissenlits qui ont été enfouis avant l'hiver et qui sont devenus blancs pour les manger en salade. Ceux qui croissent dans les terrains sablonneux sont plus recherchés. Dans certaines localités, le pissenlit est cultivé comme plante potagère.

LACTUCA VIROSA. L.

(Du latin, *lac*, lait.)

Syn. : *Laitue vireuse, Laitue papavéracée.*

(Composées.)

Plante bisannuelle, de 80 centimètres à 1 m. 10, rare dans la Somme. Elle croît aux bords des chemins, dans les lieux incultes et fleurit en juillet.

La tige est robuste, hispide à la base, violacée. Les feuilles sont ordinairement sinuées, rarement roncinées, à nervure dorsale souvent munie d'aiguillons. Les fleurs sont jaunes ; les achaines, noirs.

La laitue vireuse renferme un suc laiteux, visqueux, âcre et amer ; elle exhale une odeur désagréable. Elle contient un principe amer, de l'acide lactucique, de la résine, du caoutchouc, de la cire, de la gomme, de l'albumine et des sels. Le qualificatif de vireuse donné à la laitue pourrait faire croire que cette plante est très toxique. Il n'en est rien. Orfila a démontré qu'il faut des doses considérables d'extrait pour produire des accidents. Dioscoride prétendait que de son temps on falsifiait l'opium avec le suc de laitue vireuse. Selon cet auteur, il calme les douleurs et agit comme l'opium, c'est-à-dire qu'il procure le sommeil. On emploie la laitue vireuse dans l'ascite, dans l'angine de poitrine, dans l'ictère, dans certaines affections de l'intestin. On se servait autrefois de l'extrait (0. 10 à 1 gr.). Les propriétés de cette laitue sont diaphorétiques, diurétiques et calmantes.

Le suc qu'on retire de la plante, *le lactucarium*, est un excellent médicament qui a tous les avantages de l'opium sans en présenter les inconvénients. C'est de *lactuca altissima*, Bich., qu'on extrait le meilleur lactucarium. On pratique des incisions transversales aux tiges vers l'époque de la floraison et on recueille le suc laiteux dans des verres. Lorsque ce suc est ferme, on le découpe en rondelles qu'on fait sécher sur des claies. On en fait ensuite de petits pains orbiculaires qui ont une couleur brune. Le lactucarium renferme une matière amère cristalline (*lactucine*), de la mannite, de l'asparagine, un acide libre, une matière colorante brune, une résine mélangée de cérine et de myricine, de l'albumine, de la gomme et quelques sels (Aubergier). Il exhale une odeur vireuse très prononcée. Il est très amer et jouit des propriétés de l'opium, mais il ne produit pas de constipation, ni de congestion cérébrale, ni d'inappétence. Bertrand, professeur à l'école de Clermont, prétend que les vertus sédatives du lactucarium sont moins marquées que celles de l'opium, mais il possède sur celui-ci le précieux avantage de pouvoir être continué longtemps sans donner de douleurs de tête, de bourdonnements d'oreilles ni d'excitation cérébrale. Il doit surtout être prescrit dans les névroses, dans les bronchites aiguës ou chroniques pour calmer la toux (Dose : 0 gr. 20 à 0 gr. 30).

On l'administre ordinairement sous forme d'extrait alcoolique, de granules, qui représentent la moitié de leur poids de lactucarium (dose : 0 gr. 50 à 2 gr.), de sirop de lactucarium, de sirop de lactucarium opiacé ou d'Aubergier, de pâte de lactucarium.

Sersiron conseille le sirop d'Aubergier dans les cas de surexcitation nerveuse, contre l'insommie et la toux.

Lactuca sativa, L. (Laitue cultivée) est une plante très commune qu'on cultive dans les potagers. Elle présente un grand nombre de variétés. Lamarck en connaissait 149. Citons les deux types principaux : *Lactuca sativa*, L., *var. a. romana*, Coss. et Germ. (Laitue romaine, en picard : *Chigon*), *Lactuca sativa*, L., *var. b. capitata*, Coss. et Germ. (Laitue pommée). Cette dernière surtout est employée en médecine. C'est un calmant de la toux.

Toutes les laitues sont sédatives. Elles ont, du reste, des propriétés différentes selon l'époque de leur récolte. Quand on cueille la laitue avant la floraison, elle est laxative et renferme alors des principes mucilagineux, plutôt doux et agréables ; plus tard, elle est extrêmement amère et âcre. Galien, dans sa vieillesse, mangeait tous les soirs de la laitue cuite pour avoir une nuit tranquille (Barbier).

Quévenne a analysé le suc de la laitue romaine et y a trouvé un principe amer, de l'albumine, du caoutchouc, de la cire, un acide végétal lactucique, de chlorure de calcium, du phosphate de chaux, de la potasse, de la gomme, de l'acide acétique. Avec la laitue cultivée, on prépare la *thridace* qui est employée rarement (0 gr. 10 à 0 gr. 50 en potion). Elle est calmante, mais agit moins bien que le lactucarium.

On prescrit encore assez souvent l'eau distillée de laitue (100 à 150 gr.) et le sirop de thridace (20 à 100 gr. en potion) qui sont légèrement calmants. On a autrefois conseillé le suc de laitue. On faisait aussi des cataplasmes émollients avec les feuilles cuites. La décoction de laitue (60 gr. par litre d'eau) est émolliente et calmante. Certains la regardent comme anaphrodisiaque.

La laitue est un aliment laxatif. On la mange cuite ou en salade.

Lactuca scariola, L. (Laitue scariole) possède à peu près les mêmes vertus thérapeutiques que la laitue vireuse.

Lactuca muralis, Fresen (Laitue des murailles) était autrefois indiquée contre les morsures des vipères. Dans ses *Commentaires de Dioscoride*, Matthiole dit : « *Cette racine, bue en vin, est bonne contre les morsures des vipères.* »

HIERACIUM MURORUM. L.

(Du grec *ierax*, épervier : les anciens croyaient que l'épervier mangeait cette plante pour améliorer sa vue.)

Syn. : *Eperviére des murs, Pulmonaire des Français.*

(Composées.)

Plante vivace, de 30 à 60 centimètres, commune surtout dans les bois. Elle fleurit en juin.

La tige est simple, poilue, nue ou offrant une feuille caulinaire pétiolée. Les feuilles sont radicales, en rosette, ovales, lancéolées ou elliptiques, entières ou incisées. Les fleurs sont jaunes. L'involure est hispide.

Les sommités de l'épervière ont été employées en infusion comme vulnéraires.

XANTHIUM STRUMARIUM. L.

(Du grec *xanthos*, jaune: plante employée autrefois pour teindre en jaune.)

Syn. : *Lampourde glouteron, Herbe aux écrouelles, Petite bardane.*

(Ambrosiacées.)

Plante annuelle, pubescente, de 20 à 60 centimètres, très rare dans la Somme. Elle croît surtout dans les endroits humides, aux bords des chemins. Elle fleurit en juillet.

La tige est dressée, anguleuse, souvent rameuse. Les feuilles sont d'un vert cendré, cordiformes, à 3-5 lobes dentés. Les fleurs sont verdâtres.

Les feuilles sont amères et astringentes. On les conseillait autrefois dans les maladies de la peau et les engorgements ganglionnaires de mauvaise nature.

Les fruits renferment un principe tinctorial jaune dont les Romains se servaient pour teindre les cheveux en blond pâle.

CAMPANULA TRACHELIUM. L.

(Du latin *campanula*, clochette.)

Syn. : *Campanule gantelée, Gants de Notre-Dame.*

(Campanulacées.)

Plante vivace, velue, hérissée, de 50 centimètres à 1 m. 20, à souche épaisse, assez commune dans les bois. Elle fleurit en juin.

La tige est robuste, rude, anguleuse. Les feuilles sont grandes, ovales, triangulaires, cordiformes, pétiolées. Les fleurs sont bleues, grandes, en grappes feuillées.

La gantelée est astringente et détersive. Elle était autrefois employée contre les angines et l'inflammation de la trachée (*trachelium*).

Dans certains pays, on mange la racine cuite.

VACCINIUM MYRTILLUS. L.

(Du latin *vacca*, vache : cet animal broute volontiers cette plante.)

Syn. : *Airelle myrtille, Raisin des bois, Lucet.*

(VACCINIÉES.)

Sous-arbrisseau de 20 à 60 centimètres, croissant dans les bois montueux. Il fleurit en avril.

Les tiges sont ligneuses, anguleuses, ailées. Les feuilles sont caduques, ovales, aiguës, dentées. Les fleurs sont d'un blanc verdâtre et rosé, solitaires ou géminées. La corolle est en grelot. Les baies (*aires*) sont globuleuses, d'un noir bleuâtre.

Elles sont sucrées, un peu acidulées, rafraîchissantes, astringentes. Elles étaient autrefois conseillées contre la dysenterie et la diarrhée des enfants.

Les feuilles sèches sont diurétiques et astringentes.

On administre les baies en rob, en teinture, en sirop.

En Russie, en Allemagne et en Scandinavie, on mange ces fruits arrosés de lait et saupoudrés de sucre. A l'époque de leur maturité, c'est le goûter habituel des enfants. On en met dans les tartes ; on les associe quelquefois au miel ou aux spiritueux. On en fait des conserves pour l'hiver.

Dans les Vosges, les paysans préparent avec ces baies une boisson à peu près semblable au vin. On les distille aussi pour en faire *l'eau-de-vie de Brimbelle.*

On retirait autrefois des tiges une matière tinctoriale jaune.

CALLUNA VULGARIS. SALISB.

(Du grec *callunein*, balayer : on fait des balais avec la bruyère.)

Syn. : *Bruyère commune, Grosse bruyère.*

(ERICINÉES.)

Sous-arbrisseau de 20 à 60 centimètres, assez commun dans les terrains calcaires. Il fleurit en juillet.

La tige présente des rameaux nombreux ordinairement

rougeâtres. Les feuilles sont lancéolées, linéaires, prolongées à la base en un appendice bifide. Les fleurs sont purpurines, quelquefois blanches, nombreuses, en grappes spiciformes.

On employait les sommités fleuries en infusion (60 gr. par litre d'eau) contre les calculs de la vessie. Elles jouissent de propriétés diurétiques et astringentes.

On donnait autrefois des bains de décoction de bruyère aux goutteux, aux rhumatisants et aux paralytiques.

PIROLA ROTUNDIFOLIA. L.

(Du latin *pirus*, poirier : les feuilles ressemblent à celles du poirier.)

Syn. : *Pirole à feuilles rondes*, *Verdure de mer*, *Verdure d'hiver*

(PIROLACÉES.)

Plante vivace, de 20 à 40 centimètres, croissant dans les bois ombragés et montueux. Elle fleurit en juin.

La hampe florale est munie de quelques écailles. Les fleurs sont d'un blanc rosé, en grappes allongées, les anthères sont incluses, le style est plus long que les pétales, courbé, ascendant. Les feuilles sont grandes, suborbiculaires, denticulées.

Les feuilles de pirole étaient autrefois conseillées dans le catarrhe chronique des bronches, la diarrhée, les fleurs blanches. Leur saveur est âcre et astringente. Elles jouissent de propriétés toniques, amères, astringentes et vulnéraires. Elles entrent dans la composition du *Thé suisse*.

LIGUSTRUM VULGARE. L.

(Du latin *ligare*, lier : les rameaux sont flexibles et servent à faire des liens.)

Syn. : *Troëne*, *Frésillon*, *Bois noir*, *Raisin de chien*.

(OLÉINÉES.)

Arbrisseau de 1 à 3 mètres, commun dans les bois et les haies. Il fleurit en mai.

Les feuilles sont opposées, lancéolées ou ovales-elliptiques, entières, glabres, vertes, tardivement caduques. Les fleurs sont blanches, odorantes, en thyrses terminaux. La baie est globuleuse, noire.

Les feuilles et les fleurs sont astringentes. On les donne en décoction (15 gr. pour un litre d'eau) dans les gingivites, les amygdalites et les bronchites. L'écorce est fébrifuge.

Les baies sont fades, un peu amères. Elles fournissent une couleur noire violacée qui entre dans la composition de l'encre des chapeliers.

On trouve souvent des cantharides sur les feuilles de troëne.

On utilise les jeunes pousses de cet arbrisseau dans la vannerie fine.

FRAXINUS EXCELSIOR. L.

(Du grec *fraxis*, haie.)

Syn. : *Frêne.*

(Oléinées.)

Arbre à écorce lisse, d'une hauteur de 15 à 20 mètres. Il fleurit en avril.

Les feuilles ont des folioles ovales lancéolées, dentées, glabres et vertes en dessus, pubescentes près de la nervure médiane, en dessous. Les fleurs sont brunâtres, en panicules, et paraissent avant les feuilles ; les anthères sont d'un pourpre noirâtre. Les samares sont pendantes, oblongues, ailées.

On attribuait autrefois aux feuilles de frêne des propriétés purgatives. Elles sont légèrement laxatives. Pouget et Peyraud ont présenté la poudre de feuilles comme le spécifique des affections rhumatismales et goutteuses.

Elle ne produit, disent-ils, ni dégoût, ni maux de cœur, ni malaise général. On l'administre à la dose de 15 à 20 grammes pour 500 grammes d'eau. On conseille aussi l'infusion (30 gr. par litre d'eau). Garod a employé l'infusion de feuilles chez les goutteux et pense que ce mode de traitement a une réelle efficacité. Il s'est aussi servi de la décoction (faire bouillir pendant 10 ou 15 minutes 30 gr. de feuilles dans 1 litre d'eau). Administrée par doses fractionnées une heure avant les repas, elle paraît exciter l'appétit.

En continuant l'usage de cette décoction, on augmente la quantité des urines et des sueurs. Il y a, en outre, accroissement de la proportion d'acide urique dans les urines. Les feuilles de frêne contiennent un principe particulier, la *fraxinine.*

L'écorce de frêne est astringente et fébrifuge. Elle était jadis indiquée contre les fièvres intermittentes. Glauber et l'illustre botaniste Bauhinus la vantaient contre la goutte et le rhumatisme. Elle était conseillée contre le scorbut et les vers intestinaux. Martin-Solon l'employait comme purgative. On l'administre en poudre et en décoction vineuse.

Les fruits jouissent à peu près des mêmes propriétés que les feuilles.

Desfontaines prétend que le frêne commun donne aussi une *manne* qui ressemble à celle qu'on retire des espèces *rotundifolia* et *ornus.* On l'obtient par incision de l'écorce. Il en découle un suc qui se concrète en sortant, sur l'écorce ou sur des pailles que l'on dispose à cet effet. La manne est une matière solide, granuleuse, d'un blanc jaunâtre, très sucrée. C'est un purgatif agréable et très doux. On la donne dans de l'eau, du lait ou du café (Dose : 40 à 60 gr.).

Les cantharides aiment beaucoup le frêne. On voit quelquefois cet arbre entièrement dépouillé de ses feuilles.

SYRINGA VULGARIS. L.

(Du grec *syrinx*, flûte : les tiges creusées servaient à faire des flûtes.)

Syn. : *Lilas.*

(Oléinées.)

Arbrisseau de 2 à 5 mètres, assez commun dans les jardins. Il fleurit en avril.

Les feuilles sont opposées, ovales-acuminées, un peu cordiformes, épaisses, pétiolées. Les fleurs sont lilas, violacées ou blanches, odorantes, en thyrses terminaux. La capsule est ovale-oblongue, comprimée, coriace, jaunâtre, à deux loges.

Les feuilles sont amères, toniques et fébrifuges. Elles renferment, ainsi que la tige, un principe particulier, la *syringine.* On recommande les capsules vertes comme amères et toniques. Cruveilhier conseillait les fruits du lilas contre les fièvres intermittentes.

L'écorce est tonique, fébrifuge et astringente. On l'emploie en décoction. On administre aussi quelquefois les feuilles en infusion (30 gr. de feuilles sèches pour 1 litre d'eau) dans la goutte et le rhumatisme.

VINCA MINOR. L.

(Du latin *vincire*, lier.)

Syn. : *Petite pervenche, Pervenche couchée, Violette des sorciers ;* en picard de Proyart : *Pot-au-feu.*

(APOCYNÉES.)

Plante vivace, glabre, de 1 à 2 mètres de longueur, très commune dans les bois. Elle fleurit en mars.

Les tiges sont radicantes ; les feuilles sont coriaces, luisantes, ovales-elliptiques, glabres. Les fleurs sont bleues ou violacées, rarement blanches, solitaires.

A l'état frais, la plante est inodore ; par la dessiccation, elle acquiert une certaine odeur aromatique.

Les feuilles renferment du tannin et sont amères, astringentes, toniques, diaphorétiques, fébrifuges et dépuratives. On les a employées en infusion comme purgatives. Elles ont été conseillées dans les catarrhes chroniques, la diarrhée, la dysenterie, l'hémoptysie. L'infusion de fleurs est pectorale.

C'est un remède populaire pour *faire passer* le lait.

Vinca major. L. (Grande pervenche) jouit des mêmes propriétés.

VINCETOXICUM OFFICINALE. MŒNCH.

(Du latin *vincere*, vaincre, *toxicum*, venin : Passait pour un contre-poison.)

Syn. : *Dompte-venin officinal, Asclépiade blanc, Ipécacuanha des Allemands.*

(Asclépiadées.)

Plante vivace, de 30 à 90 centimètres, à souche rampante, assez commune dans les lieux incultes et sur les coteaux calcaires. Elle fleurit en juin.

La tige est simple, dressée, quelquefois grimpante. Les feuilles sont fermes, acuminées, souvent en cœur à la base. Les fleurs sont d'un blanc verdâtre ou jaunâtre, en cymes corymbiformes. Les follicules sont glabres, lancéolés, renflés vers la base.

La plante est amère et répand une odeur désagréable; loin d'être un contre-poison, elle est très toxique. La racine renferme une substance spéciale, l'*asclépiadine* ou *cynanchine*, qui est émétique. Orfila a administré la plante à des chiens qui sont morts un ou deux jours après ; la muqueuse de leur estomac était le siège d'une vive inflammation. Feneulle a analysé la racine et y a trouvé de la résine, une matière extractive analogue à l'émétine, l'*asclépiadine*, et à laquelle il attribue les mêmes propriétés. Fraîche, la racine a une odeur forte et désagréable, une saveur âcre; sèche, elle a une odeur faible et une saveur douce. Elle est légèrement sudorifique et diurétique. Elle était préconisée autrefois contre la morsure des serpents. Elle fait partie du *vin diurétique amer de la Charité*. La poudre de feuilles est vomitive. La décoction de semences ou de racine est diurétique et indiquée dans le rhumatisme, la goutte, les maladies de peau.

On employait autrefois toute la plante comme détersive. Elle était conseillée dans l'ascite, les maladies de la peau, la scrofule.

MENYANTHES TRIFOLIATA. L.

(Du grec *menos*, mois, *anthos*, fleur : allusion aux propriétés emménagogues de la plante.)

Syn. : *Ményanthe, Trèfle d'eau, Trèfle des marais, Trèfle de castor.*

(Gentianées.)

Plante vivace, aquatique, de 20 à 40 centimètres, assez commune dans les marais, dans les fossés. Elle fleurit en avril.

La hampe florale est nue, axillaire. Les feuilles sont robustes, à trois folioles obovales-obtuses, glabres, un peu dentées. Les fleurs sont d'un blanc rosé, en grappe simple. La capsule est uniloculaire.

On emploie surtout les feuilles. Tromsdorff les a analysées et y a trouvé de la fécule verte, un extractif amer, une résine verte, une gomme brune, de l'acide malique, de l'acétate de potasse, de l'albumine que la chaleur ne coagule pas, de l'inuline. Depuis, on a extrait un alcaloïde, la *ményanthine*. Les feuilles du trèfle d'eau sont très amères. Elles constituent un excellent tonique et un bon digestif. A haute dose, elles donnent des nausées, des vomissements, de la diarrhée. A dose ordinaire, elles combattent l'atonie des voies digestives. Elles ont été conseillées dans les catarrhes chronique des bronches, la scrofule, le rachitisme, le rhumatisme chronique, la goutte, les maladies de la peau, les fièvres intermittentes. Elles sont aussi emménagogues et ont alors une réelle efficacité quand la suppression des règles reconnaît pour cause des troubles digestifs et surtout l'atonie de l'estomac. Elles ont aussi des propriétés fébrifuges, antiscorbutiques, vermifuges et détersives.

On en prépare un suc et un extrait. On associe ordinairement le suc à celui d'autres plantes. L'extrait se donne à la dose de 0 gr. 50 à 2 grammes. Le trèfle d'eau entre dans la composition du sirop antiscorbutique.

Une infusion légère et chaude de trèfle d'eau (10 gr. pour un litre d'eau), prise après le repas, favorise la digestion.

Les brasseurs anglais substituent souvent les feuilles de trèfle d'eau aux fleurs de houblon pour la fabrication de leur *porter*.

Les Lapons nourrissent leurs bestiaux avec la racine du trèfle d'eau. Ils en retirent une fécule verte dont ils fabriquent un pain grossier (Linné).

CHLORA PERFOLIATA. L.

(Du grec *chloros*, jaune verdâtre.)

Syn. : *Chlore perfoliée, Centaurée jaune.*

(GENTIANÉES.)

Plante annuelle, de 20 à 60 centimètres, croissant dans les terrains calcaires. Elle fleurit en juin.

La tige est élancée, rameuse au sommet. Les feuilles radicales sont obovales, en rosette ; les caulinaires, opposées, ovales-triangulaires, mucronées, soudées à la base. Les fleurs sont d'un jaune vif, en corymbe. La capsule est ovoïde.

La centaurée jaune est amère, tonique et fébrifuge. Elle est beaucoup moins employée que la petite centaurée.

GENTIANA CRUCIATA. L.

(*Gentius*, roi d'Illyrie, fut, d'après Pline, le premier qui utilisa les propriétés de la gentiane.)

Syn. : *Gentiane croisette.*

(GENTIANÉES.)

Plante vivace de 10 à 50 centimètres, très rare dans la Somme. Elle croît surtout dans les terrains calcaires et fleurit en juillet.

La tige est courbée, ascendante, un peu épaisse. Les feuilles sont grandes, oblongues, lancéolées; les caulinaires sont connées, les supérieures dépassent les fleurs. Celles-ci sont bleues, sessiles, fasciculées.

Ce n'est pas la racine de la croisette qu'on emploie en thérapeutique. Celle de la grande gentiane ou gentiane jaune est généralement usitée. Les racines de ces deux plantes ont les mêmes propriétés. Elles sont amères, toniques et fébrifuges. Planche a constaté que l'eau distillée de la racine recélait un principe nauséabond, volatil, qui produit aussitôt après l'ingestion de fortes nausées et un peu plus tard une sorte d'ivresse qui se prolonge pendant une heure environ (Barbier).

On peut recourir avec confiance aux préparations de gentiane. Elles agissent toujours avec efficacité. On les recommande surtout dans l'atonie des organes digestifs, dans la dysenterie, la diarrhée, la scrofule, l'ictère, la chlorose, la goutte et surtout dans la fièvre intermittente. On emploie, la poudre dans le dernier cas, et on l'associe au quinquina. On la donne quelquefois aussi comme vermifuge.

La tisane de gentiane se fait par infusion (10 gr. pour un litre d'eau). On prépare une teinture de gentiane, un vin (30 gr. par litre) un sirop et un extrait (0 gr. 50 à 2 gr.).

Gentiana amarella. L. (Petite gentiane amère) jouit des mêmes propriétés.

ERYTHRÆA CENTAURIUM. PERS.

(Du grec *erythros*, rouge.)

Syn. : *Petite centaurée, Herbe au centaure, Herbe à Chiron, Herbe à la fièvre, Fiel de terre.*

(Gentianées.)

Plante bisannuelle, de 10 à 60 centimètres, assez commune dans les champs et les bois. Elle fleurit en juin.

La tige est quadrangulaire, rameuse au sommet. Les feuilles radicales sont en rosette, obovales, les caulinaires inférieures oblongues. Les fleurs sont roses, rarement blanches, en corymbes, à rameaux courts. La capsule est plus longue que le calice. Les graines sont très nombreuses et très petites.

On emploie en médecine les sommités fleuries de petite centaurée qu'on dessèche à l'étuve en petits bouquets enveloppés de papier. Moretti les a analysées et y a trouvé un acide libre, une matière muqueuse, un principe cristallisé, *l'éry-*

thro-centaurine, du sucre, du tannin, de la chaux, une certaine quantité d'extractif et de l'acide chlorhydrique. La saveur de cette plante est franchement amère, elle devient encore plus intense par la dessiccation. Les propriétés de la petite centaurée sont toniques, apéritives, fébrifuges, stomachiques, vermifuges et légèrement laxatives. C'est un des meilleurs toniques amers indigènes. Son action est semblable à celle de la gentiane. On la recommande dans les fièvres intermittentes, dans les convalescences, surtout quand il y a de l'inappétence, dans la chlorose, la goutte, dans l'atonie des organes digestifs. Dans la fièvre intermittente, il faut donner de fortes doses, si l'on veut obtenir un résultat. Par sa composition, la petite centaurée n'a aucune analogie avec le quinquina. Chomel avait une grande confiance dans les propriétés fébrifuges de cette plante. « Faites macérer, disait-il une poignée de petite centaurée et 16 grammes de quinquina dans 1 litre de vin blanc; donnez ensuite deux verres à liqueur de cette préparation par jour et vous ferez disparaître la fièvre que le quinquina seul n'aurait pu guérir. »

On prépare un extrait de petite centaurée (dose : 0 gr. 30 à 2 grammes), une teinture (5 à 20 grammes). On préfère généralement l'infusion (5 à 15 gr. par litre d'eau, ou la poudre : 1 à 10 gr.).

En médecine populaire, le vin de petite centaurée est très usité (60 gr. de sommités fleuries en macération dans un litre de vin de Bordeaux).

CONVOLVULUS ARVENSIS. L.

(Du latin *convolvere*, s'enrouler.)

Syn. : *Liseron des champs*, *Petit liseron*, *Clochette des blés*, *Petite vrillée*, *Bédille*, *Couronne de la Vierge* ; en picard de Proyart : *Lignon*.

(Convolvulacées.)

Plante vivace, de 20 centimètres à 1 mètre de longueur, très commune dans les champs. Elle fleurit en mai.

La tige est glabre ou pubescente, volubile ou couchée, à

souche longuement traçante. Les feuilles sont sagittées, hastées, obtuses ou subaiguës, à oreillettes. Les fleurs sont blanches ou roses. La corolle est quatre à cinq fois plus longue, que le calice. La capsule est glabre.

On employait autrefois les feuilles en infusion comme vulnéraires. La racine est purgative. Chevallier l'a analysée et a obtenu de la résine, un extrait gommeux, du sucre cristallisable, de la fécule, de l'albumine, du sulfate de chaux, de l'oxyde de fer. En médecine populaire, on fait une décoction de 8 à 10 grammes de racines de liseron dans un demi-litre d'eau, on laisse refroidir et on passe. Un verre à Bordeaux de cette tisane produit un effet purgatif. On peut considérer ce liseron comme notre jalap indigène. Certains auteurs prétendent que les feuilles sont laxatives et les conseillent en infusion (20 gr. dans 500 gr. d'eau ou de lait). Le sirop qui est préparé avec le suc de la racine, et la poudre de feuilles sont aussi purgatifs.

CONVOLVULUS SEPIUM. L.

Syn. : *Grand Liseron, Liseron des haies, Grande vrillée, Boyaux du diable, Manchettes, Lignolet ;* en picard de Proyart : *Lignon.*

(Convolvulacées.)

Plante vivace, de 1 à 5 mètres, très commune dans les haies. Elle fleurit en juin.

La tige est volubile, grimpante, anguleuse. Les feuilles sont grandes, sagittées ou hastées, aiguës, à oreillettes. Les fleurs sont blanches, rarement rosées, très grandes. La capsule est subglobuleuse, glabre.

La tige de ce liseron renferme un suc de couleur laiteuse, d'une nature extracto-résineuse. Quelques auteurs considèrent cette plante comme un excellent purgatif indigène. Haller prétend que le suc épaissi agit aussi sûrement que la scammonée. Coste et Willemet l'ont prescrit dans plusieurs cas d'ascite et ont obtenu des succès. La racine n'est point amère : les porcs la mangent volontiers.

Toute la plante est purgative. On l'emploie aux mêmes doses que la racine du petit liseron. Bodard prônait beaucoup ce médicament.

CONVOLVULUS SOLDANELLA. L.

Syn. : *Soldanelle, Chou marin.*

(Convolvulacées.)

Plante vivace de 10 à 60 centimètres, croissant dans les sables maritimes.

Elle fleurit en mai.

La tige est couchée, rampante. Les feuilles sont épaisses, réniformes, à oreillettes. Les fleurs sont roses, grandes. La capsule est ovoïde, glabre.

La tige et la racine contiennent un suc laiteux, extracto-résineux, qui est purgatif. La plante fraîche a une saveur amère et salée qu'elle perd en partie par la dessiccation. Loiseleur-Deslonchamps et Planche ont démontré que cette soldanelle jouit de propriétés purgatives. Ce dernier a fait l'analyse de la racine et a obtenu un extrait gommeux, une résine verte, de l'amidon, une matière ligneuse et des sels. Loiseleur-Deslonchamps a vanté la teinture de soldanelle. On emploie ordinairement la poudre de racine à la dose de 1 à 2 grammes ou l'extrait alcoolique à la dose de 0 gr. 25 à 0 gr. 50.

CUSCUTA EPILINUM. WEIHE.

(De *cassutha*, nom grec, ou de *kechout*, nom arabe de la cuscute.)

Syn. : *Cuscute du lin, Teigne, Rache, Cheveux du diable, Tignasse;* en picard : *Tuin.*

(Cuscutacées.)

Plante annuelle, très rare dans la Somme. Elle fleurit en juin.

Les tiges sont capillaires, lisses, simples ou rameuses. Les fleurs sont d'un blanc jaunâtre, sessiles, en glomérules serrés ; le calice présente cinq lobes charnus appliqués contre la corolle qui est large, en grelot, à cinq lobes ovales-aigus; les écailles sont petites ; il y a deux styles plus courts que l'ovaire.

La cuscute du lin jouit de propriétés purgatives, diurétiques, détersives et antigoutteuses. Son principe actif est la cuscutine qu'on emploie comme laxative à la dose de 6 à 12 centigrammes. Pour obtenir un effet purgatif, il faut donner 50 centigrammes.

Cuscuta epithymum, Murray (Cuscute du serpolet), *Cuscuta trifolii*. Babingt (Cuscute du trèfle), *Cuscuta major*. C. Bauh. (Grande Cuscute) ont à peu près les mêmes propriétés mais leur action purgative est moins marquée. On les vantait autrefois dans la tuberculose et les affections du foie.

Les anciens médecins se servaient souvent de la décoction de cuscute du serpolet (60 gr. pour un litre d'eau) pour nettoyer les plaies de mauvaise nature.

BORAGO OFFICINALIS. L.

(De l'arabe *bou rash*, père de la sueur, ou du latin *cor ago*, j'excite le cœur : allusion aux propriétés diaphorétiques et cordiales de la bourrache.)

Syn. : *Bourrache officinale.*

(Boraginées.)

Plante annuelle de 25 à 60 centimètres, commune dans les lieux incultes, les jardins. Elle fleurit en avril.

La tige est épaisse, dressée, rameuse, hispide. Les feuilles sont ridées, épaisses ; les inférieures, ovales, les supérieures, embrassantes. Les fleurs sont bleues, grandes, en grappes ; la corolle est en roue, les carpelles sont bruns et gros.

Cette plante a une odeur faible et une saveur herbacée et mucilagineuse. Suivant une analyse de Braconnot, on y trouve une substance muqueuse abondante, une substance animale, insoluble, un acide végétal combiné à la potasse et à la chaux, de l'acétate de potasse, du nitrate de potasse.

Les feuilles de bourrache sont émollientes, béchiques, adoucissantes, diaphorétiques et diurétiques. Fraîches, elles agissent comme émollientes et diaphorétiques; sèches, elles sont plutôt diurétiques. Elles sont aussi considérées. comme lactigènes. On les administre en infusion (10 gr. par litre d'eau), dans la bronchite, la pneumonie, les fièvres éruptives, les maladies de la peau et, en général, dans les maladies infectieuses. Quelques médecins prétendent que la décoction facilite l'expectoration. Le suc de bourrache est indiqué à la dose de 100 grammes dans le catarrhe de la vessie. On en prépare un suc, une eau distillée, un extrait, un sirop. On fait aussi avec les feuilles une infusion théiforme assez agréable. On mange les jeunes pousses en salade. Elles ont un goût légèrement sucré. Dans certains pays, on met les feuilles dans les potages et les fleurs dans les salades.

ANCHUSA ITALICA. RETZ.

(Du grec *anchousa*, fard : les racines fournissent une couleur rouge.)

Syn. : *Buglosse, Langue de bœuf.*

(Boraginées.)

Plante vivace de 30 à 80 centimètres, très rare en Picardie. Elle croît sur les coteaux calcaires et fleurit en mai.

La tige est hérissée de poils raides. Les feuilles sont oblongues, lancéolées, Les fleurs sont bleues ou roses, assez grandes. Les pédicelles sont aussi longs que les sépales et les bractées. Les carpelles sont grisâtres, dressés.

La racine contient une matière colorante, l'*acide anchusique*, qu'on retrouve dans celle du grémil.

On emploie les sommités fleuries en infusion, comme béchiques et expectorantes.

LYCOPSIS ARVENSIS. L.

(Du grec *lukos*, loup, *opsis*, vue.)

Syn : *Lycopside des champs*, *Petite Buglosse*, *Grisette*, *Grippe des champs*, *Face de loup.*

(Boraginées.)

Plante annuelle, de 20 à 50 centimètres, assez commune aux bords des chemins, dans les champs cultivés. Elle fleurit en mai.

La tige est dressée ou ascendante, rameuse, hérissée de soies raides et piquantes. Les feuilles sont sinuées, ondulées, oblongues, lancéolées. Les fleurs sont bleues, petites, peu apparentes, en grappes. Le tube de la corolle est courbé, grêle; les carpelles sont grisâtres.

La petite buglosse est émolliente, béchique et rafraîchissante. On l'administre en infusion. Elle est peu usitée.

SYMPHYTUM OFFICINALE. L.

(Du grec *symphuo*, j'unis, je soude.)

Syn. : *Grande Consoude*, *Consoude officinale. Herbe à la coupure*, *Langue de vache*, *Oreille d'âne.*

(Boraginées.)

Plante vivace de 40 centimètres à 1 mètre, assez commune dans les prairies humides. Elle fleurit en juin.

La tige est velue-hérissée, robuste, ailée, rameuse. Les feuilles sont épaisses, ovales, lancéolées, sessiles, décurrentes. Les fleurs sont blanches ou purpurines, en épis. Les carpelles sont luisants. La racine est allongée, peu rameuse, d'un brun noirâtre à l'extérieur, d'une saveur d'abord fade et mucilagineuse, puis astringente.

En médecine, on emploie ordinairement la racine. Elle a une odeur faible et renferme beaucoup de mucilage et du tannin. Elle est émolliente et légèrement astringente. On la recommandait surtout dans les hémorragies du poumon, des intestins, dans la diarrhée, la dysenterie. On s'en servait aussi comme vulnéraire. Chomel la conseillait pour calmer les accès de goutte. Il la faisait cuire et appliquer bien chaude sur les articulations douloureuses. On l'ordonne sous forme de tisane (20 gr. en décoction dans 1 litre d'eau). On en prépare un sirop (30 à 100 gr. par jour).

L'infusion de fleurs est pectorale.

A la campagne, les empiriques râpent la racine et en font un topique pour les brûlures et les crevasses des seins. Cazin conseillait de creuser un trou en forme de dé à coudre dans la racine de consoude et d'y introduire le mamelon.

Toute la plante est alimentaire. Les Islandais mangent les feuilles comme les épinards.

ASPERUGO PROCUMBENS. L.

(Du latin *asper*, rude.)

Syn. : *Rapette porte-feuille.*

(BORAGINÉES.)

Plante annuelle, de 20 à 60 centimètres, croissant aux bords des chemins, dans les décombres. Elle fleurit en mai.

Les tiges sont couchées, diffuses, assez grêles, rameuses. Les feuilles sont rudes, elliptiques-oblongues. Les fleurs sont bleuâtres.

La rapette est peu usitée. Elle est vulnéraire, détersive et incisive.

CYNOGLOSSUM OFFICINALE. L.

(Du grec *cynos*, chien, *glossa*, langue : forme des feuilles.)

Syn. : *Cynoglosse, Langue de chien, Herbe au diable.*

(BORAGINÉES.)

Plante bisannuelle, de 30 à 80 centimètres, assez commune dans les dunes, aux bords des chemins. Elle fleurit en mai.

La tige est robuste, rameuse, poilue. Les feuilles sont molles, pubescentes, les inférieures, grandes, les supérieures, demi-embrassantes. Les fleurs sont d'un rouge vineux ; la corolle dépasse peu le calice ; les carpelles sont entourés d'un rebord saillant.

La plante a une odeur vireuse, nauséabonde, comparable à celle des chiens. Elle est émolliente et pectorale. La racine est considérée comme narcotique. Elle entre dans la composition des pilules de cynoglosse, ces dernières agissent surtout par l'opium qu'elles renferment. On emploie encore en médecine la partie corticale de la racine. C'est une matière absolument inerte. On l'administre en sirop et en pilules. Dom Robbe rangeait cette plante dans les rafraîchissantes et épaississantes.

PULMONARIA OFFICINALIS. L.

(Du latin *pulmo*, poumon : allusion aux taches des feuilles et aux prétendues propriétés de la plante.)

Syn. : *Pulmonaire officinale, Herbe aux poumons, Sauge de Bethléem, Herbe au lait de Notre-Dame, Grande pulmonaire.*

(Boraginées.)

Plante vivace de 10 à 30 centimètres, croissant dans les bois ombragés. Elle fleurit en avril.

La tige est ordinairement simple, hérissée. Les feuilles radicales sont maculées de blanc. Les fleurs sont rouges, puis bleues ; les carpelles, ovoïdes-aigus.

On employait autrefois les sommités fleuries de la pulmonaire en infusion (15 gr. par litre d'eau) comme émollientes, adoucissantes, astringentes, béchiques, pectorales, vulnéraires, diurétiques et diaphorétiques. Elles étaient vantées contre les maladies du poumon et les hémoptysies. On l'administrait aussi en décoction.

La pulmonaire est surtout indiquée comme diurétique et diaphorétique ; elle est très riche en sels de potasse.

LITHOSPERMUM OFFICINALE. L.

(Du grec *lithos*, pierre, *sperma*, graine.)

Syn. : *Grémil officinal, Herbe aux perles.*

(Boraginées.)

Plante vivace de 30 à 80 centimètres, poilue, assez commune dans les lieux incultes. Elle fleurit en juin.

La tige est robuste, dressée, rameuse. Les feuilles sont lancéolées, acuminées, sessiles, rudes. Les fleurs sont blanchâtres, petites, en grappes feuillées ; les carpelles sont blancs, luisants, ovoïdes.

Autrefois on ordonnait la graine contre la gravelle. On se sert aujourd'hui de toute la plante comme diurétique. On fait avec les feuilles une infusion théiforme d'un goût assez agréable. Elle est vantée dans la lithiase et dans toutes les manifestations arthritiques, principalement le rhumatisme, la goutte, la migraine. Elle entre dans la composition de l'anticalculose du Dr Chevreux.

La racine de grémil, rouge au printemps, servait autrefois aux jeunes paysannes scandinaves, pour se farder les joues (Linné). Pelletier a étudié cette matière colorante sous le nom d'*acide anchusique.*

On l'emploie aussi pour colorer le beurre.

ECHIUM VULGARE. L.

(Du grec *echis*, vipère : allusion aux soies piquantes, aux taches de la tige, à la forme des carpelles en tête de vipère et à de prétendues propriétés contre la morsure de ce reptile.)

Syn. : *Vipérine, Herbe aux vipères, Langue d'oie.*

(Boraginées.)

Plante bisannuelle de 30 à 80 centimètres, commune aux bords des chemins, dans les lieux secs. Elle fleurit en juin.

La tige est hérissée, rameuse, présentant de petits tubercules noirâtres. Les feuilles sont hispides, oblongues, lancéolées; les inférieures, pétiolées, les supérieures, sessiles. Les fleurs sont bleues ou violacées, en grappes. La racine est pivotante.

La vipérine est rafraîchissante, pectorale et diurétique. On la substitue souvent à la bourrache. Elle jouit, du reste, à peu près des mêmes propriétés. On l'emploie ordinairement en infusion (20 gr. par litre d'eau). Elle contient une notable proportion de nitrate de potasse. On la vantait jadis contre la morsure des vipères.

SOLANUM DULCAMARA. L.

(Du latin *solari*, soulager.)

Syn. : *Morelle douce-amère, Morelle grimpante, Loque, Vigne de Judée, Crève-chien.*

(Solanées.)

Sous-arbrisseau sarmenteux de 1 à 2 mètres, assez commun dans les bois humides. Il fleurit en juin.

Les rameaux sont herbacés, volubiles, cylindriques ; les feuilles sont ovales-acuminées, souvent cordiformes, les supérieures triséquées, les deux segments latéraux plus petits. Les fleurs sont violettes, en cymes corymbiformes, le calice est vert. Les baies sont rouges, ovoïdes.

En médecine, on emploie les tiges de la douce-amère. On recueille les jeunes rameaux de l'année précédente ; ils sont demi-ligneux et exhalent par le froissement une odeur désagréable. La plante doit son nom à sa saveur qui est amère et sucrée. Quand on mâche la tige, on perçoit d'abord une saveur amère qui est suivie d'un goût douceâtre sucré. Pfaff a donné le nom de *picroglycion* à cette matière sucrée. Elle est cristalline et d'une saveur amère et douce ; elle se dissout dans l'eau et l'alcool. La tige renferme deux glucosides : la *solanine* et la *dulcamarine*, de la picroglucine. La solanine est inodore, d'un blanc brillant et d'une amertume légère.

Le professeur Clarus, de Leipzig, a publié un travail remarquable sur les effets de la solanine. En voici à peu près les conclusions :

« La solanine et la douce-amère sont pour l'homme et les lapins des substances toxiques pouvant, à dose élevée, causer la mort.

L'action de l'extrait de douce-amère est de cinq à dix fois plus énergique que celle des tiges

La solanine et la douce-amère produisent une forte congestion du côté des reins et quelquefois une augmentation d'urine avec albuminurie.

Elles ralentissent la respiration, par suite de la paralysie de la moelle allongée et de la dixième paire de nerfs cérébraux. La mort est probablement le résultat d'une paralysie de l'appareil respiratoire.

L'accélération des battements du cœur paraît être le résultat d'une paralysie du nerf vague et non pas d'une excitation du grand sympathique.

La solanine et la douce-amère sont rapidement résorbées et leurs premiers effets se manifestent sur la moelle allongée et sur la moelle épinière.

Les phénomènes cérébraux que le professeur Clarus a observés sur lui-même ne doivent être dus qu'à l'extension de l'action produite sur la moelle allongée. Le mouvement de balancier imprimé à la tête permet de supposer que le nerf accessoire est intéressé.

Porté sur l'œil, l'acétate de solanine agit comme un puissant excitant. Le rétrécissement pupillaire est très souvent faible, il s'explique par la paralysie du grand sympathique.

En somme, la solanine et la douce-amère sont des narcotiques amers. Elles se distinguent de l'atropine, de la daturine et de l'hyoscyamine par l'absence de délire et de stupeur, de dilatation des pupilles et de paralysie des sphincters.

Ces substances possèdent une action thérapeutique dans la toux spamodique simple, la coqueluche, l'asthme spasmodique. Leur action dans les maladies dyscrasiques : la goutte, le rhumatisme, la syphilis constitutionnelle, et dans certaines maladies de peau : l'acné, l'eczéma, l'ecthyma, l'impétigo, pourrait bien être due à l'augmentation des déchets de la circulation rejetés par les reins.

La solanine et la douce-amère peuvent être données sans danger dans les inflammations de l'estomac et de l'intestin puisqu'elles n'exercent aucune action sur ces organes. Elles peuvent être administrées dans l'inflammation des voies respiratoires, quand les reins fonctionnent normalement.

La douce-amère est dépurative, sudorifique et apéritive. Les fruits sont émétiques. Dunal a démontré qu'ils ne sont pas toxiques. A haute dose, cette plante produit de la céphalalgie, de l'ivresse, de l'embarras de la langue, du délire, de la nymphomanie, de l'anurie, des démangeaisons et une éruption à la peau. Linné et Carrère la donnaient dans le rhumatisme chronique. Cullen prétendait qu'elle donne peu de succès dans cette maladie. De Haen la conseillait dans l'asthme. Elle est surtout recommandée dans la goutte, dans les dermatoses, la lèpre, la syphilis, la scrofule. Bretonneau la vantait comme dépurative. Il continuait le traitement jusqu'à ce que le médicament produisît des troubles de la vue, du vertige et des nausées. Carrère disait que la douce-amère occasionne quelques mouvements convulsifs aux mains, aux lèvres et aux paupières, surtout quand le malade a froid. La chaleur fait cesser ces petites contractions. Elle excite les organes sexuels, y donne des démangeaisons et provoque des désirs vénériens. Elle donne parfois de l'agitation, des picotements et de l'insomnie.

On administre la plante en poudre, en infusion (2 à 100 gr. par litre d'eau), en décoction (20 gr. par litre d'eau), en extrait (2 à 3 gr. en potion), en sirop (2 à 3 cuillerées à soupe par jour pour les enfants).

SOLANUM NIGRUM. L.

Syn. : *Morelle noire*, *Raison de loup*, *Crève-chien.*

(Solanées.)

Plante annuelle, de 10 à 60 centimètres, commune dans les jardins, aux bords des chemins. Elle fleurit en juin.

La tige est glabre ou pubescente, rameuse, anguleuse. Les feuilles sont d'un vert foncé, ovales, sinuées ou dentées. Les fleurs sont blanches, petites, en cymes ombelliformes. Les baies, d'abord vertes, puis noires, sont petites, globuleuses. Les feuilles sont émollientes et narcotiques. Leur odeur est vireuse, nauséabonde, leur saveur âcre. On les appliquait autrefois sur les hémorroïdes. On les emploie aussi à l'extérieur, en décoction calmante (20 gr. par litre d'eau) pour lotions et injections vaginales. Les feuilles de morelle entrent dans la préparation du baume tranquille et de l'onguent populéum. Les baies sont vénéneuses. Desfossés en a extrait de la *solanine* qu'on retrouve surtout dans la tige et les feuilles.

Le climat a une influence considérable sur les propriétés des plantes. Ainsi, aux Antilles et à Bourbon, on cultive la morelle noire qui est comestible et très estimée.

SOLANUM TUBEROSUM. L.

Syn. : *Morelle tubéreuse, Pomme de terre, Parmentière.*

(Solanées.)

Plante vivace, de 30 à 80 centimètres, originaire du Pérou, acclimatée en Europe depuis trois siècles environ. Elle est cultivée dans tous les potagers et fleurit en juin.

Les tiges sont herbacées, velues, robustes, anguleuses. Les feuilles sont alternes, pétiolées, pinnatiséquées. Les fleurs, en corymbes rameux, sont violettes, lilacées ou blanches, grandes. La corolle est rotacée, pubescente.

La baie est du volume d'une cerise, globuleuse, pendante, d'un vert jaunâtre ou violacé. La racine présente de gros tubercules. Ce sont des organes particuliers, des dépôts de fécule qui se forment autour des bourgeons, sur les rhizomes.

Les tiges et les feuilles de la parmentière renferment de la solanine. Buchner l'a trouvée dans le suc des tubercules.

Les feuilles, les tiges, les fleurs et les baies sont sédatives et légèrement narcotiques. Leur décoction (25 gr. par litre d'eau) est quelquefois recommandée dans les névralgies, le rhumatisme, la diarrhée et les convulsions.

En médecine populaire, on applique la pomme de terre râpée sur les brûlures pour en calmer les douleurs. On prescrit le tubercule cru dans le scorbut. Dans le diabète, on permet l'usage des pommes de terres cuites au four ou à l'eau.

La fécule de pomme de terre est une poudre blanche, moins fine que l'amidon. Elle a une apparence cristalline. On en prépare des cataplasmes. On en saupoudre, mais à tort, les parties enflammées.

La fécule sert principalement aujourd'hui à la fabrication du *glycose* ou sucre de fécule ou d'amidon qui entre dans la composition de la bière, des liqueurs, des sirops, des dragées. On ajoute un peu de saccharine au glycose pour lui donner la saveur du sucre ordinaire. Par la fermentation de la fécule, on obtient aussi un mauvais alcool et une eau-de-vie très usitée dans la région du Nord.

On range généralement les pommes de terre en trois grandes classes : 1° les *Patraques*, tubercules arrondis offrant des yeux rapprochés ; 2° les *Parmentières*, qui sont allongées, cylindroïdes ou légèrement aplaties, ayant des yeux écartés ; 3° les *Vitelottes*, qui ont une forme allongée, cylindrique et qui ont des yeux très rapprochés, enfoncés et bien apparents (Moquin-Tandon).

Ce n'est pas Parmentier, mais John Hawkins qui le premier importa la pomme de terre en Europe. Parmentier fit connaître ses propriétés en France et y vulgarisa sa culture. Chaque année, on plante encore, sur sa tombe, au Père-Lachaise, quelques pieds de ce précieux tubercule.

La pomme de terre contient 75 0/0 d'eau, 20 0/0 de fécule et très peu de substances azotées nécessaires à notre alimentation. Il ne faut donc pas exagérer sa valeur nutritive. C'est néanmoins un excellent aliment, sain et de facile digestion.

Elle renferme dans toutes ses parties de la *solanine*. Il faut éviter de donner, pour la nourriture des animaux, le liquide qui a servi à la cuisson des tubercules. Par l'ébullition, la solanine passe dans l'eau. Il est aussi imprudent de donner des pommes de terre crues non pelées et surtout des épluchures à la volaille et aux autres animaux, à plus forte raison les tiges, les feuilles et les tubercules germés.

La solanine est narcotique et analgésique. On la donne à la dose de 5 à 30 centigrammes par jour dans la paralysie générale et la gastralgie.

Solanum lycopersicum (Tomate) est une solanée qui nous vient aussi d'Amérique. Les signatores la conseillaient probablement contre les hémorroïdes. En Espagne, l'onguent de tomate est très usité dans cette maladie. On fait aussi des cataplasmes émollients avec les feuilles. L'infusion de la plante fraîche est fébrifuge. Le suc des fruits est diurétique.

PHYSALIS ALKEKENGI. L.

(Du grec *physé*, vessie : calice fructifère renflé en vessie.)

Syn. : *Coqueret alkékenge*, *Coqueret officinal*, *Physalide*, *Lanterne*, *Cerise de juif*, *Herbe à cloques*, *Amour en chemise*.

(SOLANÉES).

Plante vivace, de 30 à 60 centimètres, à racine traçante, croissant dans les terrains calcaires. Elle fleurit en juin.

La tige est dressée, anguleuse, pubescente. Les feuilles sont géminées, ovales, acuminées, quelquefois deltoïdes. Les fleurs sont blanches, solitaires, penchées ; le calice florifère est petit, vert, velu, en cloche, à cinq lobes, le fructifère gonflé en vessie très ample, tronquée et ombiliquée à la base, veinée, rouge et enveloppant le fruit ; la corolle est rotacée ; la baie a deux loges ; elle est globuleuse et grosse comme une cerise, d'un rouge vif. Les graines sont réniformes.

Les baies de l'alkékenge sont aigrelettes, un peu amères, d'un goût agréable. Elles sont légèrement diurétiques et laxatives. Le calice est très amer.

Les fruits de l'alkékenge entrent dans les pilules antigoutteuses de Laville et dans le sirop de rhubarbe composé. On les administre en poudre, en décoction et en vin. Cette dernière préparation convient surtout aux anémiques, aux chlorotiques et aux convalescents.

On employait autrefois les baies dans la gravelle et le

calice comme fébrifuge et tonique. Gendron recommandait l'alkékenge comme fébrifuge dans les fièvres intermittentes.

Les feuilles et les tiges jouissent des mêmes propriétés que le calice.

ATROPA BELLADONA. L.

(Du grec *Atropos*, nom d'une des Parques.)

Syn. : *Belladone officinale, Belle dame, Morelle furieuse, Herbe empoisonnée, Bouton noir.*

(Solanées).

Plante vivace, de 1 à 2 mètres, croissant dans les bois, les lieux frais. Elle fleurit en juin.

La tige est dressée, robuste, cylindrique, pubescente. Les feuilles sont amples, ovales, acuminées. Les fleurs sont d'un pourpre brunâtre, axillaires, solitaires ou géminées, pédonculées ; le calice est pubescent, campanulé, persistant, à cinq lobes ovales, acuminés ; la corolle est en cloche.

La baie a deux loges ; elle est globuleuse, grosse comme une cerise, noire et luisante, plus courte que le calice. La racine est vivace, épaisse et charnue.

On emploie ordinairement les feuilles et les racines de la belladone. On recueille les racines au printemps et en automne, les feuilles quand la plante est fleurie. Les racines sont plus actives que les feuilles. Toute la plante a une odeur vireuse, désagréable. Les baies ont une saveur aigrelette assez agréable. Elles ressemblent fort aux cerises. Trompés par la couleur, les enfants mangent souvent ces fruits qui causent de redoutables accidents. On observe alors de la sécheresse de la bouche et de la gorge, une soif vive, des nausées, des crampes d'estomac, des coliques, la face bouffie et rouge, les yeux hagards, la pupille dilatée, la conjonctive injectée, du délire souvent gai, une difficulté de se tenir debout, un rire sardonique, du trismus, de l'impossibilité d'avaler, de l'agitation, des convulsions, des soubresauts de tendons, des palpitations de cœur, de l'oppression, une éruption de taches noires à la peau, un pouls petit, des sueurs, des lipothymies, du refroidissement des extrémités et la mort. A forte dose, les feuilles et la racine produisent les mêmes accidents. Les empoisonnements dus à la belladone sont toujours terribles, alors même que le contrepoison a été administré et que le malade survit ; il est souvent sujet à des attaques d'épilepsie, il a de l'amnésie, des paralysies partielles ou complètes et conserve toujours de l'hébétude.

Vauquelin a trouvé que le suc de la belladone contient une substance animale, une substance soluble dans l'alcool et qui a une saveur amère et désagréable, du nitrate, du muriate, du sulfate de potasse, de l'oxalate acide de potasse, de l'acétate de potasse et de l'acide acétique. Ce chimiste affirme que la propriété narcotique de la plante réside dans la substance qui est soluble dans l'alcool. C'est Brande qui, le premier, a découvert l'alcaloïde de la belladone, l'*atropine*, qui est d'un blanc de neige. Elle cristallise en longues aiguilles, elle est à peu près insoluble dans l'eau et soluble dans l'alcool. Elle a une saveur fade.

A haute dose, la belladone produit des désordres dans presque tous les organes. Nous allons énumérer les symptômes de l'intoxication dans les diverses fonctions.

Système nerveux. — Il y a des douleurs frontales, une sensation spéciale de gêne dans la région temporale, dans les paupières, dans les yeux, des éblouissements, des vertiges, des troubles de la vision : les objets sont déformés et entourés d'un nuage, ils changent de place, il y a une impossibilité de lire, des apparitions de fantômes, de lumières, de la dilatation pupillaire ; l'ouverture palpébrale semble rétrécie, la surface oculaire est sèche, il y a du clignotement, de l'insomnie ou un sommeil agité ; le goût est perverti, la saveur est très mauvaise, la face animée, les yeux mobiles ; quand il y a congestion cérébrale, le malade a une sensation de pesanteur dans la région sus-orbitaire, de la prostration, de la résolution musculaire, de l'engourdissement dans les membres, de la bouffissure de la face, de l'hébétude.

Système musculaire. — Les muscles n'obéissent plus aussi facilement. Il y a des contractions. La marche est pénible, la station debout, impossible.

Système digestif. — On observe de la sécheresse de la bouche et de la gorge, une soif très vive, souvent une salivation exagérée, des coliques, de la diarrhée et des vomissements.

Système circulatoire. — Il y a de l'arythmie, le pouls est irrégulier, la face est congestionnée ; chez les jeunes femmes, les règles paraissent en dehors des époques.

Système respiratoire. — La respiration est ralentie.

Système urinaire. — Le malade éprouve une gêne particulière pour uriner ; le jet d'urine s'arrête tout à coup et ne se rétablit qu'après bien des tentatives. Il y a désordre dans l'innervation de la vessie.

Nous citons un extrait du très intéressant travail de Meuriot sur la belladone et l'atropine.

« L'atropine est le principe actif de la belladone ; elle résume toutes les propriétés de cette solanée.

Ses effets sur l'homme sont surtout violents ; aucun animal n'y est réfractaire. Ils sont différents suivant les doses ; ainsi de petites doses d'atropine accélèrent le cœur et augmentent la pression ; de fortes doses font tomber la pression et ralentissent le cœur.

La belladone est un poison vasculo-cardiaque, suivant la classification de Germain Sée ; son action se localise spécialement sur les vaisseaux et sur les nerfs du cœur.

L'atropine agit sur le cœur par l'intermédiaire du nerf pneumogastrique, dont elle paralyse les extrémités périphériques. Elle augmente constamment la fréquence des battements du cœur.

A petite dose, elle augmente la tonicité des muscles vasculaires ; à dose toxique, elle la diminue et la détruit ; d'où les applications de la belladone dans l'épilepsie, dont les accès semblent être dus à des troubles de circulation cérébrale.

A petite dose, l'atropine accélère la respiration ; une dose toxique la ralentit. L'accélération tient à une excitation des centres respiratoires ; le ralentissement à une paralysie des extrémités des nerfs vagues, d'où son application possible dans le traitement de l'asthme.

A dose thérapeutique, l'atropine augmente les fonctions excito-motrices de la moelle, à dose toxique, elle exagère le pouvoir réflexe, jusqu'à produire des convulsions. Elle donne de l'agitation, de l'insomnie, du délire, du coma. Ce n'est pas un narcotique. Elle s'élimine par les reins, par les muqueuses et parfois par la peau, chez l'homme. Son élimination est toujours rapide ; aussi son action est-elle de courte durée.

Les effets dus à l'élimination de l'atropine sont nombreux: rougeur des muqueuses et de la peau, envies fréquentes d'uriner, des coliques, des épreintes, du ténesme anal et vésical, des sueurs profuses, de la diarrhée. La rougeur et la sécheresse des muqueuses expliquent l'aphonie, la dysphagie, la dysurie. Non seulement les sécrétions des muqueuses diminuent, mais les liquides épanchés à la surface de ces muqueuses et des plaies sont résorbés, d'où son utilité dans les catarrhes des bronches et ses effets contre la toux.

Appliquée sur les tissus, l'atropine détermine toujours une certaine activité de la circulation capillaire ; si la dose est considérable, il y a hyperhémie.

Le processus de l'angine et de l'érythème belladonés est analogue à celui de l'inflammation. La diminution et l'augmentation de l'urine se rattachent aux variations de la pression artérielle.

La belladone n'est pas un agent paralysant des fibres musculaires lisses ; elle ne détermine des phénomènes de paralysie qu'à doses très élevées et toujours consécutivement à des contractions exagérées ; aussi réussit-elle dans l'incontinence d'urine et des matières fécales, dans la paralysie de la vessie, dans la constipation.

L'atropine n'a pas d'action élective sur les nerfs sensitifs; son application locale est toujours suivie de douleurs vives et persistantes. Elle agit seulement sur les nerfs hyperesthésiés et détermine souvent de l'analgésie; mais elle doit être appliquée directement sur les nerfs affectés. Déposée sur le derme dénudé, l'atropine y cause une irritation très vive, comparable à la sensation d'un fer chaud qu'on placerait sur la plaie.

De petites doses d'atropine augmentent la température; des doses toxiques la diminuent. Cet alcaloïde possède, en outre, la propriété de dilater la pupille ; c'est l'effet le plus constant et le plus persistant. Ses applications sont nombreuses en oculistique. Elle paralyse les branches du nerf terminal de la troisième paire ; c'est le seul fait bien démontré par la physiologie expérimentale, dans l'étude de la mydriase belladonée. A cette paralysie des rameaux ciliaires du nerf moteur oculaire commun se rattache celle du muscle de l'accommodation. La belladone est donc un sédatif et un antispasmodique.

On l'a conseillée à l'intérieur contre les névralgies (1 pilule de 1 centigr. d'extrait toutes les heures jusqu'à manifestation de vertiges). Dans la névralgie faciale, on fait souvent des frictions de la peau avec l'extrait. Trousseau préconisait la méthode endermique dans la sciatique. Fonssagrives a employé avec succès la belladone contre la colique endémique nerveuse des pays chauds. On l'a vantée dans l'incontinence d'urine et la spermatorrhée. Heustis dit qu'elle est anaphrodisiaque. Bretonneau et Faure donnaient l'extrait à la dose d'un centigramme dans la constipation. Ad. Richard et Bercioux ont eu des succès avec l'extrait dans l'incontinence des matières. Neuman l'a prescrit en applications locales pour arrêter la sécrétion du lait ; Leclerc contre le ténesme de la dysenterie et Behren contre l'irritabilité de la vessie. On a préconisé la poudre de belladone contre le cancer, l'iléus, l'épilepsie (Greding et Stoll), le tétanos, la rage, la folie, la coqueluche (Wetzler), l'angine, l'asthme essentiel, l'ascite, l'ictère, la fièvre quarte. Dans l'asthme, on fait fumer les feuilles sèches soit seules, soit mêlées avec le tabac. Ayant remarqué que la pupille est toujours contractée dans le *delirium tremens*, le Dr Grieve faisait frictionner les paupières du malade avec l'extrait de belladone. Quand la pupille commence à se dilater, le délire devient moindre et le malade ne tarde pas à dormir. On attribuait autrefois à la belladone la propriété de préserver de la scarlatine (Hahnemann, Guersant, de Lens, Stiévenart, Godelle). Richart a employé la belladone comme préventive de la variole. Cette plante était autrefois très usitée dans les affections oculaires, aujourd'hui l'atropine a pris sa place.

Les feuilles sont narcotiques et passaient pour résolutives.

On les conseillait jadis dans la scrofule, la syphilis et les paralysies. On en faisait des cataplasmes qu'on appliquait sur les tumeurs cancéreuses et les engorgements ganglionnaires. Les baies sont aussi narcotiques. On en fait un rob.

On administre les feuilles en fumigations, en poudre dans du sucre pulvérisé (0.05 à 0.20) (Wetzler), en eau distillée, en huile, en teinture, en alcoolature, en sirop, en extrait. Elles font partie du *Baume tranquille*. (La dose de la poudre de racines est de 0.03 à 0.15).

On prescrit l'atropine à l'intérieur à la dose de 1/2 à 1 milligramme. On peut l'employer dans les mêmes cas que la belladone, mais elle la remplace avantageusement par la sûreté de son dosage. Elle a donné des succès dans le tétanos et dans un cas de chorée contre lequel la belladone avait échoué. Elle a donné de très beaux résultats dans l'épilepsie (Lusanna, Bouchardat). On l'a vantée aussi dans les fièvres intermittentes, contre les sueurs profuses.

On prépare aussi un sulfate et un valérianate d'atropine. Le sulfate est une poudre blanche, soluble dans l'eau. Il est très employé dans les affections des yeux. On le conseille aussi en injections sous-cutanées dans les névralgies. Le valérianate d'atropine est surtout indiqué dans les affections spasmodiques ou convulsives : épilepsie, hystérie, chorée, coqueluche, asthme essentiel. (Dose 1/2 milligr. à 1 milligr.).

Le contrepoison de l'atropine et de la belladone est la morphine. Abeille rapporte ce fait peut-être unique dans la science, sous le rapport de la dose énorme de poison ingéré et de la dose aussi considérable de morphine injectée. « Un enfant de 6 ans et 1/2, avale *5 centigrammes* de sulfate d'atropine en solution dans 5 grammes d'eau. Pendant une heure et quart, rien n'est fait pour expulser le poison de l'organisme ou l'annihiler. L'enfant reste aphagique, dans le coma le plus profond. Ce n'est qu'une heure et quart après l'ingestion de l'atropine que j'ai commencé les injections sous-cutanées d'une solution de *50 centigrammes de chlorhydrate de morphine* dans 10 grammes d'eau. » L'enfant a guéri radicalement : la morphine est donc bien l'antagoniste de la belladone, sinon l'enfant aurait été foudroyé : 1° par l'atropine, 2° par la morphine, dont la dose est plus que suffisante pour tuer quatre adultes.

Le sulfate et le valérianate d'atropine s'administrent souvent en granules. On prépare un sirop d'atropine, une teinture, un collyre, un papier (Steafield), des dragées.

La belladone est une de nos plantes médicinales les plus précieuses. Elle agit toujours sûrement.

NICOTIANA TABACUM. L.

(Dédié à Jean Nicot, ambassadeur de France en Portugal, d'où il rapporta le tabac en 1560.)

Syn. : *Grand Tabac, Nicotiane, Herbe à la reine, Herbe à l'ambassadeur, Herbe à tous les maux, Médicée, Catherinaire, Herbe du grand prieur.*

(SOLANÉES.)

Plante annuelle de 1 à 2 mètres, cultivée dans quelques jardins. Elle fleurit en juillet.

La tige est dressée, arrondie, rameuse, pubescente. Les feuilles sont vertes, molles, très amples, oblongues, lancéolées, acuminées, sessiles, amplexicaules, légèrement décurrentes, pubescentes, visqueuses. Les fleurs sont rosées ou d'un vert rougeâtre, grandes, en panicule étalée, terminale et munie de bractées; la corolle est tubuleuse; la capsule est ovale.

Le tabac est originaire de l'Amérique. Christophe Colomb remarqua que les indigènes des Antilles fumaient les feuilles sèches du tabac dans un tube grossier qu'ils nommaient *tabacos*. Ils attribuaient à cette plante des propriétés merveilleuses. A Saint-Domingue, les habitants se servaient d'une sorte de pipe, *tabacco*. En 1518, le grand navigateur fit parvenir de la graine en Europe. On l'y cultiva d'abord comme plante médicinale et ornementale. Vers 1558, un moine, André Thevet, importa en France le « *Tabac herbe parfum fort salubre pour faire distiller et consumer les humeurs superflues du cerveau, qui fait passer la faim et la soif, et dont les chrestiens établis en Amérique sont devenus merveilleusement frians* ».

« La vogue que l'usage du tabac a obtenue dans tous les pays est un des faits les plus singuliers que l'histoire de l'homme puisse offrir. Une plante est ignorée en Amérique; vers 1560, elle est apportée en Europe; son odeur est repoussante, sa saveur est désagréable; elle blesse les tissus avec lesquels on la met en rapport; tout semble devoir la tenir éloignée de l'homme. Eh bien! il arriva tout le contraire. Avec cette production, l'homme imagina de tourmenter deux de ses surfaces sensitives: celle de l'odorat et celle du goût. Ces agressions lui plaisent, lui sont agréables; elles deviennent même pour lui des jouissances. Dès lors, le crédit de la nicotiane est assuré, tous les jours, elle acquiert de nouveaux prosélytes; en vain on porte des lois prohibitives contre cette plante, en vain on punit ceux qui s'en servent, son action a créé un nouvel appétit qu'il faut satisfaire. L'effet narcotique de cette plante serait plus propre à détourner de son emploi qu'à le mettre en faveur. On ne supporte ces influences stupéfiantes que lorsqu'elles conduisent à des visions délicieuses, à des rêves enchanteurs, comme le font les compositions exhilarantes des Orientaux: l'action du tabac ne produit rien de semblable. » (Barbier.)

Jean Nicot, ambassadeur de France en Portugal, sous Charles IX, en 1560, en envoya à Marie de Médicis. A la même époque, Hernandez d'Oviédo l'introduisit en Espagne, Francis Drake, en Angleterre, le cardinal de Santa-Cruz et Cisalpin en Italie, Gessner en Allemagne.

On réduisit d'abord le tabac en poudre et on le prisa. Cette singulière innovation fut d'abord regardée comme dangereuse. En 1604, Jacques Ier, roi d'Angleterre, en 1624, le pape Urbain VIII, défendirent l'usage de cette plante sous des peines très sévères. En Turquie et en Perse, on menaça même de couper le nez des priseurs, mais le tabac était d'autant plus recherché, qu'on rencontrait d'obstacles. On ne se contenta plus de le priser, on le fuma et on le mâcha. L'usage de le fumer se développa d'abord en Portugal et en Espagne.

Au moment de la récolte, les feuilles sont essuyées et triées avec soin. On les enfile et on en forme des paquets d'une cinquantaine ou d'une centaine (*manoques*). On suspend ces paquets dans des lieux bien aérés ; les feuilles se dessèchent. On les examine alors une à une pour en retirer les parties attaquées : c'est l'*époulardage*. On les arrose plusieurs fois avec une solution aqueuse de sel marin, c'est le *mouillage*. Dans certains cas, au lieu de sel, on met dans l'eau de la mélasse ou de l'eau-de-vie. On détache alors et on enlève la côte médiane, c'est l'*écôtage*. On mêle enfin ensemble les diverses qualités de feuilles pour corriger les plus faibles par les plus fortes. Alors s'opère la séparation du tabac à fumer et du tabac à priser. On mouille de nouveau le premier avec de l'eau pure et on le laisse fermenter quelque temps. On le hache ensuite grossièrement et on l'expose sur une platine à un feu doux qui le fait crisper, c'est le *frisage*. Ainsi préparé, on roule le tabac dans des feuilles entières et on le tord pour en former une corde qui, tordue sur elle-même, produit un *rôle*. Ces cordes sont coupées en lames minces dont on sépare les feuillets, ce qui donne le tabac à fumer ordinaire ou tabac frisé. On façonne ce même tabac en petits cylindres atténués aux extrémités et on obtient les cigares.

Le tabac à priser est mouillé avec de l'eau salée. On le laisse aussi fermenter quelque temps, puis on coupe les rôles en morceaux d'égale longueur, que l'on place dans des moules cerclés de fer, où ils sont foulés et comprimés. On les retire de ces moules et on les entoure de ficelle très serrée. Il en résulte des *carottes* que l'on râpe de diverses manières pour le réduire en poudre. (Moquin-Tandon.)

Les feuilles du tabac ont été analysées par Vauquelin, Posselt et Riemann, qui y ont trouvé de la *nicotine*, de la *nicotianine*, un extractif, de la gomme, de la chlorophylle, de l'albumine, du gluten, de l'amidon, de l'acide malique, du muriate d'ammoniaque, du nitrate, du muriate de potasse et certains sels. Les feuilles fraîches exhalent une odeur vireuse, désagréable.

La *nicotine* est un liquide fluide, transparent, incolore, anhydre, s'épaississant et devenant jaunâtre, puis brun, au contact de l'air ; son odeur est âcre. La *nicotianine* est solide : c'est une espèce d'huile volatile, insoluble dans l'eau, soluble dans l'alcool et l'éther. L'odeur de la nicotianine est celle du tabac. La saveur de la nicotine est brûlante, celle de la nicotianine amère.

Le tabac a des propriétés irritantes, purgatives, narcotiques et diurétiques. C'est un narcotico-âcre. Physiologiquement, il se rapproche des autres solanées vireuses, mais il en diffère aussi complètement sous plusieurs rapports. La nicotine ne ressemble pas aux alcaloïdes des autres solanées. Elle n'agit pas comme caustique (Praag). Son application n'occasionne aucune douleur. Après son ingestion, on remarque une accélération de la respiration suivie d'un ralentissement. Cl. Bernard a observé un certain bruit qui se produit pendant la respiration. Il y a des crampes, du spasme du globe de l'œil, des tremblements et de l'adynamie. La nicotine donne aussi de l'hypersalivation. La sécrétion urinaire n'est pas modifiée. En résumé, l'action est d'abord excitante, puis déprimante.

L'abus du tabac peut donner lieu à des accidents aigus ou chroniques. L'empoisonnement aigu se produit accidentellement ou criminellement, les lotions au jus de tabac, la déglutition involontaire d'une chique, et, par plaisanterie, le dépôt de tabac à priser dans le verre d'une personne attablée. La nicotine est un violent poison : quelques gouttes de cet alcaloïde instillées sur la conjonctive d'un chien le tuent en peu de minutes ; 1 à 3 milligrammes de nicotine pure suffisent pour donner lieu à des symptômes sérieux. Les nausées, les vomissements, les douleurs abdominales, les syncopes, la dilatation de la pupille, le ralentissement de la circulation et le refroidissement des extrémités sont les signes de cette intoxication. Dans ce cas, on administre des cordiaux, des spiritueux, du café, du thé, de la strychnine, du tannin, une décoction d'écorce de chêne.

L'empoisonnement chronique, le *nicotisme*, se manifeste une dizaine d'années après l'usage d'un tabac très fort. Les fumeurs de cigares y sont plus sujets. Il y a d'abord des troubles de la digestion, de la circulation : palpitations de cœur, arythmie, tremblements. On observe parfois de véritables crises d'angine de poitrine (*angine des fumeurs*, Beau). Les fumeurs doivent éviter d'avaler la fumée, car, dans ce cas, la nicotine agit directement sur la muqueuse gastrique. Ils doivent choisir une pipe à long tuyau pour refroidir la fumée ; les pipes courtes provoquent une inflammation des lèvres et peuvent déterminer le cancer des fumeurs.

Le Dr Richer, d'Amiens, a remarqué que le tabac a une action sur la mémoire des mots.

Une pipe, imprégnée de nicotine, *culottée*, pour employer l'expression vulgaire, est plus irritante qu'une autre. Il faut, en outre, éviter de fumer à jeûn. Quand l'estomac renferme un peu de café ou de vin, les effets de la nicotine sont bien atténués.

On a conseillé le tabac contre les dermatoses, la gale, la teigne. Fowler, médecin anglais, l'employait dans l'ascite.

On administrait autrefois la poudre de tabac à l'intérieur. Ce médicament est trop dangereux et trop infidèle pour le recommander. Il irrite la muqueuse de l'estomac, cause des nausées et des vomissements, un état spécial d'anxiété, puis l'irritation se propage à l'intestin et détermine des coliques et des évacuations avec du ténesme. Il donne aussi des tremblements, des vertiges et des troubles intellectuels avec torpeur. On a encore à déplorer trop souvent des empoisonnements par le tabac. « Santeuil, célèbre par ses poésies et ses bons mots, est mort victime d'une malheureuse plaisanterie ; on versa, à son insu, une certaine quantité de tabac d'Espagne dans le vin qu'il allait boire. » (Barbier.)

Si l'on applique le tabac sur la peau quand il y a plaie, les principes actifs de la plante sont absorbés par l'économie, et on observe alors des vertiges, des mouvements convulsifs, des vomissements, de la diarrhée, des sueurs et des *urines abondantes*. L'effet diurétique du tabac dans ce cas est tout à fait remarquable. Fouquier, médecin de la Charité, a rapporté l'observation suivante : un homme, atteint de gale, se frictionnait les membres matin et soir avec une décoction de tabac ; le deuxième jour, il survint des nausées, des vomissements avec des envies fréquentes d'uriner. Le malade avait, en outre, un goût de tabac très prononcé dans la bouche. (*Bulletin de la Faculté de médecine*, no 8, 1819.)

Aujourd'hui on préconise encore la décoction de tabac en

lavements dans l'asphyxie, les paralysies, les hernies étranglées, les obstructions intestinales, pour détruire les ascarides. C'est un médicament dangereux qu'on doit proscrire de la thérapeutique. L'absorption du tabac par les muqueuses produit toujours de la torpeur et des vomissements. On a vanté la fumée de tabac dans l'asthme. On conseillait aussi autrefois le sirop de nicotiane dans les catarrhes chroniques des bronches. On a remarqué que les ouvriers des manufactures de tabac sont préservés des fièvres intermittentes. Les peintres calment leurs coliques en s'appliquant sur le ventre des compresses imbibées de décoction de nicotiane. L'usage du tabac comme errhin et masticatoire est bien connu.

On recommande aussi quelquefois des fomentations avec les feuilles fraîches ; les fumigations et les lavements se font avec les feuilles sèches. On compose un vin et un sirop de tabac.

Nicotiana rustica. L. (Tabac femelle, Tabac du Mexique, Tabac à feuilles rondes) jouit des mêmes propriétés. C'est cette espèce qui fournit la plus grande partie du tabac de la Corse et peut-être l'*aloutcha* de la Crimée.

DATURA STRAMONIUM. L.

(De *tat*, piquer, dont les Persans ont fait *tatula* et les Arabes *datura*.)

Syn. : *Stramoine pomme épineuse*, *Herbe aux sorciers*, *Chasse-taupe*.

(SOLANÉES.)

Plante annuelle de 40 centimètres à 1 mètre, croissant surtout dans les décombres. Elle fleurit en juillet.

La tige est herbacée, glabrescente, cylindrique, rameuse. Les feuilles sont pétiolées, grandes, ovales, aiguës, anguleuses, sinuées, à dents acuminées. Les fleurs sont blanches ; le calice est tubuleux, d'un vert pâle, un peu renflé inférieurement, à cinq côtes saillantes ; la corolle est infundibuliforme. L'ovaire est surmonté d'un style cylindrique. Le fruit est une capsule ; il est hérissé d'aiguillons robustes et présente quatre loges. Les graines sont brunâtres, réniformes; les plus mûres paraissent plus foncées.

Toutes les parties de la plante sont vénéneuses. On emploie particulièrement les feuilles et les semences. Prommitz a analysé les feuilles fraîches. Elles contiennent un extractif gommeux, un autre extractif, de la fécule, de l'albumine, de la résine, des sels et du ligneux. Brandes a découvert dans les feuilles et les semences, l'alcaloïde, *la daturine,* qui se présente sous la forme de petites aiguilles brillantes et réunies en aigrettes. Elle est incolore, inaltérable à l'air et plus dense que l'eau. Elle est âcre et amère. Le datura renferme aussi de l'atropine. La daturine et l'atropine ont à peu près les mêmes propriétés. La daturine dilate la pupille plus rapidement que l'atropine, mais la dilatation dure moins longtemps. Elle n'est jamais suivie de contraction pupillaire. On ne peut dépasser la dose de 4 milligrammes en instillations sur l'œil sans y déterminer de la conjonctivite avec douleur. Les congestions générales sont plus marquées, sans éruption scarlatiniforme. La céphalalgie est plus vive, le pouls plus rapide. Elle excite le système génito-urinaire (Charpentier).

Les feuilles du datura ont une odeur vireuse et nauséabonde, leur saveur est âcre et amère. L'odeur disparaît en partie par la dessiccation.

La pomme épineuse est la plus redoutable de nos solanées vireuses. Storck l'a employée le premier contre la folie et l'épilepsie. On donne les feuilles et la tige en poudre avec du sucre pulvérisé. L'extrait et la teinture sont aussi usités. L'action du datura ressemble à celle de la belladone. Ces deux plantes sont calmantes, antispasmodiques et produisent les mêmes symptômes cérébraux. On conseille l'usage de l'extrait de datura dans les convulsions et dans la paralysie.

On peut employer la pomme épineuse dans tous les cas où la belladone est indiquée : dans la coqueluche, les névralgies, le rhumatisme, l'épilepsie, l'asthme. Dans ce dernier cas, on fait fumer les feuilles soit seules, soit mélangées au tabac. Moreau l'a préconisée contre les hallucinations. Il a publié à ce sujet dix observations concluantes.

Les feuilles du datura sont sédatives. On les emploie surtout en cataplasmes dans le lumbago et la sciatique et en fumigations dans l'asthme.

On les administre aussi en cigares, en poudre (0,05 à 0,20) en suc, en infusion, en extrait, en huile. Les graines de datura fournissent 11 0/0 d'extrait (Soubeiran). On en prépare un vin, un extrait et une teinture. Cette dernière préparation est indiquée en frictions contre les névralgies faciales.

Quelques éleveurs donnent les graines de datura aux chevaux et aux porcs pour exciter leur appétit et les faire dormir plus longtemps. C'est une mauvaise pratique qui compromet souvent la santé des bêtes.

Certains jardiniers cultivent cette plante dans leurs parterres et leurs potagers. Il paraît que son odeur éloigne les taupes.

HYOSCYAMUS NIGER. L.

(Du grec *hys*, porc, *cyamos*, fève : fève de porc.)

Syn. : *Jusquiame noire*, *Herbe aux engelures*, *Mort aux poules*, *Porcelet*, *Hannebane*, *Careillade*.

(SOLANÉES.)

Plante annuelle ou bisannuelle, de 30 à 80 centimètres, croissant dans les décombres, aux bords des chemins. Elle fleurit en juin.

La tige est dressée, robuste, cylindrique, velue, visqueuse, d'un vert grisâtre, rameuse supérieurement. Les feuilles sont molles, douces au toucher, les radicales pétiolées, en rosette, les caulinaires, sessiles, amplexicaules, grandes, ovales, aiguës, sinuées, pubescentes, visqueuses ; elles sont quelquefois presque pinnatifides. Les fleurs sont unilatérales, d'un jaune sale, veinées de lignes violacées, avec des taches d'un violet foncé dans le fond de la gorge. La capsule est renflée à la base, elle est enveloppée par le calice qui la dépasse ; elle s'ouvre transversalement par un opercule supérieur (pyxide). Les graines sont nombreuses, presque réniformes, comprimées grisâtres. La racine est peu épaisse, blanchâtre.

Schroff a étudié les effets physiologiques de la jusquiame sur plusieurs personnes bien portantes et a fait les observations suivantes :

Système nerveux. — Peu après l'ingestion de la poudre ou de l'extrait, il y a de la céphalalgie avec une sensation spéciale de compression dans les régions temporales, il y a, en outre, des douleurs orbitaires, de la sensibilité de la rétine à la lumière, des éblouissements, des vertiges, du sommeil troublé par des rêvasseries, la conjonctive est rouge, il y a un larmoiement continuel, la dilatation pupillaire n'est pas constante. A plus haute dose, la céphalalgie est plus vive, les vertiges plus fréquents, il y a une sensation de chaleur à l'intérieur du crâne, de l'agitation, de l'anxiété, du coma vigil ; les troubles de la vue sont plus marqués. On a cru remarquer que la jusquiame excitait la colère. Barbier rapporte le fait suivant : « Deux époux vivant partout en bonne intelligence, se querellaient toujours lorsqu'ils se trouvaient ensemble dans un appartement : ou reconnut que l'air y recevait les vapeurs d'un paquet de graines de jusquiame que le tuyau d'un poële échauffait fortement. »

Système musculaire. — Il y a des convulsions, des contractures ; lorsqu'il y a congestion cérébrale, on observe de la résolution musculaire.

Système digestif. — On remarque de la sécheresse de la bouche et de la gorge ; la déglutition est difficile ; l'appétit est excité ; il y a des coliques violentes.

Système circulatoire. — Le pouls est lent, irrégulier, variable, la face est congestionnée.

Système respiratoire. — Il y a de la dyspnée.

Les urines et les sueurs sont plus abondantes après l'usage de la jusquiame. Greding a remarqué des éruptions diverses.

« Le Dr Ratier prit le 12 septembre 1821, à jeun, dix grains d'extrait alcoolique de jusquiame que Planche avait préparé pour les essais du professeur Fouquier ; une heure après, céphalalgie, légère d'abord, qui va en augmentant ; empâtement de la bouche avec une perversion singulière du goût ;

impossibilité de reconnaître la saveur des corps, langue blanche, beaucoup de sécheresse et de la chaleur à la gorge, peau chaude et halitueuse, pouls un peu accéléré, légère tendance au sommeil ; au réveil, pupilles dilatées, affaiblissement notable de la vue ; démarche chancelante, engourdissement des extrémités inférieures, facultés intellectuelles libres. Au bout de quatre heures, ces phénomènes avaient cessé, seulement la sécheresse de la bouche et la saveur désagréable persistaient jusqu'au lendemain. Le Dr Ratier renouvela cette expérience dix jours après, et il obtint les mêmes résultats. » (*Arch. gén. de médecine.* Mars 1823.)

La jusquiame a une odeur vireuse fort désagréable ; elle a une saveur douce. Elle jouit de propriétés sédatives. On récolte les feuilles au moment de la floraison, les graines, lorsque les fruits sont bien mûrs. Quand la plante est bisannuelle, il faut recueillir les feuilles la seconde année. L'alcaloïde de la jusquiame est l'*hyoscyamine* que Brandes appela d'abord *hyoscyamin* (1822). La plante renferme, en outre, de l'*hyoscine*, une petite quantité d'atropine, de la résine, de mucilage, de l'extractif et de l'acide malique. Doebereiner en a retiré du phosphate de magnésie.

L'hyoscyamine cristallise en aiguilles soyeuses, elle est soluble dans l'eau. C'est un excellent calmant de la toux. Comme hypnotique, elle est inférieure à la morphine. Schroff la prescrit mêlée au sucre pulvérisé. Elle dilate plus fortement la pupille que l'atropine. L'hyoscyamine a la rapidité d'action de la daturine, est un peu moins énergique que l'atropine avec prédominance dans la durée. Elle ne détermine ni la congestion de la daturine, ni la contraction pupillaire qui suit quelquefois les instillations d'atropine. Elle a une action plus spéciale sur le tube digestif, où elle détermine des douleurs, des coliques avec selles diarrhéiques. Son action purgative est très intense. Le délire est plus calme qu'avec les autres alcaloïdes des solanées vireuses. Le sommeil est presque comateux ; les hallucinations sont très marquées. L'action de l'hyoscyamine est moins intense que celle de l'atropine qui est elle-même moins active que la daturine.

On conseille les feuilles de jusquiame contre les affections du système nerveux. On en fait aussi des cataplasmes qu'on applique sur les tumeurs de mauvaise nature. Ces topiques calment souvent les douleurs. On les préconisait aussi contre certains ulcères. On vantait autrefois la poudre de feuilles contre la manie, l'épilepsie, l'hypocondrie, les névralgies. Stoll préférait la jusquiame à l'opium dans le traitement de la colique de plomb ; en calmant la douleur, elle ne détermine pas de constipation.

Méglin s'est servi avec succès de l'extrait de jusquiame pour combattre la névralgie faciale.

On administre les feuilles sous forme de poudre (0.20 à 0.60), de suc, d'infusion (2 gr. dans 150 gr. d'eau pour usage interne ; 10 gr. dans 500 gr. d'eau pour usage externe), de fumigations, d'extrait, de teinture, d'alcoolature, d'huile. Fumées sous forme de cigarettes, les feuilles calment la dyspnée. L'extrait de jusquiame est la substance active des pilules de Méglin. Les feuilles de jusquiame entrent dans la composition de l'*onguent populeum*.

L'hyoscyamine est beaucoup plus usitée aujourd'hui que les préparations de jusquiame. On la prescrit ordinairement en granules contre la chorée, l'épilepsie, etc.

Quand on est en présence d'un cas d'empoisonnement produit par une solanée vireuse : belladone, datura, jusquiame, etc., il faut d'abord administrer un vomitif ou un purgatif pour expulser la substance toxique : un vomitif, quand elle est encore dans l'estomac, un purgatif, lorsqu'elle est dans l'intestin ; on prescrira quelques verres d'eau iodurée (Roux de Brignolles), des acides, des boissons froides ; les bains froids seront employés avec avantage et on pratiquera immédiatement une injection sous-cutanée de sulfate de morphine, ou bien on donnera à l'intérieur l'opium à hautes doses et spécialement le laudanum de Sydenham.

VERBASCUM THAPSUS. L.

(Altération de *barbascum*, barbu : plante couverte d'un duvet cotonneux.)

Syn. : *Bouillon-blanc, Molène, Cierge de Notre-Dame, Oreilles, de Saint-Cloud, Herbe de Saint-Fiacre, Bonhomme*; en picard : *Queue de loup.*

(VERBASCÉES.)

Plante bisannuelle de 50 centimètres à 2 mètres, commune dans les lieux incultes. Elle fleurit en juillet.

La tige est robuste, cylindracée, ordinairement simple, effilée, cotonneuse. Les feuilles sont épaisses, un peu crénelées, ovales, lancéolées, les radicales atténuées en pétiole, les autres décurrentes d'une feuille à l'autre. Les fleurs sont grandes, d'un jaune pâle, en épi compact. La corolle est plus grande que le calice. La capsule est ovale.

Les fleurs de bouillon-blanc sont béchiques et pectorales. Elles font partie des fleurs pectorales. On les emploie dans les bronchites et les pneumonies, dans l'entéro-colite muco-membraneuse, sous forme d'infusion (20 gr. par litre d'eau. Avoir soin de passer à travers un linge pour en séparer les poils des étamines). L'infusion de feuilles (20 gr. par litre d'eau) est dépurative et laxative. Elle est indiquée dans les affections cutanées et la constipation.

En médecine populaire, le bouillon-blanc jouit d'une grande vogue. On applique les feuilles réduites en cataplasmes sur les furoncles, les hémorroïdes, les dartres, les ulcères, comme émollientes. On les fait cuire dans du lait et on fait prendre trois verres par jour de ce breuvage calmant. Les feuilles et les graines du bouillon-blanc sont narcotiques. Pilées et jetées dans les viviers et les rivières, elles font mourir les poissons.

Verbascum thapsiforme, Schrad. (Molène à grandes fleurs), *V. floccosum*, Waldst. (Bouillon-blanc floconneux), *V. lychnitis*, L. (Bouillon-blanc lychnis), *V. nignum*, L. (Molène noire), *V. blattaria*. L. (Herbe aux mites), jouissent des mêmes propriétés.

VERONICA OFFICINALIS. L.

(Dédiée à sainte Véronique.)

Syn. : *Véronique officinale, Véronique mâle, Thé d'Europe, Herbe aux ladres.*

(Scrofulariées.)

Plante vivace, de 10 à 40 centimètres, commune dans les bois et les pâturages. Elle fleurit en mai.

Les tiges sont dures, couchées, diffuses, radicantes à la base, redressées au sommet, cylindriques, velues. Les feuilles sont opposées ou ovales arrondies, dentées en scie, un peu velues. Les fleurs sont d'un bleu pâle, petites, en grappes spiciformes sur des pédoncules axillaires. Le calice est poilu, à quatre lobes inégaux, lancéolés. La corolle dépasse peu le calice. La capsule est velue, triangulaire, obcordée, échancrée au sommet..

La saveur du thé d'Europe est amère et aromatique. Ses propriétés sont légèrement excitantes, toniques, stomachiques, digestives, amères, astringentes et vulnéraires. On administre les sommités, en infusion, dans les catarrhes bronchiques (10 à 20 gr. de sommités par litre d'eau). On conseillait autrefois la véronique dans la dyspepsie, l'ictère, la goutte. Il paraît que l'infusion de véronique facilite le travail intellectuel.

La véronique officinale entre dans la composition du *Faltrank* ou *Thé suisse*.

Veronica chamœdrys, L. (Véronique petit-chêne, Herbe-Thérèse, Véronique femelle, Fausse Germandrée) possède des propriétés analogues.

Veronica teucrium. L. (Véronique Germandrée, Germandrée bâtarde, Véronique des prés, Teucriette) jouit de propriétés amères, stimulantes et sudorifiques.

VERONICA BECCABUNGA. L.

(De l'allemand *Bach*, ruisseau, *Bunge*, tambour.)

Syn. : *Véronique beccabonga, Cresson de cheval, Salade de chouette.*

(SCROFULARIÉES.)

Plante vivace, de 20 à 60 centimètres, commune aux bords des étangs, dans les endroits marécageux. Elle fleurit en juin.

Les tiges sont couchées, radicantes, puis redressées, épaisses, cylindriques. Les feuilles sont opposées, ovales ou elliptiques-obovales, obtuses. Les fleurs sont bleues, petites, en grappes axillaires opposées, les pédicelles sont filiformes, le calice est glabre, la corolle dépasse peu celui-ci. La capsule est suborbiculaire.

Le cresson de cheval a une saveur piquante et amère. Il est tonique et antiscorbutique.

Au printemps, on mange les jeunes pousses en salade ; on les mélange avec les feuilles de pourpier, de cresson et d'épinard.

Veronica anagallis. L. (Véronique-mouron) possède les mêmes propriétés.

SCROFULARIA AQUATICA. L.

(Du latin *Scrofulæ*, scrofules : allusion à de prétendues propriétés médicales.)

Syn. : *Scrofulaire aquatique, Herbe du siège, Bétoine aquatique.*

(SCROFULARIÉES.)

Plante vivace de 50 centimètres à 1 mètre, commune dans les marais, aux bords des rivières. Elle fleurit en juin.

La tige est glabre ou pubérulente, creuse, à quatre angles ailés. Les feuilles sont ovales-oblongues, obtuses, cordiformes, non décurrentes. Les fleurs sont d'un brun rougeâtre, en cymes, les pédicelles sont une à deux fois plus longs que le calice. La capsule est subglobuleuse, apiculée.

Cette plante était autrefois vantée dans les engorgements ganglionnaires. Elle jouit de propriétés vulnéraires.

SCROFULARIA NODOSA. L.

Syn. : *Scrofulaire noueuse, Grande scrofulaire, Scrofulaire des bois, Herbe aux écrouelles.*

(Scrofulariées.)

Plante vivace, de 40 à 80 centimètres, commune dans les bois ombragés, dans les lieux humides. Elle fleurit en juin.

La tige est dressée, pleine, à quatre angles non ailés ; les feuilles sont ovales-lancéolées, aiguës, cordiformes ou tronquées à la base, dentées en scie. Les fleurs sont d'un brun olivâtre, en panicule étroite ; les pédicelles sont deux à quatre fois plus longs que le calice. La capsule est ovoïde conique. La racine est noueuse.

L'odeur de cette scrofulaire est désagréable. On préconisait autrefois cette plante contre les abcès ganglionnaires cervicaux, dans le goitre, les affections cancéreuses et la gale. Elle a des propriétés vulnéraires, dépuratives et résolutives. Il faut se servir de la plante fraîche. L'infusion (15 gr. pour 1 litre d'eau) est conseillée dans les affections cutanées. On prescrivait autrefois les racines qui sont purgatives et vomitives. Cette scrofulaire a joui jadis d'une grande vogue dans le Nord où on l'employait surtout contre la rage. On pilait la tige et les feuilles qu'on étendait ensuite sur des tartines de pain beurré.

DIGITALIS PURPUREA. L.

(Du latin *digitus*, doigt, ou *digitale*, dé : forme de la corolle.

Syn. : *Digitale pourprée, Gantelée, Doigtier, Gants de Notre-Dame, Péterelle.*

(Scrofulariées.)

Plante bisannuelle ou vivace, de 50 centimètres à 1 m. 50, croissant dans les terrains siliceux, dans les bois et les lieux incultes. Elle fleurit en juin.

La tige est dressée, robuste, cylindrique, creuse, pubescente, ordinairement simple. Les feuilles sont ovales-oblongues, crénelées, pubescentes, blanchâtres-tomenteuses, ridées et verdâtres en dessous. Les fleurs sont rouges, tachées de pourpre foncé en dedans, très grandes, pendantes, en grappes unilatérales. Le calice est velu, persistant, à lobes ovales oblongs, mucronés ; la corolle est gamopétale, à peu près campaniforme, glabre en dehors. La capsule est ovoïde, acuminée, tomenteuse, dépassant le calice, les graines sont nombreuses, très petites, brunes.

De toutes les parties de la plante : racine, fleurs, semences, feuilles, ce sont les dernières les plus actives. Il faut recueillir les feuilles de la seconde année un peu avant la floraison, dans un lieu découvert, sec et bien exposé au midi.

La *digitaline* a été découverte et extraite des feuilles en 1844 par Homolle et Quevenne ; en dehors de ce principe, on y trouve encore : la *digitoxine*, la *digitaléine* ou *digitonine*, de l'acide antirrhinique, de l'acide tannique, de l'amidon, du sucre, de la pectine, une matière azotée albuminoïde, une matière colorante rouge, de la chlorophylle, une huile volatile, du ligneux. Le nitrate de potasse est le seul sel important à signaler dans la digitale. Un seul de ces produits est employé en médecine, *la digitaline* ; sauf la *digitaléine*, qui a une action vomitive assez énergique et auquel il faudrait rattacher les troubles de la vue observés après l'ingestion de la digitale. les autres substances n'ont pas d'action bien marquée sur l'économie.

La *digitaline* est en fragments d'un jaune pâle. Elle a une amertume très intense ; une odeur *sui generis*. Elle est peu soluble dans l'eau, mais très soluble dans l'alcool. C'est la *digitaline amorphe* (Homolle et Quévenne). La *digitaline cristallisée* (Nativelle) est beaucoup plus active.

Homolle et Quévenne ont fait des expériences avec la digitale et la digitaline. Ils ont observé que la digitaline détermine, à très petites doses un ralentissement de la circulation. Déposée sur le derme, elle exerce une action irritante locale. La dose nécessaire pour produire un effet sur la circulation est de 2 à 4 milligrammes par jour, équivalant à peu près à 0. 20 et 0. 40 centigrammes de digitale. Non seu lement cette action persiste après la cessation de l'usage d médicament, mais elle s'accroît souvent. La dose de digitalin administrée atteint son maximum d'action de quatre à six heu res après l'ingestion. L'accoutumance ne s'établit pas pour l digitale et la digitaline. On donne ce dernier médicamen deux heures environ avant le repas, mais il vaut mieux sou mettre le malade au régime lacté pendant le traitement. Un dose trop forte produit des vomissements et de la diarrhée

La digitale et la digitaline ont une influence marquée su la température. Bouley et Reynal ont observé une élévatio de température après l'ingestion d'une dose toxique ; à dos thérapeutique, il y a, au contraire, abaissement thermique Duméril, Démarquay et Lecointe ont fait la même remarqu que Bouley et Reynal, tandis que Traube, de Berlin, a vu la température s'abaisser.

Les propriétés thérapeutiques de la digitaline ont été sur tout bien étudiées par Bouillaud. Les effets du médicamen portent sur les organes de la circulation, de la digestion, su les reins et sur les centres nerveux.

Action sur la circulation. — Dès le lendemain de l'adminis tration, le pouls est influencé. Le maximum d'effet est attein après huit ou quinze jours. Cette action consiste en une diminution dans le nombre des contractions du cœur; or remarque rarement de l'accélération. Il ne faut jamais con tinuer l'usage de la digitaline plus de dix jours (Bouillaud)

Action sur l'estomac et les intestins. — A dose élevée, la digitale et la digitaline produisent des symptômes d'irritation sur les voies digestives : nausées, coliques, vomissements quelquefois diarrhée.

Action sur la respiration. — D'après les professeurs de l'École d'Alfort, il y a un ralentissement notable de la respi ration. Joret, Bouillaud et Paul Duroziez n'ont pas fait la même remarque.

Action diurétique et action élective sur les organes génitaux. — On a douté d'abord que la digitaline possédât l'action diurétique de la plante. Homolle et Quévenne, Hervieux, Strohl, Andral, Lemaistre et Christison ont présenté des observations concluantes à ce sujet. La digitaline est réellement diurétique. Brughmans prétendait qu'elle a une action hyposthénisante sur les organes génitaux et l'ordonnait dans les cas de chancres, de blennorrhagies, pour combattre l'éréthisme. Bouchardat l'a employée avec succès contre l'érotomanie et la nymphomanie.

La digitale agit dans les inflammations en s'attaquant à l'élément *fièvre.* Elle fait baisser la température en ralentissant la circulation (Traube, Hirtz, *Bulletin de thérapeutique*). Les principales propriétés de la digitale sont donc de ralentir la circulation en diminuant la fréquence des contractions cardiaques, d'abaisser la température, de favoriser la diurèse et de calmer le système nerveux. Les maladies dans lesquelles on conseille la digitale se groupent sous trois chefs: *maladies de cœur, phlegmasies, ascite.*

Elle est surtout indiquée dans les inflammations parenchymateuses ou séreuses.

On l'a recommandée dans les anévrysmes du cœur, les palpitations nerveuses, l'anasarque, la néphrite albumineuse, l'asthme idiopathique nerveux, la tuberculose, l'épilepsie (Duclos et Aneille), la manie (Homolle et Quévenne, Robertson, Dumesnil et Lallier), la spermatorrhée (Corvisart, Laroche), les blennorrhagies, blennorrhées, chancres, les fièvres intermittentes (Bouillaud), la fièvre typhoïde, le delirium tremens, la métrorrhagie, l'inertie de l'utérus (Delpech, Trousseau), la fièvre puerpérale (Serre, Delpech), la pneumonie (Rasori, Hirtz, Millet), le rhumatisme (Hirtz, Pulmore).

On administre la digitale en poudre (10 à 30 centigr. rarement plus), en suc, en infusion (0.50 pour 100 gr. d'eau), en teinture, en alcoolature, en vin (vin diurétique de l'Hôtel-Dieu. — Trousseau), en extrait, en sirop.

Dans le cas de palpitations de cœur, on applique quelquefois sur la région précordiale une compresse imbibée de quelques gouttes de teinture de digitale. Il faut avoir soin de recouvrir le linge d'un tissu imperméable.

On emploie la digitaline en granules de 1 milligramme (Homolle et Quévenne), en sirop, en pommade. Les granules de digitaline cristallisée de Nativelle sont dosés à 1/4 de milligramme.

La digitale pourprée est un médicament de la plus haute importance. Elle a été appelée à juste titre le « Quinquina du cœur. »

Digitalis lutea. L. (Digitale jaune, Digitale à petites fleurs) jouit à peu près des mêmes propriétés.

ANTIRRHINUM MAJUS. L.

(Du grec *anti*, comme, *rhin*, mufle : forme de la corolle.)

Syn. : *Gueule de loup, Gueule de lion, Muflier, Pantoufle, Mufle de veau, Tête de mort.*

(SCROFULARIÉES.)

Plante vivace, de 40 à 60 centimètres, commune sur les vieux murs, sur les talus des chemins de fer, sur les coteaux. Elle fleurit en juin. La tige est dressée, simple ou rameuse. Les feuilles sont lancéolées, lancéolées-linéaires, glabres. Les fleurs sont purpurines ou d'un b'anc jaunâtre, grandes, en grappe terminale; le calice est poilu, à lobes ovales-obtus, la corolle est gibbeuse à la base, poilue; la capsule est ovale, poilue, plus longue que le calice.

On employait autrefois cette plante comme vulnéraire.

LINARIA VULGARIS, MŒNCH.

(Du latin *linum*, lin : les feuilles de plusieurs espèces ressemblent à celles du lin.)

Syn. : *Linaire commune, Muflier, linaire Chasse-venin, Lin sauvage.*

(SCROFULARIÉES.)

Plante vivace, de 30 à 80 centimètres, commune dans les lieux incultes. Elle fleurit en juillet.

La tige est dressée, assez robuste, simple ou rameuse. Les

feuilles sont lancéolées linéaires, glaucescentes. Les fleurs sont d'un jaune soufre à palais orangé, en grappes spiciformes serrées; le calice est glabre; la corolle présente un éperon un peu courbé, conique; la capsule est ovoïde; les graines sont ailées.

Les feuilles et les fleurs sont émollientes, dépuratives et diurétiques. Autrefois on se servait de l'onguent de linaire contre les hémorroïdes. En voici la préparation : Faire bouillir toute la plante dans l'axonge jusqu'à ce que le liquide ait pris une teinte verdâtre, ajouter alors un jaune d'œuf et laisser refroidir. L'infusion de linaire (30 gr. par litre d'eau) est recommandée dans les affections cutanées.

Linaria cymbalaria. Mill (Cymbalaire), *Linaria spuria.* Mill (Velvote), ont des propriétés vulnéraires.

PEDICULARIS PALUSTRIS. L.

(Du latin *pediculus*, pou : les pédiculaires passaient pour donner des poux aux bestiaux.)

Syn. : *Pédiculaire des marais*, *Herbe aux poux*, *Tartarie rouge.*

(Scrofulariées.)

Plante bisannuelle, de 20 à 60 centimètres, assez commune dans les marais. Elle fleurit en mai.

La tige est dressée, rameuse; les feuilles sont pinnatiséquées, à segments incisés. Les fleurs sont roses, brièvement pédonculées; le calice est velu, ovale renflé, bilabié; la corolle est glabre. La capsule dépasse un peu le calice.

La pédiculaire des marais a une odeur vireuse. Linné la croyait vulnéraire. Certains prétendent qu'elle est astringente et détersive et l'emploient dans le traitement des fistules et de certains ulcères.

On croyait autrefois que cette plante produisait des poux chez les animaux qui la mangeaient. On l'a conseillée, au contraire, comme parasiticide, contre les poux. On l'administre en décoction.

Pedicularis sylvatica. L. (Pédiculaire des bois) possède les mêmes propriétés.

Ces plantes sont peu usitées et regardées comme vénéneuses.

EUPHRASIA OFFICINALIS. L.

(Du grec *euphrasia*, joie, plaisir : plantes élégantes.)

Syn. : *Euphraise officinale*, *Casse-lunettes*, *Herbe à l'ophthalmie*, *Luminet*.

(SCROFULARIÉES.)

Plante annuelle, de 5 à 30 centimètres, assez commune dans les lieux arides, sur les coteaux, aux bords des chemins. Elle fleurit en juillet.

La tige est dressée ou ascendante, souvent rameuse. Les feuilles et les bractées sont rapprochées, ovales, à dents obtuses ou aiguës. Les fleurs sont blanches, striées de violet, la gorge est jaunâtre ; le calice n'est pas accrescent, il est poilu ; le tube de la corolle dépasse le calice ; la capsule égale à peu près celui-ci.

L'odeur de cette plante est légèrement aromatique. La saveur est amère et astringente. On attribuait autrefois à l'euphraise la propriété de fixer la mémoire. On l'a employée dans certaines conjonctivites. On l'administrait en eau distillée et en collyre.

OROBANCHE RAPUM. THUILL.

(Du grec *orobos*, légumineuse, *anchein*, étrangler.)

Syn. : *Orobanche rave*, *Herbe aux taureaux*, *Pain de lapin*.

(OROBANCHÉES.)

Plante parasite, de 20 à 80 centimètres, croissant sur *Sarothamnus* et *Genista*. Elle fleurit en juin.

La tige est robuste, d'un jaune roussâtre, renflée à la base. Les écailles sont longues et nombreuses. Les fleurs sont fauves ou d'un rose jaunâtre ; la corolle est poilue, glanduleuse, arquée.

Cette plante a une odeur fade, spermatique. Elle est amère et astringente. Elle est très peu usitée.

MENTHA SYLVESTRIS. L.

(Du grec *minthê*, nom d'une nymphe que Proserpine métamorphosa en plante.)

Syn. : *Menthe des bois.*

(Labiées.)

Plante vivace, de 30 centimètres à 1 mètre, croissant dans les lieux humides. Elle fleurit en juillet.

La tige est dressée, pubescente. Les feuilles sont sessiles, ovales oblongues ou lancéolées, aiguës, dentées, tomenteuses, surtout en dessous. Les fleurs sont rosées ou lilas; le calice est velu ; la corolle est glabre en dedans.

L'odeur de la menthe est aromatique et agréable. La saveur est vive et piquante, laissant dans la bouche une sensation de fraîcheur. Cette labiée fournit beaucoup d'huile volatile, de couleur jaune, dont on retire du camphre, le *menthol*. L'huile volatile est plus connue sous le nom d'essence de menthe. Elle renferme, en outre, un principe amer et du tannin. Cette plante jouit de propriétés toniques, stimulantes, digestives, antispasmodiques, carminatives, diurétiques, sudorifiques, stomachiques et emménagogues. On l'emploie contre les vomissements, les coliques, les diarrhées légères, la migraine, le hoquet persistant, la dyspepsie. Elle est indiquée dans l'anémie, la toux convulsive, l'asthme. Elle facilite l'expectoration dans les catarrhes bronchiques. On recommande aux nourrices l'usage de la menthe quand elles veulent arrêter la sécrétion lactée. Dans ce cas, on applique aussi la plante sur les seins et sous les aisselles. Autrefois on plaçait un sachet rempli de menthe sur la région de l'estomac pour favoriser la digestion. On la dit vermifuge. Elle excite aussi les fonctions des organes génitaux. L'eau distillée de menthe est antispasmodique.

L'infusion (5 gr. pour 1 litre d'eau), l'eau distillée, l'essence (2 à 5 gouttes en potion), l'alcool de menthe, le menthol sont surtout recommandés. La menthe entre dans la composition de l'*Eau de Botot.*

On se sert ordinairement des sommités fleuries pour préparer l'infusion (10 gr. pour un litre d'eau). Pour calmer les maux de dents, on imbibera de quelques gouttes d'essence de menthe une petite boulette de coton qu'on introduira dans la dent cariée. On fabrique aujourd'hui des cônes de menthol qui, frottés sur la peau du front, produisent une sensation de fraîcheur et calment les douleurs de la migraine. Le menthol est très employé en médecine. Il est antiseptique et analgésique local.

On recommande aussi de faire des lotions d'eau de menthe sur les parties envahies par le parasite de la gale.

Mentha rotundifolia. L. (Menthe sauvage, Baume), *Mentha viridis.* L. (Menthe verte), *Mentha aquatica.* L. (Menthe aquatique, Menthe à grenouilles, Menthe rouge, Baume d'eau), *Mentha arvensis.* L. (Menthe des champs), *Mentha Pulegium.* L. (Pouliot), présentent les mêmes propriétés. Le pouliot est sudorifique.

La plus active, la menthe poivrée, est souvent cultivée dans les jardins.

LYCOPUS EUROPÆUS. L.

(Du grec, *lycos,* loup, *pous,* pied : allusion à la forme des feuilles.)

Syn. : *Lycope d'Europe, Chanvre d'eau, Marrube aquatique, Pied de loup, Herbe aux Bohémiens, Lance de Christ.*

(Labiées.)

Plante vivace, de 30 centimètres à 1 mètre, commune dans les marais. Elle fleurit en juillet.

La tige est dressée, sillonnée. Les feuilles sont grandes ovales-lancéolées, dentées, souvent pinnatifides à la base. Les fleurs sont blanches, ponctuées de rouge, en verticilles axillaires, sessiles ; le calice est pubescent ; la corolle présente quatre lobes presque égaux.

Le chanvre d'eau jouit de propriétés astringentes, sudorifiques et fébrifuges. On l'emploie quelquefois en infusion dans les fièvres intermittentes et contre certaines hémorragies.

Les feuilles renferment beaucoup de tannin et une matière colorante noire. Leur saveur est astringente.

On dit que les Bohémiens se servent des feuilles de cette plante pour brunir la peau des enfants qu'ils volent.

SALVIA OFFICINALIS. L.

(Du latin *salvare*, sauver.)

Syn. : *Sauge officinale*, *Sage*, *Herbe sacrée*, *Thé de la Grèce*.

(Labiées.)

Sous-arbrisseau, de 30 à 50 centimètres, cultivé dans beaucoup de jardins. Il fleurit en mai.

La tige est quadrangulaire, pubescente, d'un brun cendré. Les feuilles sont oblongues ou lancéolées, obtuses ou aiguës, épaisses, rugueuses, crénelées, pubescentes, surtout en dessous. Les fleurs sont d'un bleu violacé, grandes, pédicellées, verticillées, les bractées sont ovales acuminées, foliacées, caduques ; le calice est tubuleux, pubescent, bilabié ; la corolle est plus longue que le calice, à tube muni en dedans d'un anneau de poils. Le fruit est entouré par le calice.

On emploie ordinairement les feuilles et les sommités fleuries. L'odeur de la sauge officinale est aromatique, forte, pénétrante, légèrement amère, agréable. Sa saveur est prononcée. chaude, un peu piquante. On a cru longtemps que l'usage de cette plante pouvait prolonger la vie et préserver des maladies. On l'avait proclamée une panacée universelle.

« Cur moriatur homo cui salvia crescit in horto ? »
« Pourquoi l'homme meurt-il, puisque la sauge croît dans son jardin ? »

(École de Salerne.)

L'analyse chimique des feuilles et des fleurs a décelé une grande quantité d'huile volatile qui renferme, selon Proust,

0:125 de camphre. L'essence de sauge présente une couleur d'ambre. Elle a quelquefois une légère odeur de térébenthine. La sauge contient une petite proportion d'acide gallique, de matière extractive et de sulfate de fer. C'est ce dernier sel qui donne une coloration noirâtre à l'infusion. Les propriétés de la plante sont toniques, astringentes, excitantes, cordiales. Après l'ingestion d'une infusion de sauge, on éprouve une sensation de chaleur à l'épigastre. Cette préparation stimule l'appétit, facilite la digestion ; le pouls devient plus fréquent, la transpiration est augmentée, le cerveau est excité ; quelquefois, au contraire, la sauge ralentit la circulation. Van Swiéten la recommandait contre les sueurs profuses. Elle est réellement efficace dans ce cas. Elle tarit aussi la sécrétion du lait des nourrices, lors du sevrage. Elle est conseillée contre la dyspepsie, les vertiges, les paralysies, l'inappétence, certaines diarrhées. On la recommande comme expectorante à la fin des catarrhes bronchiques; elle est aussi emménagogue. Les anciens qui l'employaient comme stomachique en mettaient toujours dans leurs aliments, principalement dans le ragoût. C'était, je crois, une bonne pratique.

Alibert a donné avec succès le vin de sauge à des scorbutiques de l'hôpital Saint-Louis. La décoction de sauge (100 gr. par litre d'eau) est indiquée pour l'usage externe dans les maladies de la peau.

Les Chinois et les Japonais préfèrent l'infusion de sauge à celle de thé. On ajoute souvent au vin blanc des feuilles de cette plante pour lui donner un goût de muscat et le rendre enivrant. Trousseau et Pidoux faisaient bouillir du vin dans lequel ils ajoutaient des feuilles de sauge et du miel; ils conseillaient l'application sur les ulcères variqueux de compresses imbibées de cette décoction.

Les bains de sauge sont très utiles aux enfants rachitiques, scrofuleux et aux rhumatisants. Ces bains sont toniques et excitants ; ils augmentent la température. Fumées en guise de cigarettes, les feuilles de sauge calment les accès d'asthme.

On donne généralement la sauge en infusion (20 gr. pour un litre d'eau).

On en préparait autrefois une eau distillée, un vinaigre, une huile, des gargarismes, efficaces contre les aphtes, des collutoires. On fait encore un alcool de sauge. Les lotions du cuir chevelu avec l'infusion de sauge tonifient la peau et font disparaître les pellicules.

Salvia pratensis. L. (Sauge des prés), *Salvia verbenaca*. L. (Sauge verveine), *Salvia verticillata*. L. (Sauge verticillée), ont les mêmes propriétés que la sauge officinale, mais sont moins actives.

On met quelquefois des feuilles de la sauge des prés dans la bière pour la rendre plus enivrante.

SALVIA SCLAREA. L.

Syn. : *Sclarée, Orvale, Toute-Bonne.*

(Labiées.)

Plante vivace, de 40 à 80 centimètres, très rare dans la Somme. Elle croît sur les coteaux arides, aux bords des chemins. Elle fleurit en juin.

La tige est robuste, velue. Les feuilles sont ovales-cordiformes, crénelées, rugueuses, grisâtres, pubescentes. Les fleurs sont légèrement bleues, grandes, en verticilles ; les bractées sont membraneuses, lilacées, larges, ciliées : le calice est pubescent ; la corolle dépasse beaucoup le calice.

La sclarée est très aromatique. On la conseille comme stomachique. Elle possède les mêmes propriétés que la sauge officinale sous ce rapport. Elle a été vantée contre l'hystérie. On la recommande comme détersive. Dom Robbe la rangeait dans la classe des ophthalmiques.

ORIGANUM VULGARE. L.

(Du grec *oros*, montagne, *ganos*, ornement.)

Syn. : *Origan commun, Petite Marjolaine, Marjolaine sauvage, Marjolaine d'Angleterre, Pied de lit.*

(Labiées.)

Plante vivace de 30 à 80 centimètres, commune à la lisière

des bois, dans les lieux secs et incultes, dans les terrains calcaires. Elle fleurit en juillet.

La tige est dressée, rameuse ; les feuilles sont ovales ou elliptiques, denticulées ou entières. Les fleurs sont roses subsessiles, agglomérées en panicule au sommet des rameaux; les bractées sont larges, ovales-lancéolées, d'un rouge violet ; le calice est tubuleux ; la corolle est bilabiée.

La marjolaine sauvage est aromatique, tonique, stimulante. cordiale, stomachique, sudorifique et antispasmodique. Elle a une odeur suave et une saveur chaude, un peu amère. On emploie ordinairement l'infusion de sommités (25 gr. par litre d'eau).

On applique souvent l'origan bien sec, grillé même, sur les lumbagos et sur les articulations envahies par le rhumatisme.

Les brasseurs du nord la font entrer dans la composition de leur bière pour l'aromatiser.

THYMUS SERPYLLUM. FRIES.

(Du grec *thyô*, je parfume, ou *thymos*, force.)

Syn. : *Thym serpolet*, *Thym bâtard*, *Thym sauvage*, *Pillotet*. *Serpolet.*

(Labiées.)

Plante vivace de 5 à 30 centimètres, très commune dans les endroits secs.

Elle fleurit en juillet.

Les tiges sont couchées, radicantes, glabrescentes ; les feuilles sont petites, obovales, linéaires-oblongues, glabres sur les faces. Les fleurs sont purpurines, en têtes ovoïdes. Le serpolet contient une huile essentielle qui lui donne une odeur agréable et une saveur chaude, amère. L'*essence de thym* est transparente, légèrement jaunâtre et même brunâtre. Sa saveur est très âcre. Elle possède des propriétés excitantes, toniques et diurétiques. Le thym serpolet renferme aussi du camphre. Le *thymol* est extrait de l'huile essentielle de thym. Il est employé en médecine comme antiseptique et remplace quelquefois l'acide phénique dont il n'a pas la toxicité. L'acide thymique a été indiqué par Paquet comme modificateur des plaies, antiputride et antiseptique.

Joset conseille l'infusion de serpolet contre la coqueluche et la toux spasmodique. Ce thym a des propriétés toniques, stimulantes, diurétiques et antispasmodiques. Il excite l'appétit et facilite la digestion.

On recommande d'appliquer le jus frais de cette plante sur les piqûres d'insectes et d'orties. La décoction de la plante, en lotions, est antiparasitaire. On emploie ordinairement le serpolet en infusion (10 gr. de sommités fleuries pour un litre d'eau) dans les bronchites, comme expectorant. Les cuisinières mettent souvent du thym dans les aliments; non-seulement il les aromatise, mais il les rend plus digestibles. On ajoutera aussi une bonne poignée de thym dans le bain des enfants et des jeunes femmes lymphatiques.

Thymus chamædrys. Fries. (Thym petit-chêne), *Thymus angustifolius*. Pers. (Thym à petites feuilles), *Thymus vulgaris.* L. (Thym commun, Frigoule, Pote), présentent les mêmes propriétés, mais ce dernier est plus actif.

HYSSOPUS OFFICINALIS. L.

(De l'hébreu *ezob*, ou du grec *hyssopos* : noms de l'hysope.)

Syn. : *Hysope officinale.*

(Labiées.)

Plante vivace, de 20 à 60 centimètres naturalisée sur les vieux murs. Elle fleurit en juillet.

La tige est glabre, verte, ligneuse à la base, rameuse. Les feuilles sont oblongues-lancéolées ou linéaires, obtuses ou aiguës. Les fleurs sont bleues ou violacées, assez grandes, en épis compacts ; le calice est glabre, la corolle le dépasse.

La plante renferme une huile volatile de couleur jaune, très aromatique. Planche y a trouvé du soufre. Elle a une odeur forte, assez agréable, qui rappelle vaguement celle du camphre ; sa saveur est chaude, piquante, un peu amère. Après l'ingestion d'une infusion d'hysope, il se produit de la chaleur à l'épigastre, la circulation s'accélère, effets physiologiques dus à l'action de l'huile volatile.

L'hysope jouit de propriétés amères, toniques, stimulantes, sudorifiques, expectorantes et emménagogues. Elle excite l'appétit et favorise la digestion. Elle est surtout employée dans les affections pulmonaires et bronchiques. « Les anciens auteurs disaient que cette plante est incisive résolutive, parce qu'elle tend à dissiper la congestion qui, fixée sur les organes respiratoires, entretient la formation des matières que l'on rend par l'expectoration. » (Barbier). Son usage est contre-indiqué dans la tuberculose. On la conseillait autrefois dans la gravelle, les fièvres éruptives, la gastralgie, la leucorrhée.

On administre les sommités fleuries d'hysope en infusion (20 gr. par litre d'eau), en eau distillée, en sirop.

Elle entre dans la composition de l'absinthe.

ROSMARINUS OFFICINALIS. L.

(Du latin *ros*, rosée, *marinus*, de mer : allusion à son parfum et à son habitat.)

Syn. : *Romarin officinal*, *Herbe aux couronnes*, *Encensier*.

(LABIÉES.)

Arbrisseau de 50 centimètres à 1 mètre, cultivé dans beaucoup de jardins. Il fleurit en juin.

Les feuilles sont persistantes, coriaces, linéaires, entières, vertes et chagrinées en dessus, blanchâtres-tomenteuses en dessous. Les fleurs sont d'un bleu pâle, subsessiles, en petites grappes; le calice est bilabié, pulvérulent, la corolle est bilabiée, à tube saillant.

On emploie en médecine les feuilles et les sommités fleuries. Cette plante renferme dans toutes ses parties une substance amère, du tannin et une grande quantité d'huile essentielle, son odeur est forte et aromatique.

Le calice est plus odorant que la corolle.

L'*essence* de romarin est très fluide, très limpide et transparente. Elle entre dans la composition de l'eau de Cologne et de l'*eau de la reine de Hongrie.*

Proust a extrait de l'huile essentielle 0,10 de son poids de camphre. Le sulfate de fer contenu dans la plante donne une coloration noirâtre à l'infusion. Administré à l'intérieur, le romarin produit d'abord dans la bouche une sensation de chaleur, d'âcreté et d'astringence, puis des picotements dans l'estomac. Il excite cet organe et stimule l'appétit. Il est excitant, cordial, sudorifique, antispasmodique et emménagogue. On le conseille contre l'anorexie, la dyspepsie, les paralysies, la chlorose, l'asthme, les catarrhes bronchiques, les vomissements. Les anciens faisaient bouillir du vin dans lequel ils mettaient du romarin et appliquaient des compresses de cette décoction sur les entorses et certaines arthrites. On recommande souvent aux enfants faibles des bains fortifiants de romarin. L'infusion (15 gr. par litre d'eau) a été vantée contre l'hypocondrie et les névralgies.

On l'emploie encore sous forme d'eau distillée, d'alcoolat vulnéraire. Elle entre dans la composition du *Baume Opodeldoch.* On utilise souvent les feuilles comme assaisonnement et pour aromatiser les aliments.

C'est aux fleurs de romarin que le miel de Narbonne doit son parfum spécial.

CALAMINTHA OFFICINALIS. L.

(Du grec *calê*, belle, *minthê*, menthe.)

Syn. : *Calament officinal.*

(Labiées.)

Plante vivace, de 30 à 60 centimètres, croissant dans les bois ombragés. Elle fleurit en juillet.

La tige est velue, rameuse ; les feuilles sont grandes, ovales, dentées en scie. Les fleurs sont purpurines, assez grandes ; les pédoncules communs dépassent les pétioles ; le calice est long, à tube droit ; la corolle dépasse beaucoup l gorge du calice.

Le calament a une odeur agréable. Il est excitant, cordia sudorifique et antispasmodique.

Calamintha acinos. Gaud (Calament acinos, Thym acinos Mélisse acinos, Petit basilic sauvage) présente à peu près le mêmes propriétés. Il est légèrement astringent. On emploi souvent ses sommités fleuries en infusion.

MELISSA OFFICINALIS. L.

(Du grec *melissa*, abeille : fleur recherchée par les abeilles.

Syn. : *Mélisse officinale, Citronnelle, Citronnade, Thé d France, Herbe au citron, Piment des abeilles, Piment de ruches, Céline.*

(Labiées.)

Plante vivace de 30 à 80 centimètres, cultivée dans beau coup de jardins. Elle fleurit en juin.

La tige est velue, très rameuse ; les feuilles sont pétiolées grandes, ovales, légèrement cordiformes, rugueuses, crénelées. Les fleurs sont blanches ou un peu rosées, verticillées unilatérales ; le calice est ample, tubuleux, évasé, bilabié, l lèvre supérieure tridentée, l'inférieure à deux lobes ; la corolle est bilabiée, le tube est grêle, plus long que le calice arqué ascendant.

La mélisse a une odeur de citron, pénétrante et agréable surtout lorsqu'on en froisse les feuilles. Sa saveur est amère aromatique, un peu âcre. Elle renferme une huile volatil blanche qui lui donne des propriétés stimulantes, tonique et antispasmodiques. On emploie les feuilles et les sommités qu'on recueille un peu avant la floraison.

Les anciens la donnaient comme céphalique dans la migraine et les céphalées.

A l'intérieur, elle produit la même sensation de chaleur l'épigastre que la sauge, le romarin et la menthe. Elle es digestive et apéritive. Elle stimule les fonctions de l'encéphale. Des praticiens l'ordonnent encore contre les palpita tions nerveuses du cœur, contre les spasmes des hystériques, contre la syncope, les étourdissements. On la recommande aussi comme emménagogue, comme sudorifique. On l'employait autrefois contre l'hypocondrie. Rocques conseille l'usage d'une infusion de mélisse avec un peu de lait aux personnnes qui se livrent à un travail intellectuel pendant la nuit et qui souffrent de céphalalgie.

On a proposé de substituer la mélisse au thé. On regardait même comme une pratique salutaire d'en prendre plusieurs infusions par jour. La mélisse est un excellent cordial mais il y avait là de l'exagération.

On l'administre ordinairement en poudre, en infusion (25 gr. par litre d'eau), en eau distillée, en alcoolat simple, en alcoolat composé, autrement dit *Eau de mélisse des Carmes*, en teinture dite vulnéraire, eau vulnéraire rouge, en alcoolat vulnéraire ou *eau vulnéraire*. Elle entre dans la composition de la *Liqueur de la Grande-Chartreuse*, du vinaigre aromatique.

L'alcoolat simple est un bon stomachique. Pour remplacer l'infusion de mélisse, on prend un morceau de sucre sur lequel on verse quelques gouttes d'*eau des Carmes*. La poudre de mélisse est vermifuge à la dose de 4 grammes. Cette labiée est surtout recherchée par les abeilles. Elle donne au miel un goût exquis. Virgile, le poète latin, recommandait de frotter les ruches avec du jus de mélisse pour attirer ces insectes, parce que, disait-il, c'est leur plante préférée.

Autrefois on appliquait le jus de la mélisse sur les piqûres d'abeilles, de guêpes et de scorpions.

Satureia hortensis. L. (Sarriette) est aromatique et stomachique.

NEPETA CATARIA. L.

(De *Nepet*, ville de Toscane, où la cataire est commune.)

Syn. : *Cataire*, *Herbe aux chats*.

(LABIÉES.)

Plante vivace de 40 centimètres à 1 mètre, croissant le long des haies. Elle fleurit en juillet.

La tige est rameuse, pubescente, grisâtre; les feuilles s pétiolées, ovales cordiformes, crénelées, blanchâtres tom teuses en dessous. Les fleurs sont blanches, ponctuées rouge, verticillées ; le calice est velu, ovoïde ; la coro velue, dépasse la gorge du calice.

Cette plante exhale une odeur forte qui plaît beaucoup a chats. Elle est emménagogue et antispasmodique. On ordo quelquefois les sommités fleuries en infusion (30 gr. par li d'eau) contre les accès de toux de l'asthme, contre l'hysté l'hypocondrie et les palpitations nerveuses. La décocti vineuse de cataire est recommandée en frictions dans le rl matisme et le lumbago.

GLECHOMA HEDERACEA. L.

(Du grec *glucus*, doux, à cause de sa bonne odeur.)

Syn. : *Gléchome faux-lierre*, *Lierre terrestre*, *Couronne d terre*, *Herbe de Saint-Jean*, *Rondelette*, *Terrette*.

(Labiées.)

Plante vivace, longue de 5 à 25 centimètres, très commu dans les endroits ombragés, le long des haies et des mu Elle fleurit en avril.

La tige est couchée radicante, pubescente; les feuilles so pétiolées, suborbiculaires cordiformes ou réniformes, crén lées, vertes, molles. Les fleurs sont violettes, tachées de pou pre, grandes, odorantes, unilatérales ; le calice est tubuleu droit ; la corolle est bilabiée.

Le lierre terrestre a une odeur forte, assez agréable, arc matique, une saveur chaude, piquante, un peu amère. Ca theuser a trouvé l'extrait aqueux de cette plante, amer d'abor puis d'une très grande âcreté, Cullen, au contraire, n'a pa reconnu ces qualités dans l'extrait du lierre terrestre. Il e probable que ces différentes propriétés dépendent des te rains où on a récolté la plante.

Le gléchome contient de l'huile volatile et du sulfate d fer. La coloration noirâtre de l'infusion est due à ce sel.

On emploie en médecine les feuilles et les sommités de la plante. Elle est excitante, tonique, béchique et expectorante. On la dit aussi diurétique. Elle est indiquée au déclin des bronchites pour favoriser l'expectoration. On l'associe souvent à l'hysope. Il faut éviter de la donner quand il y a de la fièvre.

On l'administre en infusion (15 à 20 gr. par litre d'eau), en sirop (50 gr.), et en eau distillée.

Certains praticiens la conseillent comme un tonique stimulant dans les maladies de l'appareil respiratoire. Il paraît que le jus de la plante aspiré par le nez calme la migraine.

LAMIUM ALBUM. L.

(Du grec *laimos*, gueule béante ; forme de la corolle.)

Syn. : *Lamier blanc, ortie blanche.*

(Labiées.)

Plante vivace de 20 à 60 centimètres, assez commune le long des haies. Elle fleurit en avril.

La tige est velue, dressée ; les feuilles sont vertes, pétiolées, ovales cordiformes, acuminées, dentées. Les fleurs sont blanches, tachées de vert, grandes, verticillées ; le calice présente des dents molles, plus longues que son tube ; la corolle est courbée ascendante. Les anthères sont noires et velues.

L'ortie blanche a une odeur aromatique, peu agréable, une saveur légèrement amère. Elle renferme du nitrate de potasse, de l'acide gallique et du tannin. Elle est expectorante, astringente et vulnéraire. On se sert des fleurs et des sommités fleuries. Il faut les récolter au moment de la floraison. On emploie souvent l'infusion de sommités fleuries (2 à 30 gr. par litre d'eau) contre les engorgements ganglionnaires, au déclin des bronchites pour favoriser l'expectoration et contre le flux hémorroïdal. On recommande cette infusion en injections vaginales contre les fleurs blanches. On conseille aussi le lamier blanc comme sudorifique.

Les *signatores* recommandaient les fleurs contre la leucorrhée.

On administre la plante en poudre, en eau distillée, extrait, en sirop et en infusion. L'extrait (1 à 4 gr., potion) est considéré comme galactogogue. Dans le nord l'Europe, on fait, paraît-il, une soupe délicieuse avec l'o tie blanche, un peu de beurre et quelques pommes de ter

STACHYS RECTA. L.

(Du grec *stachus*, épi.)

Syn. : *Epiaire droite, Crapaudine.*

(Labiées.)

Plante vivace, de 20 à 60 centimètres, croissant dans l lieux incultes. Elle fleurit en juin.

La tige est ascendante, verte, velue. Les feuilles sont po lues, vertes, oblongues lancéolées, dentées, les florales so terminées en épine. Les fleurs sont d'un blanc jaunâtre, ve ticillées ; le calice est poilu, à dents triangulaires à épir glabre; la corolle est beaucoup plus longue que le calice.

La crapaudine est très odorante. Elle est excitante et sud rifique. On employait autrefois les sommités fleuries en infu sion contre la paralysie infantile et l'épilepsie.

Le légume d'hiver bien connu sous le nom de *Crosne de l Chine ou du Japon*, est un tubercule produit par *stachy affinis.*

BETONICA OFFICINALIS. L.

(Du latin *vere*, vraiment, *tonica*, tonique.)

Syn. : *Bétoine officinale.*

(Labiées.)

Plante vivace, de 20 à 60 centimètres, assez commune dans les bois. Elle fleurit en juillet.

La tige est velue, dressée ou ascendante ; les feuilles son pétiolées, oblongues cordiformes, crénelées, vertes, velues ou glabres, les florales inférieures réduites. Les fleurs sont purpurines, en épi ; le calice est tubuleux, en cloche ; la corolle est pubescente et dépasse les étamines.

L'odeur de la bétoine est très forte ; sa saveur est âcre et amère. On se sert ordinairement de la décoction de sommités fleuries en inhalations dans les bronchites. C'est un excellent moyen pour calmer la toux.

Cette plante jouissait autrefois d'un grand crédit chez les anciens qui la considéraient comme une panacée. Elle était vantée contre les vertiges, les tremblements, la paralysie, la goutte, l'ictère. Elle est vulnéraire et céphalique. On l'administre en décoction. La racine est émétique. La poudre de fleurs est purgative à la dose de 4 grammes ; celle des feuilles est sternutatoire.

On fumait jadis les feuilles sèches de la bétoine. Elles sont âcres comme celles du tabac. On prisait aussi la poudre de feuilles.

Dans certaines régions, on emploie les feuilles en infusion théiforme.

MARRUBIUM VULGARE. L.

(De l'hébreu *mar rob*, suc amer ; plante très amère.)

Syn. : *Marrube commun*, *Marrube blanc*, *Bonhomme*, *Herbe vierge*.

(Labiées.)

Plante vivace, de 30 à 80 centimètres, blanchâtre, assez commune aux bords des chemins, dans les lieux incultes. Elle fleurit en juillet.

La tige est épaisse, simple ou rameuse ; les feuilles sont pétiolées, ovales, orbiculaires, crénelées, ridées, tomenteuses, vertes en dessus. Les fleurs sont blanches, verticillées ; les bractées sont petites, subulées, crochues ainsi que les divisions du calice.

Le marrube exhale une odeur forte, d'un arome pénétrant; sa saveur est amère, âcre même. Son action est plus énergique que celle des autres labiées. L'extrait aqueux est inodore et amer, l'extrait alcoolique est odorant et amer (Murray). Cette plante jouit de propriétés stimulantes, fébrifuges et emménagogues. Les anciens la conseillaient dans les bronchites catarrhales et la tuberculose. Certains auteurs affirment que le marrube blanc a guéri plusieurs tuberculeux. On l'emploie encore contre l'asthme, la toux des vieillards. Il stimule l'estomac, favorise la diurèse et la diaphorèse, facilite l'expectoration et provoque l'écoulement menstruel. Il est très efficace pour établir la menstruation chez les jeunes filles délicates, chlorotiques. On l'a recommandé dans l'ictère, le rhumatisme. Cazin vantait cette plante contre la gastralgie et la leucorrhée. Certains praticiens détergent certains ulcères avec une infusion de marrube.

Il paraît que l'usage prolongé de cette plante produit de l'amaigrissement. On l'administre en infusion (30 grammes de sommités fleuries pour 1 litre d'eau), en extrait, en sirop, en vin (30 grammes de sommités fleuries en macération dans 1 litre de vin blanc. On donne tous les matins un verre à Bordeaux de cette préparation dans le cas de fièvre intermittente).

Les traducteurs de Dioscoride et de Pline nous apprennent que le jus de marrube « *mis dans le nez guérit la jaunisse, versé goutte à goutte dans les aureilles pareillement les douleurs d'icelles et meslé avec miel il diminue la cholère* ».

BALLOTA FŒTIDA. LMK.

(Du grec *ballô*, je rejette : plante à odeur repoussante.)

Syn. : *Ballote noire, Marrube noir, Marrube fétide*.

(LABIÉES.)

Plante vivace, de 40 à 80 centimètres, très commune aux bords des chemins, le long des haies. Elle fleurit en juillet.

La tige est herbacée, quadrangulaire, rameuse. Les feuilles sont ovales ou arrondies, crénelées. Les fleurs sont purpurines, rarement blanches, verticillées ; le calice est velu; le tube de la corolle dépasse la gorge du calice.

L'odeur du marrube noir est fétide. On ordonne quelquefois les sommités fleuries en infusion, comme antispasmodiques, contre l'hystérie, l'hypocondrie, la neurasthénie. L'infusion de marrube noir et de bétoine a été indiquée contre la goutte. On conseillait aussi la décoction en lavement, comme vermifuge.

On préconisait autrefois cette plante contre la morsure des chiens.

LEONURUS CARDIACA. L.

(Du grec *léon*, lion, *oura*, queue : forme des verticilles floraux.)

Syn.: *Agripaume, Cardiaire, Cardiaque, Mélisse sauvage, Herbe aux tonneliers.*

(Labiées.)

Plante vivace, d'environ 1 mètre, croissant dans les haies et les décombres. Elle fleurit en juillet.

La tige est robuste, rameuse ; les feuilles inférieures sont grandes, palmatipartites, à lobes lancéolés, incisés, dentés, les supérieures lancéolées bi ou trifides. Les fleurs sont assez grandes, purpurines, verticillées ; le calice présente cinq angles ; la corolle, velue, est plus longue que le calice.

L'agripaume est stimulante et tonique. On l'employait autrefois en infusion contre les palpitations de cœur, les affections bronchiques et pulmonaires. Elle était conseillée dans la gastralgie, aux alcooliques, aux tonneliers qui sont souvent de grands buveurs de vin et qui présentent souvent des vomissements (pituites) ; de là, le nom d'*Herbe aux tonneliers*.

L'infusion de sommités fleuries est vermifuge.

BRUNELLA VULGARIS. L.

(De l'allemand *Braüne*, esquinancie, ou allusion aux têtes florales *brunes* au sommet.)

Syn. : *Brunelle commune, Brunette, Charbonnière.*

(Labiées.)

Plante bisannuelle ou vivace, de 5 à 45 centimètres, très commune aux bords des chemins. Elle fleurit en juillet.

La tige est redressée ; les feuilles sont ovales ou oblongues, entières ou sinuées dentées, les deux supérieures entourant l'épi. Les fleurs sont d'un bleu violet, assez petites ; le calice est ordinairement coloré ; la corolle est petite.

La brunelle est amère, astringente et vulnéraire. On l'employait en infusion. On mange quelquefois les jeunes feuilles en salade ou cuites et préparées comme les épinards.

SCUTELLARIA GALERICULATA. L.

(Du latin *scuta*, écuelle, tasse : forme du calice.)

Syn. : *Scutellaire en casque, Scutellaire commune, Toque bleue, Tertianaire, Centaurée bleue, Casside.*

(Labiées.)

Plante vivace, de 20 à 50 centimètres assez commune dans les marais, aux bords des eaux. Elle fleurit en juillet.

La tige est dressée ou ascendante, simple ou rameuse ; les feuilles sont oblongues, lancéolées, cordiformes à la base, crénelées. Les fleurs sont bleues ou violacées, assez grandes, unilatérales, solitaires ou géminées à l'aisselle des feuilles moyennes et supérieures ; le calice est glabre ; la corolle est beaucoup plus longue que le calice.

La scutellaire a une odeur faible et une saveur amère et astringente. Elle est fébrifuge. On la conseillait autrefois contre la fièvre tierce (*Tertianaire*).

AJUGA REPTANS. L.

(De *a*, privatif, *jugum*, joug : la corolle n'a pas de lèvre supérieure.)

Syn. : *Bugle rampante, Herbe de Saint-Laurent, Consoude moyenne.*

(Labiées.)

Plante vivace, de 10 à 40 centimètres, commune dans les bois et les lieux frais. Elle fleurit en mai.

La tige est dressée, simple et présente à la base des rejets rampants ; les feuilles sont ovales ou oblongues, entières ou sinuées crénelées, les radicales plus grandes, en rosette. Les fleurs sont bleues, rarement rosées ou blanches ; le calice est velu.

La bugle a joui autrefois d'une grande renommée. On l'emploie peu aujourd'hui. Elle a des propriétés excitantes, toniques et vulnéraires. On recommande quelquefois l'infusion de fleurs contre l'ictère et les écoulements menstruels abondants. La macération (60 gr. de plante sèche dans 1 litre d'eau) est indiquée dans les hémorragies, la diarrhée et en injections vaginales dans la leucorrhée.

Dans certaines contrées, on mange en salade les jeunes pousses et les feuilles de cette plante.

Ajuga chamæpitys, Schreb. (Germandrée yvette, Bugle faux-pin, Calapito) est apéritif, tonique et emménagogue.

TEUCRIUM CHAMÆDRYS. L.

(Dédié à *Teucer*, prince de Troie, qui découvrit, dit-on, les propriétés de la germandrée.)

Syn. : *Germandrée petit-chêne, chasse-fièvre.*

(Labiées.)

Plante vivace, de 10 à 30 centimètres, croissant dans les terrains calcaires. Elle fleurit en juillet.

La tige est grêle, couchée ou ascendante, radicante à la base ; les feuilles sont ovales oblongues, crénelées, un peu coriaces. Les fleurs sont purpurines, verticillées, unilatérales ; le calice est rougeâtre, poilu, gibbeux à la base.

Cette plante est légèrement aromatique ; sa saveur est amère. Elle renferme un peu d'huile volatile. Elle jouit de propriétés toniques, fébrifuges, emménagogues. Elle est très peu excitante. On la dit aussi diurétique et sudorifique. Elle est indiquée comme un stimulant des organes digestifs, dans l'anorexie, dans la dyspepsie ; on la conseille aussi dans les bronchites catarrhales, dans l'asthme, dans la fièvre intermittente. On donnait, dans ce dernier cas, le vin de chamædrys. Le petit-chêne a donné de bons résultats dans les manifestations arthritiques. Charles-Quint atteint de fièvre intermittente a été, dit-on, guéri avec l'infusion de germandrée.

On emploie cette plante en infusion (15 gr. par litre d'eau), en décoction, en extrait, en poudre et en vin. Quand on veut conserver les principes volatils, il faut choisir l'infusion ; quand, au contraire, on veut obtenir une action tonique, il faut faire une décoction.

Teucrium scorodonia. L. (Germandrée sauvage, Sauge des bois, Faux scordium) a des propriétés stimulantes et toniques. *Scorodonia* et *Scordium* ont une racine grecque qui signifie ail.

Teucrium Scordium. L. (Germandrée aquatique) est vulnéraire et vermifuge. Elle a une odeur alliacée assez prononcée. On emploie l'infusion (40 gr. de sommités pour 1 litre d'eau) dans la goutte, l'ascite, certaines maladies du foie, contre les sueurs nocturnes, la diarrhée et la dysenterie.

Teucrium Botrys, L. (Germandrée femelle) a des propriétés stimulantes, toniques et digestives. Les feuilles et les sommités fleuries renferment un principe amer et une huile essentielle.

VERBENA OFFICINALIS. L.

(Du latin *Veneris*, de Vénus, *herba*, herbe : allusion à de prétendues propriétés.)

Syn. : *Verveine officinale, Herbe sacrée, Herbe à tous les maux, Herbe aux sorcières.*

(Verbénacées.)

Plante vivace, de 40 à 80 centimètres, très commune aux bords des chemins et dans les lieux incultes. Elle fleurit en juin.

La tige est dressée ou ascendante, quadrangulaire, rameuse; les feuilles inférieures sont pétiolées, ovales ou oblongues, cunéiformes, incisées ou pinnatifides. Les fleurs sont bleuâtres ou lilacées, petites, sessiles, en longs épis, ne *s'épanouissant pas en même temps ;* les bractées sont plus courtes que le calice ; celui-ci est pubescent ; la corolle est en entonnoir.

La verveine est amère, aromatique ; elle jouit de propriétés toniques, astringentes, vulnéraires et résolutives. On faisait autrefois des cataplasmes calmants avec les feuilles qu'on appliquait sur les lumbagos et les points douloureux. On s'en sert encore aujourd'hui en médecine populaire. On pile la plante fraîche et on y ajoute du vinaigre ou bien on l'emploie sèche. On la fait cuire aussi dans ce liquide. Ces préparations ont une grande vogue à la campagne pour le traitement des entorses.

Elle était préconisée jadis contre les ulcères, la pleurésie, l'ascite et l'ictère, la diarrhée et les hémorragies. On la vantait aussi comme émolliente. L'infusion peut être utile comme stomachique, pour stimuler légèrement les fonctions de l'estomac. Dom Robbe rangeait la verveine dans les ophthalmiques.

Les Druides lavaient les autels avant le sacrifice avec une infusion de verveine. Les sorciers du moyen âge employaient aussi cette plante pour leurs pratiques.

PINGUICULA VULGARIS. L.

(Du latin *pinguis*, gras : les feuilles sont visqueuses.)

Syn. : *Grassette, Langue d'oie, Tue-brebis, Herbe grasse.*

(LENTIBULARIÉES.)

Plante vivace, de 5 à 15 centimètres, croissant dans les marais. Elle fleurit en mai.

Les feuilles sont ovales oblongues. Les hampes florales sont grêles, glabres ou pubescentes. Les fleurs sont violettes. La corolle est allongée, plus longue que large, l'éperon est droit, grêle. La capsule est en forme de poire.

Les feuilles sont vulnéraires. Toute la plante est émétique. Elle nuit aux animaux qui la mangent, d'où le nom de *tue-brebis*.

La grassette passe pour être une plante carnivore. En effet, lorsqu'un insecte se pose sur une de ses feuilles, il y est retenu prisonnier, en se débattant, il irrite les glandes et augmente leur sécrétion, les bords de la feuille se relèvent et se rejoignent, enveloppant complètement la bestiole qui est finalement absorbée, après avoir été dissoute par les produits de sécrétion.

UTRICULARIA VULGARIS. L.

(Du latin *uter*, outre : les feuilles présentent des vésicules.)

Syn. : *Utriculaire commune, Lentibulaire, Millefeuille des marais.*

(LENTIBULARIÉES).

Plante vivace, aquatique, de 10 à 30 centimètres, croissant dans les entailles de nos tourbières. Elle fleurit en juin.

Les feuilles sont grandes, ovales ou oblongues dans leur pourtour, pinnatiséquées, à nombreuses lanières, capillaires, denticulées spinuleuses, munies de vésicules. Les fleurs sont d'un jaune vif, en grappes ; les pédicelles sont d'un rouge brun ; le calice est de la même couleur que les pédicelles.

L'utriculaire jouit de propriétés diurétiques. Elle est considérée par beaucoup de botanistes comme une plante carnivore. Les vésicules des feuilles renferment souvent, en effet, des insectes et des crustacés (on a compté jusqu'à dix crustacés dans l'une de ces vessies) ; il paraît néanmoins bien établi qu'elles n'ont pas la faculté de digérer des matières animales. Darwin, en admettant cette conclusion, croit néanmoins que la véritable fonction de ces vésicules n'est pas de faire flotter la plante, mais qu'elle consiste à capturer des petits animaux aquatiques qui sont détruits ensuite par putréfaction. Ces petites vessies sont, en effet, munies d'une petite valve terminée par quelques cils qui s'ouvrent pour laisser entrer et empêcher la sortie. Cet observateur a vu flotter parfaitement, grâce à l'air contenu dans les tissus, des tiges d'utriculaires qui ne portaient aucune vésicule et d'autres auxquelles il les avait enlevées.

PRIMULA OFFICINALIS. JACQ.

(Du latin *primus veris* : la première fleur du printemps.)

Syn. : *Primevère officinale, Coucou, Coqueluchon, Brayette, Primerole, Printanière, Herbe à la paralysie, Oreille d'ours* ; en picard de Proyart ; *Carcaillou.*

(PRIMULACÉES.)

Plante vivace, de 10 à 30 centimètres, commune dans les bois et les prés. Elle fleurit en avril.

Les feuilles sont ovales, inégalement dentées, ridées, pubescentes grisâtres en dessous. Les hampes florales et les pédoncules sont tomenteux. Les fleurs sont d'un jaune vif, avec cinq taches orangées à la base, très odorantes ; le calice est renflé, blanchâtre, tomenteux ; la corolle présente un limbe concave ; la capsule est ovoïde.

Les fleurs de la primevère exhalent une odeur fine et agréable. La racine a une saveur âcre et amère, une odeur forte qui rappelle celle de l'anis. Elle renferme un principe particulier, la *primuline*. On emploie la racine comme diurétique et sternutatoire. On la recommandait autrefois comme anti-névralgique et contre les paralysies. L'infusion de fleurs est plus usitée : elle est calmante et antispasmodique. On l'ordonne assez souvent pour calmer la toux dans les bronchites, contre la migraine et la diarrhée.

Primula elatior. Jacq. (Primevère à grandes feuilles) présente les mêmes propriétés.

LYSIMACHIA VULGARIS. L.

(Dédiée à *Lysimaque*, médecin de l'antiquité.)

Syn. : *Lysimaque commune, Corneille, Chasse-bosse, Lis des teinturiers, Pêcher des prés.*

(PRIMULACÉES.)

Plante vivace, de 50 centimètres à 1 mètre, assez commune dans les marais, aux bords des eaux. Elle fleurit en juin.

La tige est robuste, dressée, rameuse ; les feuilles sont grandes, opposées ou verticillées, subsessiles, ovales ou oblongues lancéolées. Les fleurs sont jaunes, en panicule ; les lobes du calice sont lancéolés aigus, bordés de rouge ; la corolle est glabre ; la capsule est globuleuse.

Toute la plante est astringente. On l'employait autrefois contre les hémorragies. Elle a aussi des propriétés vulnéraires.

La tige et les feuilles fournissent une couleur jaune, la racine, une brune.

ANAGALLIS CÆRULEA, SCHREB.

(Du grec *anagelein*, rire ; fleurs élégantes.)

Syn. : *Mouron bleu.*

(PRIMULACÉES.)

Plante annuelle de 10 à 25 centimètres, croissant surtout dans les lieux incultes. Elle fleurit en juin.

Les tiges sont rameuses; les feuilles sont entières, sessiles. Les fleurs sont bleues, solitaires, les pédicelles sont égaux aux feuilles ; la capsule est globuleuse, s'ouvrant circulairement comme une boîte à savonnette.

Le mouron bleu était autrefois recommandé comme vulnéraire. C'est une plante vénéneuse qu'il ne faut pas employer. Son infusion est diurétique et a été autrefois conseillée dans l'épilepsie. Il est bien souvent confondu avec le mouron des oiseaux ou mouron blanc qui est très recherché pour leur nourriture. C'est une erreur qui a déjà coûté la vie à un très grand nombre d'oiseaux.

Cette plante irrite l'intestin et agit comme narcotique sur le système nerveux.

GLOBULARIA VULGARIS. L.

(Du latin *globulus*, petite boule; fleurs en têtes globuleuses.)

Syn. : *Globulaire commune*, *Marguerite bleue*.

(GLOBULARIÉES.)

Plante vivace, de 5 à 30 centimètres, assez commune dans les terrains calcaires, principalement sur les coteaux. Elle fleurit en mai.

Les feuilles radicales sont en rosette, grandes, planes, obovales, entières, échancrées ou tridentées. Les hampes florales sont dressées et présentent de petites feuilles sessiles, lancéolées aiguës. Les fleurs sont bleues, en têtes globuleuses ; le calice est velu à divisions inégales.

Loiseleur Deslongchamps a soumis à quelques expériences la globulaire commune et a reconnu qu'elle est purgative. Administrée en décoction, elle a déterminé des évacuations alvines, sans coliques, ni nausées. Elle jouit, en outre, de propriétés amères, toniques et vulnéraires. On emploie ordinairement les feuilles en décoction (40 gr. par litre d'eau). Cette préparation est très amère. La racine est aussi purgative.

STATICE LIMONIUM. L.

(Du grec *staticos*, astringent, ou du latin *stare*, se conserver.)

Syn. : *Statice des vases*, *Saladelle*, *Immortelle bleue*, *Bruyère de mer*, *Béhen rouge*.

(Plombaginées.)

Plante vivace, de 10 à 80 centimètres, croissant dans les marais de la région maritime, dans les prés salés. Elle fleurit en juillet.

Les feuilles sont grandes, ovales, oblongues ou lancéolées, vertes. Les hampes florales sont robustes, rameuses, les fleurs sont bleuâtres, en panicule. Les rameaux sont arqués en dehors, garnis d'épillets. Le calice présente des divisions ovales aiguës.

La saladelle est astringente comme sa parente *Armeria maritima*, Willd, — *ar mor*, au bord de la mer. (Gazon d'Espagne, Gazon de Hollande). Elle est aromatique et un peu styptique.

PLANTAGO MAJOR. L.

(Du latin *planta*, plante du pied, *ago*, je pousse : forme des feuilles.)

Syn.: *Grand plantain*, *Plantain des oiseaux*, *Plantain à grandes feuilles*.

(Plantaginées.)

Plante vivace, de 10 à 50 centimètres, très commune aux bords des chemins. Elle fleurit en mai.

Les feuilles sont en rosette, ovales, le pétiole est long : les hampes florales sont dressées ou ascendantes, non striées. les fleurs sont brunâtres, en épis allongés, cylindriques ; la corolle est glabre, les anthères sont brunes.

Le grand plantain jouit de propriétés astringentes et vulnéraires. On l'employait autrefois contre la diarrhée et la dysenterie. On vantait aussi le suc de plantain donné à la dose de 50 grammes trois fois par jour contre l'hémoptysie et la leucorrhée. La poudre de semences est indiquée à la dose de 4 grammes dans les hémorragies. En médecine populaire, on applique les feuilles sur les plaies. On prépare aussi l'*Eau divine* avec le plantain et les pétales de roses : On met un gros paquet de plantain dans un litre de vin rouge et on fait bouillir pendant une demi-heure ; d'un autre côté, on soumet à l'ébullition pendant cinq minutes une poignée de pétales de roses dans un demi-litre d'eau. On mélange les deux décoctions et on bouche bien la bouteille. On applique sur les yeux atteints de conjonctivite, des compresses imbibées de ce liquide tiède. Dans ce cas, on peut encore faire baigner les parties malades dans cette décoction astringente. C'est un remède souvent employé à la campagne. Si on observait bien les règles de l'antisepsie, cette préparation pourrait rendre des services.

On administre le plantain en eau distillée, en collyre et en décoction (50 gr. par litre d'eau).

Plantago lanceolata. L. (Plantain lancéolé, Bonne-Femme) a des propriétés astringentes et amères. On emploie toute la plante.

Plantago media. L. (Plantain moyen) jouit des mêmes propriétés.

Plantago arenaria, Waldst. (Plantain des sables, Herbe aux puces) est mucilagineux et émollient. On se sert des graines en décoction.

BETA CICLA. L.

(Du celtique *bett*, rouge : allusion à la racine rouge de la betterave.)

Syn. : *Bette-carde, Poirée.*

(SALSOLACÉES.)

Plante annuelle ou bisannuelle, d'environ 1 mètre, cultivée dans certains potagers. Elle fleurit en juillet.

La tige est dressée, robuste, anguleuse ; les feuilles ra cales sont grandes, ovales cordiformes, luisantes, à cô épaisses, charnues, les caulinaires, petites, rhomboïdales lancéolées. Les fleurs sont verdâtres. Les propriétés de poirée sont émollientes, diurétiques, laxatives et rafraîchissa tes. On conseille la décoction de feuilles (30 gr. pour 1 lit d'eau) dans l'entérite, la constipation. Elle entre dans composition du bouillon aux herbes. A la campagne, applique, souvent ses larges feuilles sur les plaies contuse

La décoction de racine (30 gr. pour 1 litre d'eau) est ind quée dans les mêmes cas.

Beta vulgaris. L. (Betterave proprement dite) est cultiv en grand, surtout dans les départements du nord, pour fabrication du sucre.

Les feuilles jouissent des mêmes propriétés que celles la poirée.

A dose ordinaire, le sucre est légèrement purgatif. O l'emploie quelquefois en poudre contre certaines kératites.

ATRIPLEX HORTENSIS. L.

(Du grec *a*, privatif, *trephein*, nourrir :
plantes non alimentaires.)

Syn. : *Arroche des jardins, Bonne-Dame, Belle-Dame.*

(Salsolacées.)

Plante annuelle, de 50 centimètres à 1 m. 50, cultivée dan certains potagers. Elle fleurit en juillet.

La tige est dressée, anguleuse, rameuse, glabre, verte. Le feuilles sont un peu glauques, hastées triangulaires, entière ou sinuées dentées ; les supérieures oblongues lancéolées. Le fleurs sont verdâtres, en grappes formant une panicule ; le valves fructifères sont libres ou à peine soudées, ovales orbiculaires apiculées, membraneuses, veinées.

La Bonne-Dame est émolliente, calmante, diurétique et laxative. On fait des cataplasmes émollients avec les feuilles. La tisane de Bonne-Dame est indiquée dans les inflammations des voies urinaires, des organes digestifs, dans la diarrhée. L'infusion de semences est laxative.

C'est une plante alimentaire.

La sous-variété *rubra* (Coss. et Germ.), Bonne-Dame rouge, est plus souvent cultivée que l'espèce et jouit des mêmes propriétés.

ATRIPLEX PATULA. L.

Syn. : *Arroche étalée.*

(SALSOLACÉES.)

Plante annuelle, de 20 centimètres à 1 mètre, commune aux bords des chemins, dans les champs. Elle fleurit en juillet.

La tige est dressée, rameuse ; les feuilles sont allongées ou lancéolées linéaires, les inférieures subhastées, un peu dentées. Les fleurs sont verdâtres, en épis allongés formant une panicule étalée ; les valves fructifères sont rhomboïdales légèrement hastées, terminées en pointe.

Les graines de cette arroche sont purgatives. On les employait aussi comme vomitives. Elles sont aujourd'hui, avec raison, très peu usitées. Les feuilles sont émollientes.

SPINACIA OLERACEA. L.

(Du latin *spina*, épine : allusion aux pointes du fruit.)

Syn. : *Epinard commun.*

(SALSOLACÉES.)

Plante annuelle, de 30 à 80 centimètres, cultivée dans certains potagers.

La tige est dressée, sillonnée, creusée, rameuse ; les feuilles sont sagittées, souvent incisées à la base ; les fleurs sont verdâtres, dioïques, en glomérules axillaires, formant de longues grappes feuillées ; dans la plante mâle, le périanthe est herbacé, il y a quatre, cinq sépales, quatre, cinq étamines ; dans la plante femelle, le périanthe est subglobuleux à deux, quatre dents au sommet, enveloppant l'ovaire et devenant très dur; il y a quatre styles très longs, soudés à la base; le fruit est comprimé, muni au sommet de deux, quatre pointes divergentes.

L'épinard est laxatif, calmant, diurétique et émollient. C'est surtout un aliment rafraîchissant et de facile digestion. Il paraît que c'est un décongestionnant du foie et des reins.

Les semences d'épinard sont aussi laxatives, on les donne en infusion à la dose de 10 grammes par jour.

Spinacia glabra. Mill. (Gros épinard, Epinard de Hollande) a les mêmes propriétés.

RUMEX ACETOSA. L.

(Du latin *rumex*, pique : forme des feuilles de certaines espèces.)

Syn. : *Oseille*, *Vinette*, *Patience acide*, *Surelle*, *Surette*, *Patience des mines*.

(POLYGONÉES.)

Plante vivace de 30 centimètres à 1 mètre, cultivée dans tous les potagers. Elle fleurit en mai.

La tige est dressée, rameuse ; les feuilles sont fermes, assez épaisses, ovales oblongues, sagittées, entières. Les fleurs sont dioïques en longue panicule; les valves fructifères sont membraneuses, suborbiculaires, munies d'un petit granule.

Les feuilles de l'oseille sont rafraîchissantes, antiscorbutiques, laxatives et diurétiques. Elles contiennent du *sel d'oseille.*

On faisait autrefois mâcher des feuilles d'oseille aux enfants pendant les épidémies de croup pour les préserver de cette maladie.

La racine d'oseille est dépurative. Elles est conseillée dans les affections cutanées, l'ictère, la goutte. La poudre de semences est antidysentérique (dose, 5 gr.)

Les feuilles entrent dans la composition du *bouillon aux herbes*. Cette boisson est conseillée comme tempérante, mais surtout pour favoriser l'effet des purgatifs. On fait bouillir dans un litre d'eau 125 grammes de feuilles d'oseille, 16 grammes de feuilles de cerfeuil ; on ajoute 8 grammes de sel de cuisine et 16 grammes de beurre. On passe ensuite au tamis. Certaines ménagères y ajoutent quelques feuilles de poirée. Voici maintenant la composition du bouillon aux herbes du Codex : Feuilles fraîches d'oseille 40 grammes, de laitue 20 grammes, de cerfeuil 10 grammes, sel marin 2 grammes, beurre frais 5 grammes, eau distillée 1 litre.

On défend l'oseille aux athritiques.

Rumex acetosella. L. (Petite oseille, Oseille de brebis, en picard : oseille de chien) est quelquefois recommandée en décoction comme dépurative et antiscorbutique. On utilise surtout la racine. Sa saveur est amère. Elle est indiquée contre le lymphatisme, les engorgements ganglionnaires. On faisait autrefois avec le soufre et la racine pulvérisée une pommade qu'on employait en frictions dans la gale.

RUMEX CRISPUS. L.

Syn. : *Parelle frisée Surelle.*

(Polygonées.)

Plante vivace de 50 centimètres à 1 mètre, très commune aux bords des chemins, dans les lieux incultes. Elle fleurit en juillet.

La tige est robuste, dressée, sillonnée, rameuse; les feuilles sont ondulées crispées, les inférieures sont oblongues lancéolées aiguës. Les fleurs sont en verticilles rapprochés en panicule dense et allongée ; les valves fructifères suborbiculaires cordiformes, munies d'un petit granule ovoïde.

La parelle renferme du tannin, des résines, du phosphore, du fer, etc. Elle est très amère.

En Amérique, on emploie beaucoup ce rumex contre l'obésité. C'est un dépuratif et un tonique. Certains auteurs le disent altérant.

On utilise surtout la racine en décoction. Dans ces dernières années, on a préparé une teinture extractive glycérinée qui renferme les principes actifs de la racine. Ce rumex jouit de la propriété de fixer le fer du sol par ses racines. Le fer monte par capillarité dans les vaisseaux de la plante et s'y transforme en fer organique. La poudre obtenue après pulvérisation de la racine contient environ 3 0/0 de fer. On l'administre en cachets de 0 gr. 50 à la dose de 2 à 4 grammes au moment des repas, dans les cas de chlorose et de chloro-anémie tuberculeuse (Gilbert et Lereboullet).

Rumex hydrolapathum. Huds. (Patience d'eau) possède aussi des propriétés dépuratives.

POLYGONUM BISTORTA. L.

(Du grec *polys*, beaucoup, *gonu*, genou: tige noueuse.)

Syn. : *Bistorte, Feuillote, Serpentaire.*

(POLYGONÉES.)

Plante vivace, de 20 à 80 centimètres, croissant dans les prés humides. Elle fleurit en juin.

La tige est dressée, simple ; les feuilles sont glauques en dessus, les inférieures oblongues obtuses, les supérieures acuminées, embrassantes. Les fleurs sont roses, en épi oblong, cylindrique, compact. La souche est épaisse, contournée.

On emploie ordinairement la racine. Elle est brune à l'extérieur, rougeâtre à l'intérieur, inodore, d'une saveur très astringente. Elle contient beaucoup de tannin, de l'acide gallique et de l'amidon. Sheele y a trouvé de l'acide oxalique. Elle est tonique, astringente et vulnéraire.

On conseille la poudre ou la macération de bistorte contre la diarrhée, certaines hémorragies, la leucorrhée, l'incontinence d'urine. Cullen l'a donnée dans la fièvre intermittente.

Les feuilles ont des propriétés diurétiques.

La bistorte a une réelle valeur thérapeutique. Elle est trop peu employée. Si elle nous venait de l'Amérique ou du Japon, on la prescrirait probablement beaucoup plus souvent.

On l'administre à l'intérieur en poudre (3 à 5 gr.), en extrait (2 à 5 gr.), en potion, en teinture. Elle est usitée aussi à l'extérieur comme astringente, en injections vaginales, dans la leucorrhée ; en macération. (Il faut traiter la racine à froid ; l'eau chaude dissoudrait l'amidon qui formerait un composé insoluble avec le tannin) (Bouchardat). Pour injection astringente, 15 grammes dans 1 litre d'eau ; pour lotion astringente, 50 grammes dans la même quantité d'eau.

Polygonum aviculare. L. (Traînasse, Herbe de pourceaux, Herbe à cent nœuds, Centinode, Renouée, en picard de Proyart : *Salouche*) possède les mêmes propriétés que la bistorte. On l'emploie surtout, en médecine populaire, contre la diarrhée. On se sert souvent de la décoction de feuilles et de racine (25 à 30 gr.). On dit que ses graines sont vomitives. Le suc de la renouée a été conseillé aussi dans l'hémoptysie.

Polygonum persicaria. L. (Persicaire) est quelquefois employée comme vulnéraire. Les feuilles sont très âcres.

Polygonum hydropiper. L. (Poivre d'eau, Herbe aux panaris, Curage, Persicaire âcre) a une saveur âcre et poivrée. On l'employait autrefois comme détersive, vulnéraire, fondante, apéritive et vermicide. On recommandait les feuilles et les jeunes pousses en application sur les articulations douloureuses dans la goutte. Etmüller dit avoir vu guérir un saignement de nez rebelle à tous les autres traitements après l'application sous les aisselles de la malade, du curage cuit dans l'eau.

On administrait la plante en infusion. Le suc a été conseillé dans la gale. A la campagne, on se sert encore des graines pulvérisées pour remplacer le poivre.

ULMUS CAMPESTRIS. L.

(Dérivé du celtique *Elm.*)

Syn. : *Orme commun, Orme des champs, Orme rouge, Ormeau, Arbre au pauvre homme.*

(Ulmacées.)

Arbre d'une hauteur moyenne de 15 mètres, planté le long des routes. L'arbre le plus élevé de Paris est l'orme de la cour de l'École nationale des sourds-muets. Il mesure, paraît-il, 46 mètres et a été planté sous Henri IV. L'orme fleurit en avril.

Les feuilles sont fermes, ovales, acuminées, asymétriques, poilues en dessous près de la nervure. Les fleurs sont presque sessiles. Le fruit est une samare.

L'écorce renferme beaucoup de tannin. Elle est tonique et astringente. On a employé comme diaphorétique la seconde écorce de l'orme. Elle a été conseillée dans l'ascite, les affections cutanées. L'infusion de feuilles et de semences est recommandée dans le rhumatisme et la goutte.

Les feuilles et même les fruits constituent un excellent fourrage.

URTICA URENS. L.

(Du latin *urere*, brûler : allusion aux piqûres brûlantes produites par les poils.)

Syn. : *Petite ortie, Ortie brûlante, Ortie grièche.*

En picard : *Ortile.*

(URTICÉES.)

Plante annuelle, de 20 à 50 centimètres, très commune dans les décombres. Elle fleurit en mai.

La tige est dressée, rameuse, hérissée, d'un vert clair ; les feuilles sont assez petites, ovales arrondies, incisées ; les fleurs sont monoïques ; les femelles sont plus nombreuses.

Le suc de l'ortie est astringent. On le conseille quelquefois contre les diarrhées, les hémorragies et certaines maladies de peau.

Les poils glanduleux de l'ortie déterminent sur la peau un effet très irritant. On frotte légèrement le malade avec une poignée d'ortie et on obtient une vive rougeur de la peau avec démangeaisons, c'est ce qu'on nomme l'*urtication*. On rappelle ainsi les exanthèmes, les fluxions extérieures qui se développent facilement ou qui tendent à disparaître. On emploie l'urtication dans tous les cas où il importe de faire rapidement de la peau le siège d'une fluxion dérivative énergique (Trousseau et Pidoux). On a recommandé ce moyen dans le rhumatisme, les paralysies, le choléra.

On fait une tisane d'ortie (50 gr. en décoction pendant 5 minutes dans un litre d'eau). On en prépare aussi un sirop.

On mange quelquefois l'ortie en guise d'épinards. Fiart rapporte l'exemple d'un empoisonnement par l'infusion d'ortie ; il remarqua de l'enflure des parois thoraciques ; les urines furent supprimées et la sécrétion du lait établie. Il est donc dangereux d'employer cette plante à l'intérieur.

L'ortie est une plante textile. On fait avec ses fibres des cordes et des toiles. On en fabrique aussi du papier.

La poudre de graines d'ortie donnée aux poules active la ponte de ces volailles.

Urtica dioïca. L. (Ortie, Grande Ortie) jouit des mêmes propriétés.

PARIETARIA OFFICINALIS. L.

(Du latin *paries*, muraille : plante des murs.)

Syn. : *Pariétaire officinale, Casse-pierre, Perce-muraille Epinard de muraille.*

(URTICÉES.)

Plante vivace, de 10 à 30 centimètres, assez commune sur les vieux murs, dans les décombres. Elle fleurit en juin.

Les tiges sont dressées ou diffuses, poilues, un peu rougeâtres ; les feuilles sont ovales, elliptiques lancéolées, ponctuées, velues, rudes. Les fleurs sont verdâtres, en glomérules, subsessiles.

La pariétaire a une saveur herbacée. Elle a des propriétés diurétiques, émollientes et rafraîchissantes. On emploie ordinairement toute la plante en infusion (10 gr. par litre d'eau). Elle est indiquée dans l'ascite, dans les coliques néphrétiques, la gravelle, la cystite. Son action est due à la grande quantité de nitrate de potasse qu'elle renferme et qui provient des vieux murs sur lesquels croît la plante.

On administre aussi l'infusion en lavements. On applique

les feuilles en cataplasmes. On en prépare un suc, une décoction et une eau distillée. Elle entre dans l'anticalculose du Dr Chevreux.

CANNABIS SATIVA. L.

(Du latin *canna*, canne, *avis*, oiseau : allusion à la forme de la tige et aux semences recherchées par les oiseaux.

Syn. : *Chanvre cultivé*, *Chanvre ordinaire*.

(URTICÉES.)

Plante annuelle, de 1 à 2 mètres, cultivée surtout dans la vallée de la Somme. Elle fleurit en juillet.

La tige est dressée, raide ; les feuilles sont opposées, palmatiséquées, les supérieures souvent alternes. Les fleurs sont vertes, dioïques ; les mâles, en petites grappes pédonculées, pendantes ; les femelles, réunies en glomérules serrés. Le calice est globuleux. Le fruit est subglobuleux.

Dans nos campagnes, on désigne sous le nom de femelles les pieds qui ont les fleurs mâles et sous celui de mâles, les pieds qui portent les graines.

La plante exhale une odeur forte, désagréable, vireuse, qui occasionne souvent de la céphalalgie et même des vertiges. On retire du chanvre une résine qui possède des propriétés narcotiques et enivrantes, *la cannabine*. On la recueille sur des feuilles et on en fait de petites boules appelées, en Orient, *churrus* ou *cherris*. Le chanvre est apéritif, résolutif et narcotique.

En médecine populaire, on fait bouillir de la graine de chanvre ou *chènevis* dans du lait et on administre cette préparation aux personnes atteintes de jaunisse. On conseille aussi aux nourrices de badigeonner leurs seins dont le lait s'écoule, avec de l'huile de chanvre. On fait avec le chènevis des émulsions adoucissantes et des cataplasmes émollients.

La plante qui fournit le *haschisch* est une espèce de chanvre qui diffère très peu du nôtre, le chanvre indien.

HUMULUS LUPULUS. L.

(Du latin *humus*, terre douce : le houblon croît dans les bons terrains.)

Syn. : *Houblon, Vigne du nord, Salsepareille nationale.*

(URTICÉES.)

Plante vivace, de 2 à 6 mètres, commune surtout dans les haies et cultivée dans quelques jardins. Elle fleurit en juillet.

Les tiges sont herbacées, sarmenteuses, volubiles, rameuses. Les feuilles sont palmatilobées, à trois, cinq lobes ovales acuminés. Les fleurs sont d'un vert jaunâtre, dioïques; les mâles en petites grappes rameuses ; les fleurs femelles en cônes ovoïdes, composés de bractées membraneuses, concaves, colorées; dans les fleurs mâles, le calice a cinq sépales, il y a cinq étamines ; les fleurs femelles sont réunies par deux à l'aisselle des écailles foliacées du cône, le calice est réduit à un seul sépale.

On n'emploie que les fleurs femelles. A la base de chaque écaille, on trouve deux petits fruits ovoïdes, comprimés, jaunâtres, entourés d'une poussière d'un jaune d'or ou d'un jaune verdâtre, odorante, le *lupulin*. C'est un petit organe (Raspail) glanduleux, ovoïde, ressemblant vaguement au fruit du chêne. Il est composé de *lupuline*, d'essence, de gomme, de résine, d'extractif, d'osmazone, de graisse, d'acides valérianique, malique, de malate de chaux, de tannin et de divers sels (Personne). La lupuline ne cristallise pas; elle est d'un blanc jaunâtre ; elle se dissout un peu dans l'eau ; elle est très soluble dans l'alcool. Le *lupulin* a une amertume parfumée. Il contient une essence d'une odeur alliacée; sa saveur est âcre. C'est à cette essence que le houblon doit ses propriétés sédatives. La lupuline est très amère. On prétend qu'elle diminue les facultés digestives. La résine de houblon est d'un jaune d'or.

A côté du tannin, Wagner a reconnu la présence d'un corps jaune qui paraît être du quercitrin. En présence des acides, il donne de la quercitrine et de la glycose.

Wagner pense avec Knapp que c'est aux propriétés narcotiques du houblon que la bière doit son action physiologique, sinon psychologique. Selon ces auteurs, cette boisson est un aliment qui résume les propriétés de l'opium et de l'alcool

Les cônes du houblon sont toniques, amers, antiscrofuleux, narcotiques et dépuratifs. Le houblon est un excellent antineurasthénique. On l'ordonne souvent aux dyspeptiques, pour stimuler les fonctions digestives, aux enfants lymphatiques, scrofuleux, rachitiques. On le conseille dans certaines maladies de peau, du foie, dans la gravelle. On le recommande aussi comme fébrifuge, diurétique et sudorifique.

Le lupulin a les mêmes propriétés que le houblon, mais il est plus actif. Selon Moquin-Tandon, c'est un aphrodisiaque, selon Page, de Philadelphie, c'est, au contraire, un anaphrodisiaque très puissant. Ce médecin s'en est servi avec succès dans la spermatorrhée. Debout et Aran sont du même avis que Page. On le vante contre les érections douloureuses (0,50 à 2 gr. en cachets). Barbier a employé ce médicament avec succès dans certains cas de fièvre intermittente.

Le lupulin est un narcotique qui donne parfois de bons résultats dans les cas d'incontinence d'urine des jeunes enfants. Dans certaines régions, on place souvent des cônes de houblon dans les oreillers des malades qui ne peuvent dormir et dans ceux des enfants qui ont de l'incontinence d'urine pendant la nuit.

Une infusion de cônes de houblon prise le soir avant de se mettre au lit procure un sommeil paisible.

Les cônes de houblon servent surtout à la fabrication de la bière. L'essence s'oppose à l'acétification de cette boisson qui, préparée avec soin joue un rôle important dans l'alimentation. Au principe stimulant et conservateur du houblon, on trouve du gluten soluble, de l'orge, du sucre, de la dextrine, une petite quantité d'alcool et un excès d'acide carbonique ; mais si on a remplacé, comme malheureusement il arrive trop souvent, l'orge germée par de la glycose, et si on a substitué au houblon un autre amer, on obtient un breuvage aigre qui, au lieu d'être nourrissant, est désagréable et débilitant.

L'emploi du houblon dans la fabrication de la bière remonte, d'après un document d'origine certaine, à près de 1.100 ans. Il résulte, en effet, d'une donation faite par le père de Charlemagne, que sa culture existait déjà au VIIIe siècle de notre ère (Siélain). Le houblon le plus estimé est celui de Saatz, en Bohême, dont on fait la fameuse bière de Pilsen.

Les houblons de Bavière, d'Alsace, de Belgique et d'Angleterre sont bien inférieurs à celui de Saatz.

On administre le houblon en infusion (10 gr. de cônes pour 1 litre d'eau), en eau distillée, en teinture alcoolique, en extrait (1 à 3 gr.). Avec le lupulin, on prépare une teinture, un extrait, un sirop, un saccharure, une gelée, une pommade.

Les jeunes pousses et les feuilles du houblon sont antiscorbutiques. La racine et les *turions* ou jeunes pousses sont diurétiques. Dans certains pays du nord, on mange les turions en guise d'asperges.

Avec les tiges on fait du papier ordinaire, mais surtout du papier à cigarettes.

FICUS CARICA. L.

(Dérivé du grec *sykê*.)

Syn. : *Figuier, Arbre à cariques. Bou.*

(ARTOCARPÉES.)

Arbuste de 2 à 5 mètres, originaire de l'Orient. On dit qu'il a été importé avec la vigne dans le midi de la France, par les Phocéens. Il fleurit en juin.

Les feuilles sont pétiolées, palmatilobées cordiformes, à trois, sept lobes obtus, ondulés-dentés, épaisses, pubescentes. Les fleurs sont monoïques, nombreuses, pédicellées et réunies dans un réceptacle pyriforme, légèrement entr'ouvert en haut, charnu, vert jaunâtre ou violacé ; les fleurs mâles sont à la partie supérieure de la cavité et ont un périanthe à trois divisions, trois étamines ; les femelles, à la partie inférieure, elles ont un périanthe à cinq lobes et deux styles latéraux. Les fruits sont très petits, renfermés dans un réceptacle accrescent et caduc *(figue)*.

La figue n'est pas un fruit, mais un amas de fruits. Toute les fleurs femelles se transforment après leur fécondation, e autant de petits fruits (*drupes*) charnus. En même temps, l réceptacle devient succulent, sucré et parfumé. Ouvrez un figue et vous verrez toutes ces petites drupes serrées les une contre les autres. Elles sont pédicellées, obovées, terminée par le style et les stigmates qui sont très mous. Ils renfermen une petite graine lenticulaire crustacée.

Il y a deux sortes de figues : les unes, qui mûrissent er juillet, occupent la partie moyenne des branches, ce sont les *figues-fleurs* : elles ne renferment ordinairement que les fleurs femelles ; les autres, les terminales, mûrissent en septembre ; elles portent des fleurs mâles et des fleurs femelles. Les premières sont les plus grosses, les secondes les plus sucrées.

On compte un très grand nombre de variétés de figues : elles sont plus ou moins grosses, plus ou moins allongées, plus ou moins colorées ; les unes sont vertes, jaunes, violacées ou rougeâtres à l'extérieur, les autres, jaunâtres, d'un rouge vif ou d'un rouge violacé à l'intérieur.

On fait sécher ordinairement les figues au soleil, étendues sur des claies, ou bien au four, si le temps est mauvais. Les figues de la Picardie et de tout le nord de la France sont peu sucrées et ne se conservent pas.

Les figues fraîches ont une saveur sucrée et parfumée. On les emploie en médecine comme adoucissantes, émollientes, béchiques et légèrement laxatives. Elles sont aussi nutritives. Les figues sèches sont plus sucrées et plus indigestes. Elles font partie des fruits béchiques et pectoraux. On en fait une tisane et une pâte. On soumet à l'ébullition pendant une demi-heure 60 grammes de fruits pectoraux dans un litre d'eau et on obtient une excellente tisane légèrement laxative indiquée dans les bronchites et les laryngites. On en prépare aussi des gargarismes émollients pour les inflammations de la gorge. La figue et les autres fruits béchiques entrent dans la composition du *sirop de mou de veau*.

La tige et les rameaux contiennent un suc qui jouit de propriétés purgatives. On l'a conseillé en attouchements sur les verrues.

Dans le midi de la France, on fait des cataplasmes de figues qui sont émollients et remplacent ceux de farine de graine de lin. On applique aussi parfois une figue ouverte sur les petits abcès de la bouche.

Dans quelques régions, on fait des infusions caféiformes avec les figues torréfiées et pulvérisées.

MORUS NIGRA. L.

(Du grec *morea*, mûrier, du celtique *mor*, noir.)

Syn. : *Mûrier noir.*

(URTICACÉES.)

Arbre de 5 à 8 mètres, originaire de l'Asie, cultivé dans certains jardins. Il fleurit en mai.

Les feuilles sont ovales aiguës, cordiformes à la base, dentées, quelquefois incisées lobées, assez épaisses, pubescentes, d'un vert foncé. Les fleurs femelles sont en épis cylindriques, denses. Les fruits sont gros, d'un rouge noirâtre *(mûres)*.

Les mûres ont la grosseur d'une prune de Damas et la forme des fruits de la ronce. Elles sont ovoïdes et d'un pourpre noir à la maturité. Leur suc est d'un rouge foncé. Elles ont une saveur sucrée, un peu acidulée, assez agréable. Elles contiennent une certaine quantité de mucilage et ont des propriétés analogues à celles des groseilles. Elles sont rafraîchissantes, adoucissantes et légèrement astringentes.

On en fait une boisson, un sirop. Pour avoir un sirop de mûres astringent et détersif, il faut cueillir les fruits avant la maturité. Il est indiqué dans les amygdalites, les inflammations de la gorge, les bronchites légères. On badigeonne aussi avec le sirop de mûres les aphtes, les petites plaies de la muqueuse de la bouche.

L'écorce de la racine du mûrier est âcre, amère, purgative et vermifuge. Du temps de Dioscoride, on la conseillait déjà contre le ténia. L'infusion de feuilles (50 gr. pour un litre d'eau) est fébrifuge.

On l'administrait en poudre ou en décoction, ou bien encore

mêlée à la fougère mâle avec la crème de tartre et l'antimoine diaphorétique (Lieutaud).

Les mûres sont des fruits alimentaires peu digestifs.

DAPHNE MEZEREUM. L.

(Nom grec du laurier.)

Syn. : *Daphne morillon*, *Bois gentil*, *Joli bois*, *Faux garou*, *Lauréole gentille*, *Lauréole femelle*.

(Daphnoïdées.)

Arbrisseau de 50 à 80 centimètres, croissant dans les bois montueux. Il fleurit en février.

La tige est dressée, grisâtre ; les feuilles sont glabres ou ciliées, minces, longues, caduques, oblongues-lancéolées, paraissant après les fleurs. Celles-ci sont roses, odorantes, sessiles, disposées par deux, quatre, le long des rameaux, en épis interrompus, terminés par une rosette de jeunes feuilles. Le périanthe est velu ; la baie est nue, ovoïde, rouge.

En médecine, on emploie quelquefois l'écorce. Elle est mince, gluante, très résistante, d'une odeur désagréable. Elle possède des propriétés irritantes et vésicantes. Elle est extrêmement âcre et employée comme épispastique. Les racines et les feuilles ont les mêmes vertus thérapeutiques.

Les feuilles sont purgatives et toxiques; les fruits sont purgatifs ; l'absorption d'une douzaine de ces fruits peut causer la mort. Il y a alors des frissons, perte de connaissance, de fortes coliques et une violente diarrhée.

Vauquelin a retiré de l'écorce de ce daphne une matière cristalline, la *daphnine*, une matière résineuse sans âcreté, une matière résineuse verte, demi-fluide, très âcre, épispastique.

On applique simplement l'écorce sur la peau pour produire une vésication semblable, mais plus lente et plus douloureuse, à celle qu'on obtient avec les cantharides; néanmoins elle ne présente pas les graves inconvénients du vésicatoire.

Daphne laureola. L. (Lauréole majeure, Lauréole mâle, Laurier des bois) jouit des mêmes propriétés. La petite baie est noire. Elle est purgative et toxique. A la campagne on emploie plus souvent l'écorce de cette lauréole comme épispastique.

LAURUS NOBILIS. L.

(Du celtique *blawr*, toujours vert.)

Syn. : *Laurier noble*, *Laurier d'Apollon*, *Laurier des poètes*, *Laurier sauce*, *Laurier franc*, *Laurier à jambons*, *Laurier commun*.

(LAURINÉES.)

Arbre de 2 à 4 mètres, cultivé dans quelques jardins. Dans le midi de la France, il s'élève quelquefois à 10 mètres de hauteur. Il fleurit en mars.

Les feuilles sont coriaces, persistantes, elliptiques-lancéolées, entières, ondulées aux bords ; les fleurs sont dioïques, blanchâtres, odorantes, en petites ombelles axillaires, pédonculées; le périanthe est pétaloïde, caduc, à quatre divisions obovales; la drupe est noire, à une seule graine.

Bonastre a analysé les baies de laurier et y a trouvé une huile volatile, la *laurine*, une huile grasse verte, une huile liquide, de la cire, de la résine, de la fécule, un extrait gommeux, de la bassorine, du sucre liquide, une substance acide, de l'albumine. La *laurine* est blanche, amère, cristalline, insoluble dans l'eau froide.

Les baies sont aromatiques, amères et âcres. Les feuilles contiennent aussi une huile essentielle qui leur donne une odeur forte, aromatique, agréable et une saveur chaude. En brûlant, les feuilles répandent cette odeur aromatique qui peut remplacer les vapeurs produites par une décoction de feuilles d'eucalyptus. On peut donc se servir de ce moyen pour assainir les chambres de malades.

A la campagne, on fait une pommade avec un mélange de 10 grammes de feuilles et de fruits de laurier qu'on incorpore dans 20 grammes d'axonge. On vante cette pommade en frictions sur les articulations malades dans le rhumatisme chronique. C'est un excellent stimulant.

Les baies et les feuilles de laurier sont stimulantes et toniques. Les baies sont, en outre, carminatives. On en retire une huile et on en prépare un onguent. L'huile et l'onguent de laurier sont des stimulants qui rendront aussi quelques services dans le rhumatisme chronique.

On emploie la feuille comme condiment.

HIPPOPHAE RHAMNOIDES. L.

(Du grec *hippos*, cheval, *phao*, je tue: les fruits sont employés en décoction pour détruire la vermine des animaux.)

Syn. : *Argousier faux nerprun.*

(Eléagnées.)

Arbrisseau de 1 à 3 mètres, épineux, croissant dans les dunes et les lieux sablonneux. Il fleurit en avril.

Les feuilles sont lancéolées linéaires, fermes, d'un vert sombre en dessus, argentées, écailleuses en dessous. Les fleurs sont verdâtres, dioïques ; les fleurs mâles présentent de courts chatons latéraux ; les fleurs femelles, solitaires, sont brièvement pédicellées. Le fruit est subglobuleux, jaune orangé.

On emploie quelquefois les feuilles et les fleurs dans le rhumatisme.

Le fruit a une saveur acide. Il est comestible. Les Finlandais en font une confiture.

Dans les dunes, on plante souvent cet arbrisseau pour fixer le sable.

ARISTOLOCHIA CLÉMATITIS. L.

(Du grec *aristos*, excellent *locheia*, accouchement : allusion aux propriétés stimulantes de cette plante.)

Syn. : *Aristoloche clématite*, *Aristoloche des vignes*, *Guillebaude*, *Poison de terre*, *Pommerasse*, *Ratelaire*, *Sarrazine.*

(Aristolochiées.)

Plante vivace, de 20 à 80 centimètres, très rare dans le département de la Somme. Elle fleurit en mai.

Les feuilles sont grandes, ovales, obtuses cordiformes, denticulées. Les fleurs sont jaunâtres, fasciculées, assez petites ; le périanthe est glabre à languette aussi longue que le tube ; la capsule est grosse, pyriforme, pendante. La souche est profonde, rampante, à racines grêles.

L'aristoloche clématite exhale une odeur désagréable. La saveur de la racine est amère. On employait autrefois les racines comme toniques, stimulantes, emménagogues et détersives. Elles ont été autrefois conseillées pour faciliter l'expulsion des lochies. On les a prescrites aussi dans les pyrexies.

L'infusion de racine (15 gr. par litre d'eau) est indiquée dans la chlorose, le rhumatisme, la goutte, etc. On emploie la poudre (4 gr.) dans les mêmes cas.

La racine de l'aristoloche entre dans la composition du baume samaritain.

EUPHORBIA LATHYRIS. L.

(Dédié à *Euphorbe*, médecin grec de l'antiquité.)

Syn. : *Euphorbe-Epurge, Petite catapuce.*

(EUPHORBIACÉES.)

Plante bisannuelle, de 50 centimètres à 1 mètre, souvent cultivée, assez commune dans le voisinage des habitations. Elle fleurit en juin.

La tige est robuste, creuse, dressée, rameuse. Les feuilles sont opposées, sessiles, lancéolées oblongues, mucronées, entières. Les fleurs sont jaunâtres, en ombelle grande, à deux, cinq rayons dichotomes, les bractées sont ovales lancéolées. La capsule est très grosse, ovoïde, trigone, glabre ; les graines sont réticulées, rugueuses.

Le fruit de l'épurge est éméto-cathartique. Barbier prétendait que l'enveloppe verte donne des vomissements, de violentes coliques, des selles souvent mêlées de sang, de la prostration, de la pâleur de la face. En effet, le suc de cette enveloppe est âcre, caustique et détermine de l'irritation des muqueuses de la bouche, de la gorge, etc. Si on emploie, dit-il, les graines sèches après les avoir décortiquées, l'effet purgatif est bien moins violent, cependant il y a toujours des vomissements. Il paraît que l'amande a un goût agréable de noisette.

Reynard, ancien pharmacien d'Amiens, a extrait des graines de l'épurge une huile douce, blanche ou d'un fauve clair, très fluide, transparente et d'une saveur âcre.

Coste et Willemet ont remarqué que les feuilles et les racines de l'épurge sont moins actives après avoir été soumises à une légère torréfaction.

L'huile d'épurge est émeto-cathartique ; elle contient une matière résineuse complexe qui est très énergique. Elle agit comme l'huile de croton. La dose ordinaire est de 1 à 2 grammes ; 0 gr. 75 d'huile d'épurge suffisent pour une purgation ordinaire (Richer, d'Amiens).

Les semences d'épurge étaient autrefois nommées *graines royales mineures*. Cent kilogrammes de graines donnent environ 30 kilogrammes d'huile. On administre cette huile en tablettes, en pilules, en potion gommeuse, en looch.

Les feuilles sont purgatives, émétiques, dépilatoires. Elles ne sont plus usitées à l'intérieur. Le suc de la tige et des feuilles est extrêmement toxique. On l'emploie souvent pour faire disparaître les verrues. Appliqué sur la peau, il détermine une vive irritation. On recommandait autrefois le suc dans l'ascite, la goutte et les affections cutanées.

Les gens de la campagne se purgent souvent avec les graines de l'épurge. Six ou sept produisent une bonne purgation. Elles occasionnent souvent des éruptions cutanées.

Euphorbia helioscopia. L. (Euphorbe, Réveil-matin, Herbe aux verrues) est très peu usitée. On applique quelquefois le suc de cette plante sur les verrues pour les détruire. Quelques mauvais plaisants conseillent parfois à ceux qui veulent se lever de bonne heure, de se frotter les paupières avec le réveil-matin en se couchant. Il faut éviter d'employer ce moyen. Non seulement cette friction détermine une violente irritation des paupières et cause de l'insomnie, mais elle peut donner lieu à des accidents graves (érysipèle, etc.).

Euphorbia cyparissias. L. (Euphorbe petit cyprès, petite Esule) est employée aussi contre les verrues. Letellier a retiré de cette euphorbe des principes volatils d'une extrême âcreté qui produisent une vive inflammation de la peau. La poudre de racine est éméto-cathartique (Loiseleur-Deslongchamps).

Euphorbia peplus. L. (Euphorbe-manteau) jouit de propriétés purgatives.

MERCURIALIS ANNUA. L.

(Dédié à *Mercure* qui en fit connaître les propriétés.)

Syn. : *Mercuriale annuelle, Foirole, Foirode, Vignoble, Vignette, Ramberge, Mercoret* ; en picard de Proyart : *Vaquerie.*

(EUPHORBIACÉES.)

Plante annuelle, de 10 à 50 centimètres, très commune dans les lieux cultivés et incultes, dans les décombres. Elle fleurit en juin.

La tige est dressée, glabre, rameuse. Les feuilles sont d'un vert clair, ovales ou ovales lancéolées, dentées en scie, glabres, minces, molles. Les fleurs sont verdâtres ; les mâles, en en épis allongés, axillaires, les femelles, subsessiles, solitaires. La capsule a deux coques hérissées ; les graines sont globuleuses, solitaires, souvent rugueuses.

Feneulle a trouvé dans la mercuriale un principe amer, du mucilage, de l'albumine, une matière grasse incolore, de l'essence, de la pectine et des sels. On en a extrait dernièrement un alcali végétal, la *mercurialine.* La saveur de la plante est fade, herbacée, un peu salée ; son odeur est faible, peu agréable.

Les propriétés de la *vaquerie* sont émollientes et laxatives. C'est un purgatif très employé à la campagne. On l'administre en infusion (25 gr. de mercuriale fraîche pour 1 litre d'eau). En séchant, la mercuriale perd ses propriétés purgatives. On la donne en lavements (10 gr. de plante fraîche en décoction dans 1 litre d'eau, ou 15 gr. de plante sèche).

On applique la mercuriale en cataplasmes sur la tête des enfants qui ont de l'impétigo du cuir chevelu. On en fait aussi des fomentations.

On prépare un miel de mercuriale. (Dose : 50 à 100 gr. pour un lavement), un miel de mercuriale composé ou *sirop de longue vie*. On le prescrit à l'intérieur comme laxatif à la dose de 8 à 32 grammes.

Quelques auteurs prétendent que cette plante est diurétique.

La mercuriale renferme une matière tinctoriale bleue.

Mercurialis perennis. L. (Mercuriale vivace, Mercuriale sauvage, Mercuriale des bois, Chou de chien) est un violent drastique qui est très peu usité. Elle est beaucoup plus active que la mercuriale annuelle (Soubeiran) parce qu'elle renferme plus de *mercurialine*. On fait disparaître ce principe toxique par la dessiccation ou l'ébullition.

SALIX ALBA. L.

(Du celtique *sal*, proche, *lis*, eau ; ou du latin *salire*, saillir, croître vite : les saules sont souvent aux bords des eaux et ont une végétation rapide.)

Syn. : *Saule blanc*, *Saule commun*, *Osier blanc* ; en picard de Proyart : *Seu*.

(Salicinées.)

Arbre de 6 à 25 mètres, souvent planté dans les endroits humides. Il fleurit en avril.

Les feuilles sont lancéolées, acuminées, denticulées, à pointe droite ou déjetée, blanchâtres sur les deux faces ou en dessous seulement. Les chatons sont cylindriques, pédonculés, feuillés ; les mâles sont grêles, arqués, les femelles sont denses ; les écailles sont ciliées, jaunâtres ; il y a deux étamines à anthères jaunes ; le style est court, la capsule, glabre.

Pelletier et Caventou ont analysé l'écorce de saule, dans le but d'y découvrir un principe analogue à la quinine ou à la cinchonine, ils en retirèrent une matière brune, rougeâtre, peu soluble dans l'eau, soluble dans l'alcool, une matière grasse, verte, soluble dans l'alcool et l'éther, du tannin, une matière gommeuse, un sel de magnésie, un acide organique. Leroux a isolé la *salicine*. La matière brune, rougeâtre, paraît être le principe actif ou une modification de la *salicine*. L'écorce de saule blanc contient aussi de la *corticine*. La *salicine* est blanche, inodore, neutre. La *corticine* ressemble au rouge cinchonique ; elle a été découverte par Braconnot. Elle a une couleur fauve, elle est insipide et inodore. La salicine est peu fébrifuge ; on la donne en pilules ou en solution dans l'eau, à la dose de 2 à 8 grammes en cachets : un toutes les deux heures. On l'emploie surtout contre les névralgies et dans le traitement des affections aiguës : grippe, pneumonie, etc., elle réussit bien moins que le sulfate de quinine. On l'associe quelquefois au ferro-cyanure de sodium (Pilules des Drs Duhalde et Halmagrand).

L'écorce de saule est amère, tonique, astringente et fébrifuge. Elle a été indiquée dans la fièvre intermittente. Il faut en donner de fortes doses dans l'intervalle des accès pour obtenir un résultat. On l'appelle le *Quinquina du pauvre*. On a attribué à l'écorce du saule des propriétés vermifuges. On en a fait des bains toniques.

La décoction d'écorce était autrefois recommandée dans l'anémie et la chlorose.

L'infusion de feuilles de saule a été préconisée contre la dysenterie.

On administre l'écorce en poudre (25 gr. par jour), en infusion, en décoction (40 gr. par litre d'eau), en extrait, en vin. La poudre était plus souvent usitée. On la prenait dans une infusion de camomille romaine.

Les écorces de tous nos saules jouissent à peu près des mêmes propriétés. Wilkinson prétendait même que l'écorce de *Salix caprea*. L. (Saule marsault, Vodre ; en picard de Proyart : *Bourseu*) est supérieure au quinquina.

POPULUS ALBA. L.

(Du latin *populus*, peuple, ou du grec *paipallein*, s'agiter : arbres plantés dans les lieux publics, à feuillage tremblant.)

Syn. : *Peuplier blanc, Blanc de Hollande.*

(Salicinées.)

Arbre élevé, souvent planté aux bords des routes. Il fleurit en mars.

Les feuilles sont ovales ou suborbiculaires, anguleuses, sinuées, dentées, vertes en dessus, blanches en dessous ; les chatons présentent des écailles oblongues, lancéolées, crénelées ; il y a huit étamines et quatre stigmates jaunes ; la capsule est ovoïde.

On utilise quelquefois, en médecine, les bourgeons de peuplier. Ils ont une odeur balsamique forte et une saveur chaude aromatique. Selon Pellerin, ils contiennent une essence, une résine jaune verdâtre, de la gomme, des acides gallique et malique, de la cire, de l'albumine, de l'acétate et du chlorhydrate d'ammoniaque.

On emploie les bourgeons de peuplier, en infusion, dans les affections des bronches, des reins, de la vessie et de la peau. Il paraît qu'ils favorisent la sécrétion des glandes.

Dans l'écorce de cet arbre on trouve non seulement de la *salicine*, mais de la *populine* et une essence. Braconnot a découvert la *populine* dans l'écorce de nos peupliers. C'est une substance blanche d'une saveur analogue à celle de la réglisse.

L'écorce des jeunes rameaux est astringente et fébrifuge. On l'emploie en décoction et en poudre (30 gr. par litre d'eau).

On obtient le charbon de peuplier ou de Belloc, en calcinant et en pulvérisant ensuite les jeunes bourgeons enduits de leur substance résineuse. Cette poudre de charbon est indiquée dans la fièvre typhoïde, dans le scorbut, la diarrhée, dans les dyspepsies flatulentes et acides. Elle est conseillée contre la fétidité de l'haleine. On l'emploie aussi comme dentifrice. Brachet prétendait qu'elle retarde la carie dentaire. Elle est surtout absorbante et antiputride. On en fait des pastilles et des tablettes. On l'emploie aussi à l'extérieur.

Populus nigra. L. (Peuplier noir, Peuplier franc) a les mêmes propriétés. On emploie les bourgeons de cette espèce pour la préparation de l'onguent populeum ou pommade de peuplier. Elle est conseillée contre les hémorroïdes douloureuses. Elle est adoucissante et calmante. On fait encore une pommade de bourgeons de peuplier. Elle est aussi adoucissante. On recommandait autrefois une teinture alcoolique de bourgeons de peuplier contre la tuberculose pulmonaire.

Tous les peupliers qui croissent en Picardie ont à peu près les mêmes propriétés.

BETULA ALBA. L.

(Dérivé de *betu*, nom celtique du bouleau.)

Syn. : *Bouleau blanc*, *Bouillard*, *Bouleau d'Europe*, *Arbre de la sagesse* ; en picard de Proyart : *Bouillet*.

(Bétulinées.)

Arbre assez élevé, de 12 à 25 mètres, assez commun dans les bois. Il fleurit en avril.

Les jeunes rameaux sont grêles, pendants. Les feuilles sont pétiolées, ovales, rhomboïdales ou triangulaires, acuminées, doublement dentées, glabres ; les chatons femelles sont pédonculés, à écailles trilobées ; le fruit est elliptique.

L'écorce de bouleau est amère, tonique, astringente et fébrifuge. Elle peut remplacer le quinquina. On l'a employée contre les fièvres intermittentes. On en prépare un vin qui possède à peu près les propriétés du quinquina, mais qui a l'avantage d'être bien moins cher.

Les feuilles de bouleau sont amères, dépuratives et apéritives. On les donne en infusion (20 gr. par litre d'eau) dans la goutte et le rhumatisme, les affections cutanées et l'ictère. Elles sont, paraît-il, vermifuges et légèrement diurétiques. La racine est fébrifuge.

On retire de l'écorce, par distillation, une huile odorante qui sert à la préparation du cuir de Russie. C'est cette huile qui lui communique son odeur et sa couleur caractéristiques.

L'écorce de bouleau est imperméable. On en fait des semelles qui valent celles de liège pour préserver de l'humidité.

Les feuilles renferment une matière colorante jaune. La sève donne, par fermentation, de l'alcool, du vinaigre et une boisson semblable à la bière.

ALNUS GLUTINOSA. GŒRTN.

(Du celtique *al*, près, *lan*, bord de rivière : qui croît aux bords des eaux.)

Syn. : *Aune glutineux*, *Aune commun*, *Vergne*.

(Bétulinées.)

Arbre d'une hauteur de 15 à 20 mètres, assez commun le long des ruisseaux, dans les prairies humides. Il fleurit en mars.

Les jeunes rameaux sont glabres ; les bourgeons sont renflés ; les feuilles sont glutineuses, pétiolées, suborbiculaires, ou obovales en coin, tronquées ou échancrées, sinuées dentées, vertes et glabres sur les deux faces ; les aisselles des nervures sont néanmoins poilues ; il y a trois, six chatons mâles, les cônes sont ovoïdes, pédonculés.

L'écorce de l'aune renferme beaucoup de tannin. Elle est amère, astringente et fébrifuge. Les feuilles jouissent à peu près des mêmes propriétés. On emploie quelquefois l'infusion d'écorce en gargarismes dans les inflammations de la gorge. La poudre d'écorce est souvent conseillée comme fébrifuge. On vante l'application de feuilles d'aune sur les seins pour arrêter les écoulements laiteux. Voici maintenant un traitement du rhumatisme par les feuilles de cet arbre : On fait sécher une certaine quantité de feuilles vertes qu'on étend sur un lit, on fait coucher le rhumatisant sur celles-ci, on recouvre son corps de feuilles, puis d'une couverture de laine. Ce traitement provoque d'abondantes sueurs qui calment les douleurs. On donne un bain de feuilles par jour pendant une semaine.

Dom Robbe classait l'aune dans les résolutives.

FAGUS SYLVATICA. L.

(Du grec *phagô*, je mange : les fruits sont comestibles.)

Syn. : *Hêtre des bois, Fayard, Foyard, Fouteau, Fau.*

(Cupulifères.)

Arbre d'une hauteur de 20 à 25 mètres, assez commun dans les bois. Il fleurit en avril.

Les feuilles sont ovales ou ovales oblongues, petites, aiguës ou acuminées, dentées, ciliées, soyeuses. Les fleurs mâles sont en chatons globuleux, longuement pédonculés, à pendants, à écailles très petites ; le périanthe est très velu, en cloche, à cinq, six divisions ; il y a huit, douze étamines ; les fleurs femelles sont renfermées dans un involucre urcéolé, à quatre lobes; le périanthe est velu, lacinié. L'involucre fructifère est pédonculé, ovale, ligneux, hérissé d'épines molles, s'ouvrant en quatre valves et contenant deux, trois fruits trigones (*faînes*), d'un brun luisant.

L'écorce du hêtre est astringente et fébrifuge. On l'administre ordinairement en décoction contre les fièvres intermittentes (30 grammes d'écorce sèche pour 1 litre d'eau). La poudre est éméto-cathartique, à la dose de 25 grammes. Elle est indiquée dans la goutte, le rhumatisme, les affections cutanées.

Les faînes fournissent une huile fine, d'un jaune pâle. Elle n'est pas employée en médecine. Cent kilogrammes de faînes donnent environ 21 kilogrammes d'huile. Un hêtre de 150 ans peut produire 5000 litres de faînes par an avec lesquelles on peut obtenir environ 600 litres d'huile.

La faîne est comestible; elle a une saveur douce et agréable.

Le charbon de bois provient de la combustion lente des branches du hêtre. On retire la créosote des produits de la distillation sèche du bois, principalement du goudron.

QUERCUS SESSILIFLORA. SALISB.

(Du celtique *quer*, beau, *cuez*, arbre.)
Syn. : *Chêne rouvre.*

(Cupulifères.)

Arbre assez élevé et assez commun dans les bois. Il fleuri en avril.

Les feuilles sont pétiolées, caduques, obovales, sinuées lobées, glabres ou légèrement pubescentes en dessous, su les nervures ; les fleurs femelles sont sessiles, agglomérées le style est très court ; les fruits sont subsessiles ou à pédon cule égalant à peu près le pétiole : la cupule présente de écailles nombreuses, appliquées ; les glands sont ovoïdes.

On emploie surtout, en médecine, l'écorce de chêne. Bra connot nous apprend qu'elle est composée de tannin, d'acide gallique, de sucre liquide, de pectine, de tannates de potasse de chaux et de magnésie. C'est un astringent très énergique On employait autrefois la poudre comme fébrifuge, dans le fièvres intermittentes. On la mélangeait quelquefois à la pou dre de charbon pour le pansement de certaines plaies atoni ques. On préparait une *décoction de tan*, en faisant bouilli 5 à 10 grammes d'écorce de chêne dans 500 grammes d'eau On se servait de cette préparation comme injection astringente L'écorce réduite en poudre porte le non de *tan* ; quand elle est très fine, on la nomme *fleur de tan*. Elle est surtout utile pour le tannage des peaux. On conseillait aussi la macéra tion d'écorce ; le tannin qu'elle renferme est soluble dans l'eau froide.

Lorsqu'on administre la poudre d'écorce à l'intérieur, i se produit souvent des contractions douloureuses de l'esto mac, de la cardialgie. On l'a préconisée cependant contre la dysenterie, la métrorrhagie, l'incontinence d'urine dépendan d'un relâchement du sphincter vésical, contre la leucorrhée et la gonorrhée ; dans ces deux derniers cas, on conseille en même temps des injections astringentes à l'écorce de chêne. On recommandait autrefois, dans les chutes du rectum, de la poudre d'écorce en sachet ou des compresses trempées dans la décoction. Cullen l'employait souvent en gargarismes. On vante la poudre d'écorce de chêne mêlée avec du miel à la dose de 2 à 4 grammes contre les hémoptysies et les métrorrhagies.

On emploie souvent la décoction d'écorce (30 gr. pour 500 gr. d'eau).

On appelle *jusée*, le liquide qui se trouve dans les fosses des tanneurs. Barruel l'a étudiée et Vigla l'a conseillée contre la tuberculose pulmonaire. On en prépare un extrait. Barruel a composé un sirop et des pilules de jusée, recommandés dans le lymphatisme et le rachitisme. On préconisait aussi autrefois l'infusion de feuilles de chêne en gargarismes, en injections. Elle est très peu usitée aujourd'hui.

Les glands torréfiés sont alimentaires, toniques et astringents. Ils sont indiqués dans certaines affections de l'estomac. On en fait une infusion qui remplace quelquefois le café. On les fait souvent germer avant de les torréfier, ils sont alors très doux. Pour préparer leur *palamond* et leur *racahout*, les Turcs enfouissent dans la terre les glands pour faire perdre leur amertume.

L'infusion de glands grillés et pulvérisés est indiquée dans la tuberculose abdominale des enfants.

D'après Lœwig, ces fruits sont composés d'huile grasse, de résine, de gomme, de tannin, d'extrait amer, d'amidon, de ligneux, de sels de potasse et de chaux.

On donne le nom de *noix de galle* à une excroissance qui se développe sur le chêne. Elle est produite par la piqûre d'un hyménoptère ; la femelle de cet insecte porte sous l'abdomen une petite tarière roulée en spirale, avec laquelle elle perce l'épiderme des feuilles pour y déposer ses œufs.

On trouve dans la noix de galle du tannin, des traces d'acide gallique, un extractif, un composé insoluble dans l'eau froide de tannin et d'acide pectique, du tannate et du gallate de potasse et de chaux. On l'administre en poudre. Elle est astringente. Elle a, dit Barbier, une saveur acerbe. On l'a conseillée dans la diarrhée, dans certaines affections de l'estomac, surtout quand il y a atonie de l'organe, dans la leucorrhée et au déclin de la blennorrhagie; dans ces deux derniers cas, le malade prendra, en outre, des injections astringentes à la noix de galle. On l'a recommandée comme fébrifuge dans les fièvres intermittentes. On employait jadis la décoction de noix de galle en gargarismes contre la salivation mercurielle (Lagneau).

En médecine, on n'emploie que la galle d'Alep.

On prépare surtout avec la noix de galle un gargarisme et la pommade antihémorroïdale de Cullen.

Les feuilles et la racine du chêne possèdent à peu près les mêmes propriétés que l'écorce, mais sont moins actives.

Quercus pedunculata. Ehrh. (Chêne pédonculé, Chêne commun, Chêne blanc, Chêne à grappes, Gravelin) possède les mêmes propriétés.

Dans quelques régions, on fait des infusions caféiformes avec les glands torréfiés et pulvérisés.

CORYLUS AVELLANA. L.

(Du grec *corys*, casque : forme de l'involucre fructifère.)

Syn. : Noisetier, Coudrier, Coudre, Avelinier, Noisillier ; en picard de Proyart : *Nestiy*.

(Cupulifères.)

Arbrisseau de 2 à 6 mètres, très commun dans les bois. Il fleurit en janvier.

Les rameaux sont flexibles, pubescents ; les feuilles ont un pétiole assez court, elles sont suborbiculaires acuminées, doublement dentées, poilues. Les fleurs paraissent longtemps avant les feuilles ; les mâles, en chatons jaunâtres, cylindriques, pendants, sessiles, fasciculés (en picard : *barbisettes*) ; les femelles sont peu apparentes, dans un bourgeon écailleux, on y voit deux longs styles rouges ; l'ovaire présente ordinairement deux loges uniovulées. L'involucre fructifère est en cloche, foliacé, un peu charnu à la base, incisé et ouvert au sommet, recouvrant une grande partie du fruit (*noisette*) ; celui-ci est ovoïde ou subglobuleux, apiculé, à enveloppe ligneuse.

L'écorce des jeunes rameaux est fébrifuge. L'infusion de feuilles (20 gr. par litre d'eau) est dépurative. On la recommande dans les affections cutanées.

Les noisettes contiennent une huile douce assez abondante, qui remplace quelquefois, en médecine, l'huile d'amandes douces. Elle est ténifuge et a la propriété, dit-on, de faire repousser les cheveux.

La poudre de barbisettes (5 gr.) est indiquée contre les hémorragies. La poudre de la coque est astringente.

La noisette est alimentaire ; fraîche, elle est d'une digestion beaucoup plus facile.

JUGLANS REGIA. L.

(Du latin *Jovis glans*, gland de Jupiter, gland divin.)

Syn. : *Noyer royal*, *Goguier*, *Gognier*.

(JUGLANDÉES.)

Arbre d'une hauteur de 15 à 20 mètres, originaire de l'Europe orientale et de l'Asie. Il est cultivé dans les jardins et fleurit en avril.

Les feuilles sont alternes, pétiolées, imparipennées, à cinq, neuf folioles ovales aiguës, entières, glabres. Les fleurs sont verdâtres, monoïques ; les mâles, en longs chatons pendants, les femelles, dans un petit bourgeon écailleux. Le périanthe présente une écaille, il est divisé en cinq, six lobes inégaux ; les deux stigmates sont larges et courbés en dehors ; l'ovaire est adhérent ; le fruit est drupacé, lisse, ovoïde, subglobuleux ; il est composé d'un *brou* charnu se déchirant irrégulièrement, et d'une *noix* à deux valves ligneuses, ridées, contenant une amande à quatre lobes sinués lobulés.

On employait autrefois l'écorce, les feuilles, les fleurs, le brou et la semence. La seconde écorce est vésicante et vomitive. Elle était indiquée contre l'ictère, les maladies de peau et même contre la pustule maligne. Elle était considérée comme antiscrofuleuse. On l'administrait en sirop, en extrait en lotions, en pommade, en collyre.

Les feuilles fraîches sont astringentes, aromatiques, toniques, antiscrofuleuses et détersives. Elles ont une odeur forte et désagréable et une saveur amère.

Elles étaient préconisées, comme la deuxième écorce, contre l'ictère et les maladies de peau. Elles activent la digestion et stimulent l'estomac.

Le *remède antivénérien de Mitié* était composé de suc de feuilles de noyer, d'ache et de ményanthe. On en faisait un extrait qu'on prescrivait alors en pilules de 30 centigrammes Négrier a vanté les feuilles de noyer en infusion contre les engorgements ganglionnaires de mauvaise nature, scrofuleux, comme disaient les anciens. On appelait même cette préparation la tisane de Négrier (5 gr. de feuilles sèches pour 500 gr. d'eau). On ordonnait aussi souvent l'extrait de feuilles. On prescrit encore aujourd'hui aux enfants lymphatiques et malingres l'infusion de feuilles de noyer édulcorée avec du sirop antiscorbutique.

On administre les feuilles de noyer en infusion, en extrait, en décoction (feuilles sèches 30 gr. pour 1 litre), en macération (100 gr. dans 1 litre de vin blanc pendant 8 jours), en sirop (dose ordinaire : 30 gr.), en pommade. Pomayrol conseillait les feuilles et l'écorce fraîche dans la pustule maligne. On donne la décoction (50 gr. pour 1 litre d'eau) en gargarismes, en lotions et en injections contre les uréthrites, les otites, la leucorrhée. On recommande des bains de décoction de feuilles de noyer aux lymphatiques et aux nerveux. Il y a quelques années, on prescrivait encore l'infusion de feuilles aux diabétiques et aux anémiques. Vidal de Cassis était partisan des injections intra-utérines de décoction de feuilles.

A la campagne, on a coutume de suspendre des feuilles fraîches de noyer dans les appartements pour en éloigner les mouches et les insectes. L'infusion tue les fourmis.

Les fleurs de noyer entraient dans l'*Eau des Trois noix*. On la préparait en distillant de l'eau sur les chatons mâles, puis le produit sur les noix nouées et enfin sur les noix mûres (Bouchardat).

Braconnot a analysé le brou de noix et y a trouvé de l'amidon, de la chlorophylle, une matière âcre et amère, de l'acide malique, du tannin, de l'acide citrique et des sels. A l'air, le suc se colore en noir. On conseillait l'extrait de suc de brou de noix comme tonique, stomachique et anthelminthique. Cet extrait formait le principal élément de la *tisane antivénérienne de Pollini.* On fait aussi une liqueur connue sous le nom de *Brou de noix* (macération de coques vertes dans l'alcool et le sucre). On la dit stomachique et digestive.

La juglandine est le principe actif du noyer.

Les femmes de l'ancienne Rome se teignaient les cheveux avec le brou de noix. Les menuisiers et les ébénistes s'en servent toujours pour imiter la teinte du bois de noyer.

L'huile de noix est, dit-on, vermifuge. Elle est d'un jaune verdâtre et son odeur est faible. Elle est alimentaire mais elle rancit très facilement. Extraite à chaud, elle est purgative. On la donne quelquefois en lavements.

La noix fraîche est un aliment de digestion assez facile ; sèche, elle ne convient pas aux dyspeptiques.

JUNIPERUS COMMUNIS. L.

(Du celtique *jeneprus*, rude, âpre.)

Syn. : *Genévrier commun, Genèvre ;* en Picardie : *Romarin sauvage.*

(Conifères).

Arbrisseau très rameux, diffus ou dressé, de 1 à 2 mètres, assez commun sur les coteaux calcaires. Il fleurit en avril.

Les feuilles sont étalées, verticillées ternées, linéaires, subulées, articulées, marquées d'un sillon blanchâtre en dessus, sillonnées en dessous ; les fleurs sont dioïques ; les fruits sont d'un noir bleuâtre et glauques, globuleux (malaccônes) ; dans l'intérieur, on trouve trois caryopses osseux, monospermes.

Les cônes charnus du genévrier sont composés d'huile volatile, de cire, de résine, de sucre, de gomme, d'une matière extractive, de sels de chaux et de potasse (Tromsdorf). Ils ont une odeur aromatique et une saveur amère, résineuse, un peu sucrée. Ils sont toniques, stimulants, diurétiques et sudorifiques.

L'extrait est un bon stomachique. On fait, avec les cônes des fumigations qui sont aromatiques et excitantes. Elles sont indiquées dans certains rhumatismes. On met ordinairement ces fruits dans une bassinoire garnie de feu dont on se sert pour chauffer le lit des malades.

On en prépare une infusion (20 gr. par litre d'eau) conseillée comme diurétique dans l'ascite, les catarrhes de la vessie, les bronchites, le scorbut, une eau distillée, un vin, une liqueur, un extrait (2 à 5 gr.). On distille les cônes avec de l'eau-de-vie et on obtient le *Genièvre*. Ils entrent aussi dans la composition des vins diurétiques de la Charité et de l'Hôtel-Dieu. Tromsdorf a remarqué que l'huile volatile domine dans les malaccônes lorsqu'ils sont verts ; quand ils mûrissent, une partie de cette huile se change en résine ; quand ils sont complètement mûrs, ils ne contiennent ni sucre, ni essence. Le sucre de ces cônes ressemble au sucre de raisin, selon Tromsdorf, au sucre liquide, selon Nicolet.

En médecine populaire, on donne souvent aux graveleux, une infusion de cônes de genévrier concassés, dans du lait de chèvre bouillant.

Dans le Nord, on fait une confiture avec ces cônes charnus. Ils servent aussi à la fabrication du gin des Anglais. On en met dans la choucroute comme assaisonnement.

On obtient un vin de genévrier en faisant macérer dans un tonneau pendant quatre ou cinq semaines, 5 kilogrammes de cônes dans 100 litres d'eau.

Le bois du genévrier jouit de propriétés sudorifiques et détersives. On en fait une décoction (50 gr. pour 1 litre d'eau) pour nettoyer certaines plaies. Cette préparation hâte en même temps la cicatrisation.

Une autre espèce de genévrier, *Juniperus oxycedrus*. L. (Cade), qui croît dans le midi de la France, fournit l'huile de cade, indiquée dans la gale, le lichen agrius, le psoriasis, l'eczéma, dans certains acnés, dans le pityriasis et l'ichthyose.

PINUS MARITIMA. C. BAUH.

(Du grec *pinos*, pin sauvage, ou du celtique *pen* ou *pin*, montagne, rocher : les pins croissent surtout sur les montagnes.)

Syn. : *Pin maritime, Pin des Landes, Pin de Bordeaux.*

(Conifères.)

Arbre peu élevé dans la Somme, planté dans les dunes du littoral. Il fleurit en mai.

Les feuilles sont géminées, raides, linéaires, assez épaisses, canaliculées en dessus. Les chatons mâles sont ovoïdes, en grappe compacte, jaunâtres ; les chatons femelles ont un pédoncule court. Les cônes sont oblongs coniques, aigus, les écailles sont épaissies au sommet ; les graines sont d'un noir luisant sur une face.

La sève de pin est recommandée dans les affections des voies respiratoires et surtout dans la tuberculose (trois verres à liqueur par jour). Elle calme la toux et modifie les sécrétions.

On obtient cette sève en faisant passer de l'eau sous une forte pression à travers les troncs de pin et dans leur longueur. On retire la térébenthine du pin maritime. On pratique une entaille à la base de l'arbre et on recueille le produit dans une fosse creusée au pied. On le liquéfie au soleil et au feu, puis on le filtre sur de la paille. C'est la *térébenthine de Bordeaux*. Dans les Landes, cette industrie est très prospère. Cette térébenthine est épaisse, visqueuse, d'un jaune clair. Elle sèche très facilement. L'alcool la dissout. L'acide pinique et l'acide sylvique forment la plus grande partie de la matière résineuse de la térébenthine. L'huile volatile est incolore, d'une odeur forte, spéciale. La térébenthine de Bordeaux a une odeur peu agréable et une saveur amère, âcre et vénéneuse. La térébenthine d'Alsace a une odeur de citron.

A l'intérieur, elle donne une sensation de chaleur à la gorge et à l'estomac. A haute dose, elle détermine des vomissements et rend la miction douloureuse. Elle agit spécialement sur les reins et les voies urinaires et communique l'urine une odeur de violette. Elle agit aussi par son essen sur le système nerveux. On la donne à la dose de 1 à 3 g On prépare une eau de térébenthine qui est conseillée da les catarrhes de la vessie ; on fait des pilules de térébe thine cuite à 0,20. Elles sont indiquées dans les mêmes c que l'eau de térébenthine. Le *Baume de Fioraventi* est u alcoolat de térébenthine composé. Le principe actif d *Baume de Lucatel* est la térébenthine. Les digestifs de tér benthine sont aujourd'hui inusités. Elle s'administre aus en collyre, en électuaire, en *eau curative*, en sirop (dose 30 à 60 gr.).

Hippocrate connaissait déjà ce médicament. « *La térébe thine est diurétique, dessiccative, cicatrisante, laxative. On do la mélanger avec le miel. On l'ordonnera dans les catarrh pulmonaires, dans les blépharospasmes, dans la gale, dans l maladies de la peau, dans les otorrhées, dans les pleurodyni et les douleurs musculaires.* » (Hippocrate et Dioscorid Galien l'associait au camphre, aux labiées.

L'essence de térébenthine était conseillée autrefois p Graves et Cantel. Elle était indiquée dans la fièvre typhoïd le typhus fever, dans la fièvre puerpérale (5 à 10 gr., par jo dans une émulsion), dans les bronchites aiguës et chronique dans certaines affections de la vessie et du vagin, dans diarrhée prodromique du choléra (Tray), dans la sciatique En Angleterre, on l'employait contre le purpura et les hémo ragies. Gedding disait que l'essence est efficace pour con battre la salivation mercurielle, d'où le nom de *gargarism de Gedding*. On préconise l'essence de térébenthine da l'empoisonnement par l'acide prussique et par l'opiu Administré en lavements, ce médicament donne de bo résultats dans la constipation. On l'employait souvent dans lithiase biliaire. Le *remède de Durande* ou éther de térébe thine, est bien connu (essence de térébenthine 2 gr., éth sulfurique 3 gr.). On fait prendre 3 grammes de ce mélang dans du petit lait ou du bouillon froid ; on favorise ainsi l'e pulsion des calculs. L'administration de cette mixture pr sente de graves inconvénients. Il vaut mieux prescrire l perles d'essence de térébenthine. Boerhave conseillait l'essence contre la jaunisse, d'où le nom *d'esprit antiictérique.* C'est un excellent vermifuge. Elle est prescrite aussi comme ténifuge mais il vaut mieux employer l'*huile anthelminthique* contre le ténia. On l'administre souvent en perles, en mixture, en électuaire. On prépare une émulsion et un sirop d'essence de térébenthine qui renferme 1/50 de son poids d'essence. Personne, Vauquelin, Audant ont prétendu que l'essence de térébenthine est un antidote du phosphore. Elle est très souvent employée en frictions contre les douleurs rhumatismales, les névralgies, les paralysies. Ces frictions sont surtout très utiles dans les cas d'atrophie musculaire. Dans ces derniers temps, on a beaucoup prescrit ces frictions sur les régions thoraciques supérieures dans la tuberculose pulmonaire. Em. Rousseau a publié des observations fort intéressantes concluant à l'efficacité de l'essence de térébenthine contre les convulsions des enfants. On fait, dit-il, des frictions avec cette essence au moyen d'une bande de flanelle, de la largeur de trois travers de doigt et d'une longueur suffisante pour embrasser le corps, de l'occiput à la pointe du sacrum ; ensuite, la bande déployée, on l'applique le long des gouttières vertébrales. (*Abeille médicale.*)

On a vanté le caoutchouc térébenthiné dans la tuberculose (Hannon), un liniment térébenthiné contre les fièvres intermittentes, un liniment contre les spasmes de la vessie, la sciatique (Lombard), le lumbago (Richart). L'essence de térébenthine a été recommandée autrefois contre l'érysipèle traumatique, la pourriture d'hôpital. On a donné aussi des bains de vapeur térébenthinés contre le rhumatisme (Chevandier, Smith). Mentionnons aussi le *savon de Starkey*, qui est fondant et résolutif.

C'est de la térébenthine qu'on retire les produits suivants :

Le *galipot;* la *colophane*, on la nomme encore *brai sec*, *arcanson.* On l'emploie quelquefois dans les hémorragies en nappe ; la *poix résine* ou *résine ;* le *goudron.* La *poix de Bourgogne* ou *poix blanche*, est recueillie dans les Vosges sur l'épicea (*Abies excelsa*, DC). On obtient la terpine et le terpinol avec l'essence de térébenthine. Ces deux produits sont indiqués dans les affections bronchiques.

Le *goudron* est une huile empyreumatique, une poix très impure. C'est une masse visqueuse, brune, granuleuse, demi-liquide et d'un brun noir. Il est chargé d'huile et de fumée. Il a une odeur *sui generis*. Le goudron est diurétique et diaphorétique.

On l'a administré à l'intérieur contre la blennorrhagie.

On le prescrit encore tous les jours contre les maladies de peau, contre les gerçures des seins. On en fait une pommade (1 partie pour 5 de vaseline ou d'axonge), un glycérolé, un sirop qu'on emploie avec succès dans les bronchites catarrhales, dans les affections de l'urèthre et de la vessie, une eau de goudron qui est indiquée dans la tuberculose, les catarrhes chroniques, dans la blennorrhagie et la blennorrhée, dans certaines maladies de peau, contre le scorbut. Chapelle a vanté l'eau de goudron et les lavements d'eau de goudron dans la fièvre typhoïde. On fait aussi des fumigations de goudron dans les affections chroniques des bronches. On prépare une liqueur de goudron concentrée (Guyot) des pilules (Mignot), un électuaire.

Le *coaltar* est le goudron de houille.

On obtient la créosote en distillant du goudron de bois. Elle est surtout employée contre la tuberculose, les bronchites chroniques, la carie dentaire. Laveran et Pécholier l'ont conseillée dans la fièvre typhoïde. On l'a recommandée aussi pour le pansement des plaies contuses, contre les hémorragies en nappe. L'*eau de Binelli* doit ses propriétés à la créosote. L'eau créosotée a été préconisée contre les brûlures, la gale, la gangrène, la carie des os, les syphilides cutanées, certaines maladies de peau. Budd traitait certaines dyspepsies par la créosote. On l'administre encore en pilules, en capsules. On l'associe quelquefois à la glycérine pour le pansement des plaies et de certains ulcères.

On retire le *gaïacol* de la créosote. Ce nouveau produit est aujourd'hui très connu et est surtout conseillé dans la tuberculose.

La *paraffine* est extraite du goudron.

Pinus sylvestris. L. (Pin sylvestre, Pin commun, Pin du Nord, Pin de Russie) possède à peu près les propriétés du pin maritime. L'infusion de bourgeons de pin (20 gr. pour 1 litre d'eau) est tonique, excitante, diurétique et antiscorbutique. On emploie aussi le sirop à la dose de 15 à 60 grammes.

PINUS ABIES. L.

Syn.: *Épicéa, Picéa, Pesse, Grande Pesse du Nord, Faux sapin, Sapin du Nord, de Norvège, Serento.*

(Conifères.)

Arbre élevé, à écorce écailleuse, rougeâtre, planté dans quelques parcs et dans certains bois. Il fleurit en avril.

Les bourgeons sont secs, les rameaux, pendants. Les feuilles sont éparses, entourant les rameaux, subtétragones, aiguës, vertes ; les chatons mâles sont oblongs, solitaires, épars, ovoïdes ; les cônes sont pendants, cylindriques, à écailles sessiles. Les graines sont petites, obovales.

Caillot prétendait que l'*abiétine* est particulière aux térébenthines des sapins (ou *abies*). C'est une résine insipide, incolore. La *coniférine* est une substance analogue à la salicine; elle a été découverte par Harty dans le cambium de plusieurs espèces de conifères : pinus abies, pinus picea, etc. On l'emploie comme la salicine. On retire de l'épicéa la *térébenthine de Strasbourg* ou *des Vosges* dont les produits sont semblables à ceux de la *térébenthine de Bordeaux.*

Dans les Vosges, les bergers recueillent dans des coquilles la térébenthine qui découle naturellement de l'écorce de l'épicéa (Dr Richer, d'Amiens).

On emploie surtout les bourgeons. Ils ont une odeur aromatique; leur saveur est résineuse, térébenthacée, peu agréable. La saveur est piquante. On les conseille dans les affections de la vessie et des voies urinaires, dans les affections des bronches, dans l'asthme, le scorbut, dans la chlorose, dans le rhumatisme et la leucorrhée. On les administre souvent en infusion (20 gr. par litre d'eau). On les fait quelquefois macérer dans la bière ou le vin. Ils entrent dans la composition de la *Bière sapinette* ou *antiscorbutique* et *du sirop de Blayn*. On prépare un sirop de bourgeons de sapins (dose : de 20 à 100 gr. dans les bronchites chroniques et les catarrhes de vessie).

Pinus picea. L. (Sapin commun, sapin de Normandie) fournit la *térébenthine d'Alsace* ou encore *térébenthine au citron*. Celle-ci a une odeur de citron très prononcée.

PINUS LARIX. L.

Syn. : *Pin mélèze, Mélèze.*

(Conifères.)

Arbre élevé, pyramidal, à écorce gerçurée, écailleuse, planté dans les parcs et dans certains bois. Il fleurit en mai.

Les branches sont étalées ou réfléchies, éparses ; les feuilles sont caduques, fasciculées, molles, linéaires, d'un vert clair. Les fleurs sont monoïques ; les chatons mâles sont globuleux, ovoïdes, jaunâtres, sessiles ; les fleurs femelles sont violacées; les cônes sont dressés, ovoïdes, assez petits, à écailles ligneuses, minces ; les graines sont géminées, obovales tronquées.

Le bois du mélèze est extrêmement riche en résine. On prépare avec l'écorce une teinture qui est recommandée par Greenhow contre les catarrhes bronchiques (20 à 30 gouttes dans une potion).

La *térébenthine fine ordinaire* ou *de Venise* provient du mélèze. Elle renferme 22 pour 100 d'essence. Elle est assez épaisse et a une odeur particulière. Elle a une saveur amère, âcre et persistante.

Un tronc de mélèze peut produire de 2 à 3 kilos de térébenthine par an.

Les feuilles du mélèze fournissent par exsudation la *manne de Briançon* qui se présente en petits grains arrondis, jaunâtres. Elle a une saveur légèrement sucrée et jouit de propriétés purgatives.

TAXUS BACCATA. L.

(Du grec *taxos*, dérivé de *taxis*, rang : les feuilles sont distiques.)

Syn. : *If*.

(Conifères.)

Arbrisseau peu élevé, rameux, cultivé comme ornement. Il fleurit en avril.

Les rameaux sont étalés ou pendants, anguleux; les feuilles sont éparses, sur deux rangs opposés, pétiolulées, linéaires, mucronées, d'un vert sombre; les fleurs sont dioïques, axillaires ; les chatons mâles sont solitaires ou géminés, subglobuleux, jaunâtres; les chatons femelles sont verts, solitaires, sur un pédicelle court. Le fruit est en coupe, charnu, succulent, à une graine osseuse, d'un rouge vif à la maturité.

Les fruits sont mucilagineux et sucrés. Ils sont comestibles et diurétiques. Leur suc, à la dose de 20 grammes constitue un excellent laxatif et un bon diurétique. On croyait autrefois qu'il était l'antidote du venin de la vipère.

Les feuilles sont narcotiques et donnent des nausées. Elles sont vénéneuses. On les a autrefois employées en infusion dans la goutte et le rhumatisme. Elles sont excitantes et emménagogues.

Virgile nous apprend que les anciens faisaient des arcs avec les branches de l'if (Siélain).

ALISMA PLANTAGO. L.

(Du celtique *alis*, eau : plantes aquatiques.)

Syn. : *Plantain d'eau, Flûteau, Pain de grenouille, Pain de crapaud.*

(Alismacées.)

Plante vivace, de 10 centimètres à 1 mètre, assez commune aux bords des eaux. Elle fleurit en juin.

La tige est nue, dressée ; les feuilles sont radicales, pétiolées, ovales, lancéolées cordiformes ou arrondies à la base. Les fleurs sont blanches ou rosées, petites, verticillées, et disposées en panicule pyramidale ; les carpelles sont très nombreux. La souche est bulbeuse.

Les racines du plantain d'eau ont été employées contre l'épilepsie et la chorée. On l'administrait en poudre à la dose de 0 gr. 50 matin et soir ; on augmentait graduellement et le malade en prenait jusqu'à trois et quatre cuillerées à café par jour. Hochstetter faisait continuer ce traitement pendant plusieurs mois.

Les racines jouissent aussi de propriétés apéritives et anti-scorbutiques. En médecine populaire, on applique les feuilles sur les phlegmons et surtout sur les panaris. Elles sont considérées comme résolutives.

Les Kalmoucks mangent la racine du plantain d'eau.

COLCHICUM ANTUMNALE. L.

(De la *Colchide*, contrée de l'Asie, célèbre par ses plantes vénéneuses.)

Syn. : *Colchique d'automne*, *Safran bâtard*, *Narcisse d'automne*, *Lis vert*, *Tue-chien*, *Tue-loup*, *Dame-nue*, *Veilleuse*, *Veillotte*.

(Colchicacées.)

Plante vivace, de 10 à 40 centimètres, assez commune dans les marais et les prés humides. Elle fleurit en septembre.

Les feuilles sont dressées, lancéolées, engainantes, obtuses, luisantes. Les fleurs sont grandes ; elles ont un calice en entonnoir, longuement tubuleux ; il y a six étamines, trois longues et trois courtes ; les styles dépassent les étamines. La capsule est assez grosse, ovoïde. Le tubercule du colchique est gros comme un marron, ovoïde, convexe d'un côté, creusé longitudinalement de l'autre, entouré de tuniques noirâtres (Le *tubercule* est un renflement charnu plus ou moins arrondi, ordinairement chargé de fécule ; le *bulbe* est un gros bourgeon souterrain. Beaucoup d'auteurs disent néanmois le *bulbe* du colchique).

Cette plante a des propriétés diurétiques, purgatives, sialagogues, cholagogues et sédatives. Toutes ses parties : les feuilles, les fleurs, les semences, le tubercule, ont été employées en médecine.

Les feuilles renferment la *colchicine*, les racines, la *vératrine* (Dr Richer, d'Amiens).

L'alcoolature de fleurs a été conseillée dans le rhumatisme. Selon Forget, la teinture alcoolique de fleurs de colchique est un excellent remède contre le rhumatisme articulaire aigu. Elle est sans action contre le rhumatisme articulaire chronique et les névralgies aiguës. Ses effets ont beaucoup d'analogie avec ceux de la teinture de semences. Dans le rhumatisme articulaire aigu, la teinture de fleurs est plus efficace. On l'administre à la dose de 10 à 20 gouttes, trois fois par jour. Il est bon d'en élever les doses jusqu'à production d'un effet purgatif.

Geiger et Hesse ont extrait la *colchicine* des semences. Elle cristallise en aiguilles incolores, elles se dissout un peu dans l'eau ; elle est soluble dans l'alcool et l'éther ; elle est inodore ; sa saveur est âpre et amère. Elle est stimulante et très vénéneuse ; elle agit énergiquement sur l'estomac et les intestins.

Les semences de colchique ont peu d'odeur. Leur saveur est âcre et amère.

Il paraît que les préparations faites avec les graines sont préférables à celles qui ont pour base les tubercules. On les administre en teinture, en vin, connu sous le nom de *teinture de semences de colchique de William* (Dose : 5 à 10 gr.).

Les tubercules ont été analysés par Pelletier et Caventou : ils renferment une matière grasse, un alcali volatil, du *gallate de vératrine* (*colchicine*), de la gomme, de l'amidon, de l'inuline, du ligneux.

Ils ont une saveur âcre et mordicante ; ils agissent comme les drastiques.

Ils n'ont pas les mêmes propriétés à toutes les époques de l'année. La matière amylacée est remplacée à un certain moment par la *vératrine*. Celle-ci produit de la diarrhée et des effets diurétiques. Le colchique est un bon hyposthénisant dans la goutte et le rhumatisme (Dr Richer, d'Amiens).

Les tubercules sont indiqués comme diurétiques dans l'ascite, dans la goutte et le rhumatisme.

La *colchicine* est donc le principe actif du colchique. Oberlin a obtenu une substance neutre, cristallisable, toxique, qu'il a nommée *colchicéine* qui est moins active que la *colchicine* (Schroff). Storck reconnut le premier les propriétés drastiques et diurétiques du colchique; à dose élevée, il peut causer des empoisonnements. Ce médicament a donné d'abord à Storck de beaux résultats dans l'ascite.

Il administrait alors l'oxymel de colchique dans une tisane diurétique à la dose de 15 grammes qu'il portait quelquefois jusqu'à 60 grammes. Cet oxymel est indiqué aussi dans les catarrhes bronchiques.

Il faut récolter les tubercules en août pour avoir un médicament actif. Le colchique est certainement le modificateur le plus employé pour combattre les accès de goutte. Voici l'opinion de Bouchardat sur cet agent thérapeutique :

« Le colchique est plus dangereux qu'utile pour combattre « le rhumatisme articulaire aigu. Ce remède me paraît beau« coup plus avantageux dans le traitement de la goutte, mais « il doit être administré avec beaucoup de prudence. Bien « des goutteux ont été empoisonnés par des préparations de « colchique, parce que les propriétés toxiques du colchique, « comme celles de la digitale, se révèlent à l'improviste. »

Holland conseille le colchique même contre les manifestations de la diathèse rhumatismale, dans certains cas d'ophthalmie, de bronchite et de céphalalgie. Selon Gardner, il faut que le colchique agisse doucement, silencieusement, sans déterminer d'action purgative, pour obtenir des résultats marqués.

Garrod a mis en doute les propriétés diurétiques du colchique. Il diminue, au contraire, dit-il, la quantité d'urine quand son action sur le tube digestif est très prononcée. Waston dit que le colchique calme d'une manière magique les douleurs de la goutte. Il détermine, il est vrai, des nausées, de la diarrhée et de la prostration, mais ses effets curatifs ne dépendent nullement de ces symptômes. Pour bien faire disparaître les douleurs de la goutte, il faut administrer le colchique *par petites doses*, pendant un certain temps : 3 grammes de vin de colchique, par exemple, deux ou trois fois par jour.

Sir C. Scudamore assure que l'eau médicinale de colchique affaiblit le système nerveux et qu'on voit souvent sous son influence la goutte revêtir la forme chronique ; néanmoins, ces remarques n'ont pas empêché Scudamore de faire du colchique un usage habituel. Selon Tood, le colchique abrège la durée des accès, mais il diminue aussi les intervalles qui les séparent. Quand on arrive progressivement à des doses élevées, l'intoxication colchique se produit et on croit avoir affaire à une goutte remontée. Bouchardat dit avoir connu des goutteux inventeurs de spécialités à base de colchique, qui sont morts de leurs remèdes plutôt que de la goutte.

Le colchique est un modificateur utile et puissant, mais qui doit être manié prudemment. Il exerce une action spécifique sur l'inflammation des jointures. Il sera donc prescrit dans la goutte aiguë. Si on veut obtenir des évacuations, il est bon d'associer au colchique un autre purgatif : en effet, l'action de ce médicament est trop énergique et produit de la dépression. On donnera d'emblée de 2 à 4 grammes de vin de colchique, puis on continuera avec des doses plus faibles (50 ou 60 centigr., deux ou trois fois dans les 24 heures). Il est conseillé aussi dans la goutte chronique, lorsqu'il y a des douleurs plus violentes. L'administration du colchique dans l'intervalle des accès peut supprimer ceux-ci. Monneret a employé sans résultats le colchique dans le rhumatisme articulaire aigu. On l'a préconisé dans l'asthme, comme antiarthritique. Les préparations de colchique sont considérées comme le remède spécifique de l'accès de goutte; elles sont également préconisées dans la névralgie faciale (Lemoine).

On administre le colchique en teinture : alcoolature de bulbe (*Eau médicinale de Husson*), alcoolature de fleurs de colchique ; en vin : Le Codex prescrit 30 grammes de bulbes secs et 500 grammes de vin de malaga. *Le vin de Balber* es beaucoup plus actif : bulbes frais de colchique 120 grammes, vin 60 grammes, alcool 30 grammes. L'un se prescrit la dose de 60 grammes, l'autre à la dose de 5 grammes ; e extrait, en vinaigre, en oxymel, en miel colchique. La poudr de tubercule se donne à la dose de 0 gr. 30 comme diurétique, de 0 gr. 60 comme drastique. La teinture de colchiqu se prescrit à la dose de 1 à 4 grammes comme diurétique de 4 à 16 grammes comme drastique.

La colchicine est aujourd'hui plus souvent employée que le préparations de colchique. Elle agit sur la peau en diminuan ou en supprimant la sensibilité ; elle paralyse les muscles le cœur toutefois, n'est pas influencé par la colchicine. L'action de ce médicament est très lente (Albers).

On la donne en granules contre la goutte et le rhumatisme Quatre granules de colchicine cristallisée à 1 milligramme le premier jour, 3 milligrammes le deuxième jour, 2 milligrammes le troisième jour et 1 milligramme le quatrième jour.

FRITILLARIA MELEAGRIS. L.

(Du latin *fritillus*, cornet à jouer, damier ; forme de la fleur et disposition de ses couleurs.)

Syn. : *Fritillaire pintade*, *Damier*, *Tulipe des prés*, *Clochette*, *Œuf de vanneau*.

(Liliacées.)

Plante vivace, bulbeuse, de 20 à 50 centimètres, très rare dans la Somme. Elle fleurit en avril.

La tige est dressée ; les feuilles sont linéaires allongées, canaliculées ; la fleur est grande, panachée de carreaux violacés lilas et blancs, disposés en damier. Le périanthe est en cloche; la capsule est subglobuleuse.

Autrefois on employait le bulbe pilé en applications sur les ulcérations cancéreuses.

SCILLA BIFOLIA. L.

(Du grec *scullein*, nuire : le bulbe de la scille officinale est toxique.)

Syn. : *Scille à deux feuilles, Adénoscille à deux feuilles.*

(LILIACÉES.)

Plante vivace, bulbeuse de 10 à 25 centimètres, assez rare dans la Somme. Elle fleurit en mars.

La tige est grêle, dressée. Les feuilles, au nombre de deux, rarement trois, embrassent la tige, elles sont dressées, étalées, lancéolées, lisses. Les fleurs sont bleues, rarement roses ou blanches, en corymbe lâche ; les anthères sont bleuâtres. La capsule est globuleuse trigone.

On employait autrefois le bulbe. Il contient un principe âcre, volatil et *la scillitine*. Il jouit de propriétés diurétiques. C'est un médicament inusité. On recommande habituellement la scille maritime.

Endymion nutans. Dumort, — nom mythologique grec — (Jacinthe des bois, Jacinthe sauvage), possède à peu près les mêmes propriétés et n'est pas employée. Le bulbe renferme une certaine quantité d'amidon.

ALLIUM SATIVUM. L.

(Du celtique *all*, chaud, âcre, brûlant.)

Syn. : *Ail commun.*

(LILIACÉES.)

Plante vivace, de 20 à 40 centimètres, cultivée dans les potagers. Elle fleurit en juin.

La tige est cylindrique, enroulée en cercle avant la floraison. Les feuilles sont linéaires élargies, planes, lisses. La spathe est univalve, terminée en pointe très longue. Les fleurs sont blanches ou rougeâtres, en ombelle bulbillifère. Le bulbe est aussi bulbillifère.

L'ail a une odeur forte et pénétrante due à une huile vol-tile jaune, plus dense que l'eau, formée du mélange de tro essences : une, très abondante, sulfurée, une autre, plus su furée encore et une troisième oxygénée (Wertheim).

La saveur de cette essence est très âcre. Appliquée sur peau, elle y produit une vive cuisson.

On emploie la pulpe d'ail pour augmenter l'action d sinapismes, on fait du *vinaigre d'ail* avec 1 partie d'ail 12 parties de vinaigre, de l'*oxymel d'ail* avec 1 partie de vina gre d'ail et 2 parties de miel, du *sirop d'ail* avec l'infusi de 1 partie d'ail et 16 parties de sucre.

Toutes ces préparations sont vermifuges. Les bulbes passe pour être anthelminthiques, stimulants, stomachiques et ant hystériques. Ils font partie du vinaigre antiseptique, ou *d quatre voleurs*.

Les nourrices proscriront l'ail de leur alimentation : altère le lait et donne des coliques aux enfants. Certai empiriques l'ordonnent comme fébrifuge : un bulbe matin soir ou encore en décoction à la dose de 25 grammes p litre d'eau ou de lait. Il est encore indiqué comme diurétiq dans l'ascite. Une gousse d'ail crue mangée à jeun chass paraît-il, la goutte et le rhumatisme.

A la campagne, les mères de famille en font cuire dans d lait et obtiennent ainsi une décoction vermifuge que leu enfants acceptent volontiers.

La même préparation est conseillée dans la gravelle, l bronchite. On fait aussi de la révulsion, dans les cas de rhu matisme et de névralgie, avec une pommade composée d'a pilé et d'axonge employée en frictions.

Ce bulbe passait autrefois pour guérir la rage. On frotta la morsure avec de l'ail. On le pilait et on l'appliquait ensuit sur la plaie. On faisait, en même temps, prendre au bless plusieurs gousses d'ail et une décoction de bulbes.

Les anciens médecins recommandaient l'ail dans les affec-tions des voies respiratoires.

Le médicament mérite donc son nom de *thériaque des pau vres*. Comme on le voit, il est très usité en médecine popu laire.

On emploie ordinairement l'ail comme condiment.

Les Grecs excluaient les mangeurs d'ail du temple de Cybèle.

ALLIUM CEPA. L.

Syn. : *Oignon, Ognon.*

(LILIACÉES.)

Plante vivace, de 30 à 90 centimètres environ, originaire du Khorassan ou du Béloutchistan, cultivée dans les potagers. Elle fleurit en juin.

La tige est épaisse, creuse, renflée. Les feuilles sont distiques, cylindriques, creuses glauques. La spathe présente trois valves. Les fleurs sont blanches, en ombelle globuleuse. Le bulbe est solitaire, très gros.

L'oignon est vermifuge, diurétique, excitant, apéritif. On l'administre en décoction contre les vers intestinaux : 15 à 20 grammes pour 500 grammes d'eau. On l'emploie aussi sous forme de *vinaigre d'oignon* comme topique antiseptique. La tisane d'oignon est diurétique. Les empiriques conseillent le bulbe comme rubéfiant et comme vésicant. Ils mêlent aussi le suc d'oignon avec de la graisse d'oie et en font un onguent contre les gerçures et les engelures. Ils instillent aussi le jus dans l'oreille pour dissiper les bourdonnements. On prépare un *sirop d'oignon* avec les bulbes. En médecine populaire, on applique des cataplasmes d'oignons cuits comme maturatifs et émollients sur les panaris, les furoncles et les abcès. Les anciens recommandaient l'oignon cuit dans les affections bronchiques et dans l'ascite.

L'oignon est un aliment et un condiment. Mangé cru ou macéré dans le vinaigre, il stimule l'appétit.

Allium porrum. L. (Poireau, Porreau, en picard de Proyart : Poirion) est diurétique, expectorant et émollient. La décoction de poireau est indiquée dans l'ascite, dans les bronchites et les affections de vessie. Les empiriques emploient les poireaux cuits à l'eau en application sur les panaris, etc... Ils conseillent aussi les inhalations de la décoction dans les amygdalites !!

Le poireau est un aliment rafraîchissant, digestif, ma peu nutritif.

LILIUM CANDIDUM. L.

(Du celtique *li*, blanc.)

Syn. : *Lis blanc.*

(LILIACÉES.)

Plante vivace, de 1 mètre environ, cultivée dans certai jardins. Elle fleurit en mai.

La tige est très robuste, glabre. Les feuilles inférieu sont oblongues et étalées, les supérieures, lancéolées, dre sées, les caulinaires nombreuses, ondulées. Les fleurs so très grandes, d'un blanc très pur, à odeur suave. Le périan the est en cloche ; le style dépasse les étamines.

Le bulbe du lis est diurétique. On fait des cataplasme émollients avec les bulbes cuits sous la cendre. On les appl que sur les panaris, les furoncles et les cors. On les fa cuire aussi dans du lait et on les mélange avec la farine d lin après les avoir écrasés ; on obtient ainsi un cataplasm qu'on emploie dans les même cas. On les administre auss en apozème diurétique, en vin et en sirop.

En médecine populaire, on se sert souvent de la macéra tion de fleurs dans l'alcool pour les plaies contuses.

ASPARAGUS OFFICINALIS. L.

(Dérivé du grec *sparasso*, je déchire ; allusion aux épines de plusieurs espèces.)

Syn. : *Asperge officinale.*

(ASPARAGINÉES.)

Plante vivace de 50 centimètres à 1 m. 20 environ, crois sant dans les sables maritimes. Elle fleurit en juin.

La tige est dressée, cylindrique, verte, rameuse ; les clado des sont filiformes, lisses, fasciculées. Les fleurs sont d'u vert jaunâtre, dioïques ; les anthères sont oblongues. La bai est rouge, petite. Le rhizome est rampant, écailleux, charnu, émettant un grand nombre de radicelles simples.

Dulong d'Astafort a analysé le rhyzome de l'asperge et y a trouvé de l'albumine végétale, une matière gommeuse, de la résine, une matière sucrée, une matière amère extractive, du malate acide, du chlorhydrate, de l'acétate, et du phosphate de chaux et de potasse.

Le rhizome est mucilagineux et amer. Il est diurétique et apéritif. Il fait partie des cinq racines apéritives. On l'emploie en infusion à la dose de 10 à 20 grammes par litre d'eau. Vaudin conseillait l'*extrait de griffes fraîches d'asperges*. Gendrin l'a administré à la dose de 2 à 10 grammes et a obtenu une diurèse assez abondante.

Les jeunes pousses, les pointes d'asperges ou *turions*, sont allongées, cylindriques, pointues à l'extrémité. Elles sont, en grande partie, blanches ou blanchâtres et vertes, verdâtres ou violacées inférieurement. Elles sont écailleuses. Ces *turions* sont composés d'une matière verte résineuse, de cire, d'albumine, de phosphate de potasse, de phosphate de chaux en dissolution dans de l'acide acétique, d'acétate de potasse en deux principes cristallisables: *la mannite et l'asparagine*. Cette dernière substance est incolore (Vauquelin et Robiquet). Elle a une saveur fraîche qui provoque la salivation. L'asparagine n'est pas le principe actif de l'asperge. Elle n'est pas diurétique. Zicarelli prétend que l'asparagine donnée chaque soir à la dose de 1 ou 2 grammes, associée à l'extrait de laitue, s'est montrée efficace dans plusieurs affections du cœur. On pourra donc essayer ce médicament dans les cas bénins ou lorsqu'on craindra les effets de la digitale. Les turions ralentissent les pulsations du cœur et sont diurétiques. Ils communiquent à l'urine une odeur forte et fétide. On modifie facilement cette odeur en jetant dans l'urine quelques gouttes de térébenthine; on a alors une odeur de violette bien prononcée. On peut encore mettre dans le vase une poignée de sel de cuisine pour supprimer cette mauvaise odeur. Dans ces dernières années, on a encore extrait des turions la *coniférine*.

On prépare un sirop et un extrait de pointes d'asperges.

On administre le premier à la dose de 30 à 50 grammes le second, à la dose de 1 à 5 grammes.

Quelques médecins emploient la décoction de rhizom d'asperges (50 gr. pour 1 litre d'eau) dans les affections d cœur, les néphrites, l'ascite, l'ictère.

On a vanté les pointes d'asperges et le rhizome contre tuberculose pulmonaire.

Les *turions* constituent un aliment sain et de faci digestion.

CONVALLARIA MAIALIS. L.

(Du latin *convallis*, vallée, et du grec *leirion*, lis : Lis des vallées.)

Syn. : *Muguet de mai, Muguet des bois, Lis des vallées, Lis de mai.*

(Asparaginées.)

Plante vivace, de 10 à 20 centimètres, croissant dans le bois couverts. Elle fleurit en mai.

La tige est simple, nue. Les pétioles et la tige sont enve loppés de gaines membraneuses ; il n'y a que deux feuille radicales ; l'inférieure paraît sessile, l'autre, pétiolée ; elle sont ovales lancéolées, lisses, glabres. Les fleurs sont d'u blanc pur, à odeur suave, en courte grappe terminale, uni latérale. La baie est rouge, globuleuse.

Le muguet de mai a une action élective sur le cœur. Il e diminue les palpitations, en régularise les battements, e augmente l'énergie. On s'en servira avec avantage lorsqu'o ne pourra pas employer la digitale. Il détermine raremen des symptômes d'intoxication. Les fleurs sont beaucoup plu actives que les feuilles. On prescrit l'extrait aqueux à la dos de 1 à 1 gr. 50 par jour, l'infusion de fleurs fraîches à l dose de 15 grammes par litre d'eau. On extrait du mugue de mai deux glucosides : la *convallamarine* et la *convalla rine*. La première est le principe actif du muguet de mai. O la donne à la dose de 1 à 10 centigrammes dans les même cas. Les baies du muguet sont drastiques.

Réduites en poudre, les fleurs sont sternutatoires. Les feuilles sont diurétiques. Les racines et les fleurs sont émétiques et purgatives (Dose de la poudre de rhizome : 1 à 2 gr.; dose de la poudre de fleurs : 2 gr.).

Il faut éviter de porter à la bouche les pédoncules de ces fleurs.

POLYGONATUM OFFICINALE. ALL.

(Du grec *polys*, beaucoup, *gonu*, genou : tige formée d'articulations nombreuses et renflées comme un genou.)

Syn. : *Sceau-de-Salomon.*

(ASPARAGINÉES.)

Plante vivace, de 20 à 50 centimètres, qui croît surtout dans les bois ombragés. Elle fleurit en avril.

La tige est simple, dressée, anguleuse, nue inférieurement, courbée. Les feuilles sont alternes, demi-embrassantes ou subsessiles, ovales ou oblongues. Les fleurs sont d'un blanc verdâtre, assez grandes, odorantes, au nombre d'une, deux, et ont de courts pédoncules. La baie est petite, d'un noir bleuâtre.

Le rhizome du sceau-de-Salomon a une saveur douceâtre. Il est diurétique, émétique, astringent et vulnéraire. Les baies sont émétiques et purgatives. C'est une plante à délaisser : ses propriétés sont trop peu connues.

Polygonatum multiflorum. All. (Grand sceau-de-Salomon, Genouillet, Muguet de serpent, Herbe aux panaris), a probablement les mêmes propriétés.

En médecine populaire, on fait cuire le rhizome et on l'applique en cataplasmes sur les panaris. Il paraît que c'est un bon topique émollient.

Lorsqu'on examine un rhizome, on aperçoit de petites excavations arrondies qui ont été produites par les tiges des années précédentes; elles ressemblent vaguement à un sceau, d'où le nom de la plante.

PARIS QUADRIFOLIA. L.

(Dédié au célèbre berger *Pâris*, ou du latin *par*, paire : feuilles disposées par paires.)

Syn. : *Parisette à quatre feuilles, Etrangle-loup, Raisin de renard.*

(ASPARAGINÉES.)

Plante vivace, de 20 à 40 centimètres assez commune dans les bois humides. Elle fleurit en mai.

La tige est dressée, simple, cylindrique, portant ordinairement un verticille de quatre feuilles. Celles-ci sont subsessiles, ovales cunéiformes, acuminées. La fleur est verdâtre solitaire, terminale. L'ovaire est d'un rouge violacé. La baie est d'un noir bleuâtre, violacé. Le rhizome est traçant.

Les feuilles et les baies de la parisette sont émétiques, purgatives et narcotiques. La racine est émétique. Toutes les parties de la plante, surtout les baies, sont vénéneuses. Leur toxicité est due à un principe âcre et narcotique, *la paridine*, employée autrefois, en Russie, contre la rage.

On recommandait jadis le rhizome comme émétique, céphalique et béchique. Quelques médecins ont cru qu'il pouvait remplacer l'ipécacuanha. Dans certaines régions, on fait cuire les feuilles et les baies, ou bien on les pile et on les applique sur les panaris, les ulcères atoniques et les bubons de la peste.

On a vanté le suc dans certaines maladies d'yeux.

RUSCUS ACULEATUS. L.

(De l'ancien latin *bruscus*, dérivé du celtique *beus*, buis, *kelen*, houx : ressemble à ces deux arbustes.)

Syn. : *Buis pointu, Fragon piquant, Petit houx, Epine de rat, Houx-frelon, Faux-buis, Myrte épineux, Myrte sauvage, Fesse-larron.*

(ASPARAGINÉES.)

Sous-arbrisseau toujours vert, de 30 à 80 centimètres, très rare dans la Somme. Il fleurit en avril.

Les tiges sont dressées, rameuses. Les cladodes sont petits, rapprochés, sessiles, tordus à la base, ovales lancéolés piquants, rigides, portant les fleurs un peu au-dessous du milieu de la face supérieure. Les fleurs sont d'un blanc verdâtre-violacé, à courts pédicelles. La baie est globuleuse, assez grosse, rouge. La souche est rampante.

Les rhizomes du petit houx ont une odeur de térébenthine. Ils sont blanchâtres. Leur saveur est d'abord sucrée, puis amère et âcre. Ils sont apéritifs et diurétiques. Ils font partie des cinq racines apéritives.

La décoction de racine (50 gr. par litre d'eau) stimule l'estomac et donne de l'appétit. Elle est indiquée dans l'ascite et la jaunisse. On emploie comme fébrifuge l'infusion de *feuilles* (50 gr. pour 1 litre d'eau).

Les baies sont aussi diurétiques. Dans certains pays, on torréfie ces baies et on prépare une infusion caféiforme qui a les mêmes propriétés que la tisane de rhizomes, mais qui est beaucoup plus agréable. On mange les jeunes pousses comme les asperges.

TAMUS COMMUNIS. L.

(Non donné par les Latins à une plante sarmenteuse analogue au tamier.)

Syn. : *Tamier, Herbe aux femmes battues, Vigne noire, Raisin du diable, Sceau de la Vierge, Sceau de Notre-Dame, Haut-liseron.*

(DIOSCORÉES.)

Plante vivace, de 1 à 4 mètres environ, assez commune dans les bois, les haies. Elle fleurit en juin.

La tige est grêle, volubile, rameuse. Les feuilles sont ovales-cordiformes-acuminées, minces, luisantes. Les fleurs sont d'un vert-jaunâtre; les mâles, en grappes longues, grêles, multiflores ; les femelles, courtes et pauciflores. La baie est ovoïde, rouge, luisante.

La racine est épaisse, charnue, noire. Elle renferme beaucoup de fécule. Son goût est amer et âcre. Elle est diurétique, émétique et purgative. En médecine populaire, on râpe la racine et on la réduit en pulpe qu'on applique ensuite sur les contusions, d'où son nom d'*Herbe aux femmes battues*. Les baies sont toxiques.

IRIS PSEUDO-ACORUS. L.

(Du grec *iris*, arc-en-ciel : fleurs à couleurs vives et variées.)

Syn. : *Iris faux-acore, Iris jaune, Iris des marais, Glayeul des marais, Glayeul jaune ;* en picard de Proyart : *Glaju.*

(Iridées.)

Plante vivace, de 40 centimètres à 1 mètre, commune dans les marais, aux bords des eaux. Elle fleurit en juin.

La tige est rameuse au sommet. Les feuilles sont lancéolées-linéaires, en glaive. Les fleurs sont jaunes, inodores. Le périanthe présente des divisions extérieures beaucoup plus longues que les intérieures. La capsule est elliptique-trigone, contenant de nombreuses graines brunâtres.

Le rhizome de cet iris ne renferme pas d'huile volatile, mais beaucoup de tannin. Il est inodore. C'est un émétocathartique.

Les feuilles et le rhizome sont âcres et vénéneux. On a employé le suc du rhizome, à la dose de 10 à 30 grammes, contre l'ascite.

On a voulu substituer les graines au café et au quinquina. Dans certaines régions, on torréfie ces graines et on en fait des infusions caféiformes.

La poudre de rhizome est sternutatoire.

NARCISSUS PSEUDO-NARCISSUS. L.

(Du grec *narké*, engourdissement : les fleurs produisent de l'assoupissement.)

Syn. : *Narcisse des prés, Narcisse des bois, Narcisse jaune, Faux-narcisse, Jeannette jaune, Coucou, Aillaut Aillout.*

(Amaryllidées.)

Plante vivace, de 20 à 40 centimètres, croissant dans les bois et les prés. Elle fleurit en mars.

Les feuilles sont linéaires obtuses, dressées. La fleur est jaune, grande inodore, solitaire, penchée. Le périanthe est en entonnoir ; les étamines sont égales, droites, longues. Le bulbe est ovoïde, gros.

Robinet a extrait une huile volatile des fleurs du narcisse. Elles contiennent, d'après Charpentier, de l'acide gallique, du mucilage, du tannin, de l'extractif, de la résine, du muriate de chaux ; et, d'après Caventou, une matière colorante jaune, odorante. Deslongchamps a employé la poudre de fleurs à la dose de 4 grammes comme émétique et comme antidiarrhéique. On a conseillé l'extrait d'infusion et de sirop de fleurs comme antispasmodique contre la coqueluche. On a recommandé autrefois le vinaigre et l'oxymel.

GALANTHUS NIVALIS L.

(Du grec *gala*, lait, anthos, fleur : d'un blanc de lait.)

Syn. : *Galanthine des neiges, Galant d'hiver, Perce-neige, Clochette d'hiver.*

(Amaryllidées.)

Plante vivace, de 10 à 25 centimètres, très rare dans la Somme. Elle fleurit en février.

Les feuilles sont linéaires obtuses, planes. La fleur est blanche, pendante, solitaire. La spathe est canaliculée, arquée, membraneuse aux bords. Le périanthe est en cloche. La capsule est charnue, subglobuleuse. Le bulbe est ovoïde.

Les bulbes ont un goût âcre. On en fait des cataplasm émollients lorsqu'ils sont cuits. On conseille l'eau distillée fleurs pour blanchir la peau et enlever les taches de rousseu

ORCHIS MASCULA. L.

(Du grec *orchis*, testicule : allusion aux deux tubercules de la racine.)

Syn. : *Orchis mâle.*

(ORCHIDÉES.)

Plante vivace, de 15 à 50 centimètres, croissant dans l prés et les bois. Elle fleurit en avril.

Les feuilles sont planes, oblongues-lancéolées, souve maculées de brun. Les fleurs sont purpurines ou roses, rar ment blanches, en épi lâche, allongé ; les bractées sont mer braneuses, colorées, à une, trois nervures, égalant l'ovaire ; l divisions extérieures sont obtuses, aiguës ou acuminées, l latérales étalées, puis réfléchies, le labelle est large, pube cent à la base interne, ponctué de pourpre, le moyen, pl long, échancré ; l'éperon est ascendant horizontal, cylindı que, épais, en massue, de la longueur de l'ovaire. Le tube cule est ovoïde, ni palmé, ni denté.

Le tubercule de l'orchis mâle est formé de grandes cellul entourées d'un tissu particulier. Il y a des granules d'am don dans ce tissu, mais il n'y en a pas dans les cellules. C dernières constituent la partie principale du *salep*. (Moqui Tandon.)

Pour préparer le salep, on arrache les tubercules à la fi de l'année. L'ancien est alors flétri et le nouveau gros ferme. C'est celui-ci qu'on récolte. On enlève les radicelle on lave les tubercules et on les enfile en chapelets. On les fa bouillir jusqu'à ce que le tissu ait la consistance d'une pât On les retire du feu et on les fait sécher. Quand ils sont sec on les pulvérise. (Moquin-Tandon).

Le salep est en morceaux ovoïdes, durs, d'une coule jaunâtre, d'une cassure cornée. Il a une odeur qui rappel celle du mélilot ; sa saveur est faible et ressemble à celle de la gomme adragante ; elle est légèrement salée. Le salep contient de la bassorine, de l'amidon, de la gomme soluble, du sel marin et du phosphate de chaux (Caventou). Il ne se dissout pas dans l'eau. Il s'y gonfle considérablement.

On ne se servait autrefois que du *salep de Perse* ; depuis quelque temps, on emploie beaucoup le *salep indigène*, qui est d'aussi bonne qualité. Il jouit de propriétés mucilagineuses et analeptiques. Il est considéré aussi comme aphrodisiaque. On conseille la décoction de tubercules dans la diarrhée et la bronchite.

On administre le salep en poudre, à la dose de 2 grammes, dans du bouillon ou dans du lait ; en décoction (5 gr. dans 500 gr. d'eau) ; c'est une tisane à recommander aux convalescents de fièvre typhoïde, de choléra, d'entérite, etc. On en prépare aussi une gelée et un chocolat.

Geoffroy et Retz prétendent qu'on peut obtenir le salep avec *Orchis militaris*. L. (Orchis militaire), *Orchis morio*. L. (Orchis bouffon), *Orchis maculata*. L. (Orchis taché), *Orchis latifolia*. L. (Orchis à larges feuilles), *Anacamptis pyramidalis*. Rich. (Anacampte pyramidale), *Platanthera bifolia*. Rich. (Platanthère à deux feuilles), *Loroglossum hircinum*. Rich. (Loroglosse à odeur de bouc), *Ophrys arachnites*. Hoffm. (Ophrys-bourdon), *Ophrys apifera*. Huds. (Ophrys-abeille), *Aceras anthropophora*. R. Brown (Acéras Homme-pendu). Toutes ces orchidées jouissent à peu près des mêmes propriétés.

NEOTTIA NIDUS AVIS. RICH.

(Du grec *neottia*, nid d'oiseau, dérivé de *neottos*, nouvellement né : allusion à la disposition des racines.)

Syn. : *Néottie nid d'oiseau*.

(Orchidées.)

Plante vivace, de 20 à 40 centimètres, ayant le port et l'aspect d'un orobanche, assez commune dans les bois ombragés. Elle vit en parasite sur les racines des arbres et fleurit en mai.

La tige est robuste, munie d'écailles engainantes. Les fleurs sont roussâtres, nombreuses, en épi serré ; le labelle est plu long que les divisions ; il n'y a pas d'éperon; l'ovaire n'est pa tordu. La souche est oblique et présente des fibres radicale nombreuses et entrelacées, en forme de nid d'oiseau.

On employait autrefois cette plante comme vulnéraire. O conseillait aussi les racines comme vermifuges. Il est proba ble que les *signatores* ont recommandé cette plante comm anthelminthique parce que les fibres radicales présentent que que ressemblance avec un paquet de vers.

LEMNA TRISULCA. L.

(Du grec *lemma*, écaille, ou *lembos*, petite nacelle.)

Syn. : *Lenticule à trois lobes, Lentille d'eau à trois lobes, Grains de grenouille, Cannetille.*

(Lemnacées.)

Plante annuelle, submergée, flottante à l'époque de la florai son, très commune dans les mares, les canaux et les fossé Elle fleurit en avril.

Les frondes sont réunies par trois ou quatre et sont hastées elles ont une seule radicelle ; elles paraissent dichotome elles sont elliptiques lancéolées aiguës, d'un vert clair ; le anthères ont deux loges ; le fruit est monosperme.

On a vanté autrefois les frondes contre la goutte et le rhu matisme.

Lemna minor. L. (Lenticule mineure), *Lemna gibba.* L. (Len ticule bossue), *Lemna polyrrhiza.* L. (Lenticule à plusieur racines) ont les mêmes propriétés.

ARUM MACULATUM. L.

(Du grec *aron*, nom donné à une espèce alimentaire.)

Syn. : *Arum taché, Pied de veau, Gouet commun, Herbe à pain Manteau de la Vierge.* (*Les habitants de Proyart emploient un expression triviale, mais très juste, pour désigner le spadic de l'arum.*)

(Aroïdées.)

Plante vivace, de 20 à 50 centimètres, commune dans le haies et les bois. Elle fleurit en avril.

Les feuilles sont hastées-sagittées, longuement pétiolées, souvent maculées de brun. La spathe est grande, d'un vert jaunâtre ou violacé ; le spadice est plus court, en forme de massue d'un rouge violacé ; l'anneau mâle est plus court que le femelle ; en dessous et en dessus de celui-là, le spadice présente de petits filaments. La baie est d'un rouge luisant. Le tubercule est ovale-oblong.

Le pied de veau jouit de propriétés âcres, excitantes, caustiques et purgatives. Il est vénéneux. On se servait autrefois du suc frais. Les baies sont très toxiques. Le rhizome renferme une fécule douce et nutritive. Il faut le laver et le torréfier pour le débarrasser de son principe âcre et volatil. Cette racine a une odeur faible, sa saveur est âcre et caustique. Elle est surtout purgative. L'arum est un remède altérant. Il est surtout indiqué dans le rhumatisme, la goutte et l'ascite. La poudre de racine torréfiée était autrefois recommandée dans la coqueluche à la dose de 0 gr. 90 en trois fois.

Les feuilles dégagent, en les froissant, une odeur désagréable. Dans certains pays, on se sert de l'amidon du rhizome pour blanchir le linge.

TYPHA LATIFOLIA. L.

(Du grec *tiphos*, marais.)

Syn. : *Massette à larges feuilles*, *Massue d'eau*, *Roseau des étangs*, *Quenouille*, *Herbe au bedeau*, *Roseau de la Passion*, en picard de Proyart : *Marthieu.*

(Typhacées.)

Plante vivace de 1 à 2 mètres, commune dans les étangs et les fossés. Elle fleurit en juin.

La tige est robuste, les feuilles sont larges linéaires, planes et dépassent la tige. Les épis mâle et femelle sont à peine séparés ; le mâle présente des poils blanchâtres, le femelle est longuement cylindrique, épais, d'un brun noirâtre ; le stigmate est lancéolé spathulé et dépasse les poils du périanthe. Le fruit est en fuseau.

On appliquait autrefois, sur les brûlures, les soies de chatons femelles pour remplacer le coton.

Lors de la condamnation à mort de Jésus-Christ, ses bourreaux lui présentèrent par ironie une massette en guise de sceptre, d'où le nom de *Roseau de la Passion.*

JUNCUS EFFUSUS. L.

(Du latin *jungere*, joindre, attacher : les tiges servent de liens.)

Syn. : *Jonc épars*, *Jonc commun*, *Jonc à mèche*, *Jonc creux* en picard de Proyart : *Joing.*

(JONCÉES.)

Plante vivace, de 40 centimètres à 1 mètre, très commun dans les marais et les endroits humides. Elle fleurit en juin

La tige est nue, lisse, la moelle est continue ; les feuilles sont réduites à des gaines roussâtres, non luisantes. Les fleurs sont verdâtres, en panicule latérale ; le périanthe présente des divisions lancéolées aiguës ; il y a trois étamines la capsule est obovale. Le rhizome est horizontal.

On emploie les racines traçantes de ce jonc comme diurétiques. Tous les rhizomes de nos joncs jouissent des mêmes propriétés.

LUZULA CAMPESTRIS. DC

(Du latin *lusus*, jouet : ces plantes sont le jouet des vents.

Syn. : *Luzule champêtre.*

(JONCÉES.)

Plante vivace, de 10 à 30 centimètres, très commune dans les bois et les prés. Elle fleurit en avril.

Les feuilles sont linéaires-étroites ; l'inflorescence est en ombelle et dépasse les feuilles florales ; les fleurs sont brunâtres, en épis ovoïdes, serrés ; les divisions du périanthe sont presque égales.

On recommandait autrefois cette luzule dans la gravelle.

Les graines ont un goût sucré ; les enfants de certaines régions connaissent bien cette particularité et vont souvent à la recherche de cette plante pour en manger les semences.

ERIOPHORUM LATIFOLIUM. HOPPE.

(Du grec *erion*, laine, *pherein*, porter.)

Syn. : *Linaigrette à larges feuilles, Linaigrette commune, Lin des marais, Jonc à coton, Jonc à duvet.*

(CYPERACÉES.)

Plante vivace, de 30 à 60 centimètres, assez commune dans les marais et les prés humides. Elle fleurit en mai.

La tige est lisse, à peine trigone. Les feuilles sont linéaires élargies, planes, triquètres au sommet; les épis sont en ombelle, ordinairement nombreux, pendants à la maturité ; les épillets ont des écailles noirâtres; les soies sont longues de 2 centimètres environ.

On a employé les tiges pilées en application sur les brûlures pour en calmer les douleurs. Dans ce topique, c'est la moelle seule qui agit.

CAREX ARENARIA. L.

(Du latin *carere*, manquer: épi supérieur ordinairement mâle et manquant de graines, ou du grec *cairo*, je coupe, ou bien encore de *carax*, fossé ; plantes à feuilles souvent coupantes, croissant dans les fossés.)

Syn. : *Laiche des sables, Salsepareille d'Allemagne, Carrosse.*

(CYPÉRACÉES.)

Plante vivace, de 10 à 50 centimètres, très commune dans les dunes et les sables maritimes. Elle fleurit en mai.

La tige est dressée, trigone; les feuilles sont assez larges, planes ou canaliculées. Les épillets supérieurs sont mâles,

les inférieurs, femelles, ils forment une inflorescence en é serré, fauve, les intermédiaires androgynes; la bractée inf rieure à arête fixe dépasse l'épillet; les écailles sont ovale acuminées; les utricules sont fauves, bordés d'une aile mem braneuse dans la moitié supérieure. La souche est pe profonde, rameuse et très longue.

La racine est diurétique. Quelques auteurs croient qu'ell est sudorifique, dépurative et purgative. On falsifie souven la salsepareille avec les rhizomes de ce carex. La *salse pareille d'Allemagne* n'est autre que la laiche des sables.

On plante souvent cette cypéracée dans les dunes où ell fixe les sables mouvants à l'aide de ses longs rhizome rameux.

Les balais *dits de chiendent* sont confectionnés avec le rhizomes de cette plante.

AVENA SATIVA. L.

Du latin *aveo*, je désire; plantes recherchées par les bestiaux.

Syn. : *Avoine;* en picard : *Avanne.*

(Graminées.)

Plante annuelle, de 50 centimètres à 1 m. 50, cultivée e grand pour la nourriture des animaux. Elle fleurit en juillet

La tige est dressée; les feuilles sont planes, glabres ou pubescentes, la ligule est courte, tronquée, la panicule es pyramidale, à rameaux étalés; les épillets sont pendants, trè ouverts, à deux fleurs fertiles, non articulées avec le rachis les glumes dépassent les fleurs, la glumelle inférieure es bidentée, munie d'une arête dorsale tordue et genouillée. L fruit est un caryopse.

On conseillait autrefois la décoction de semence d'avoine comme diurétique (30 gr. pour 1 litre d'eau). La semence d'avoine décortiquée constitue le *gruau*. On prépare avec celui-ci une décoction (20 gr. pour 1 litre d'eau) qui jouit de propriétés émollientes et analeptiques et qui est indiquée dans la tuberculose. En Bretagne, on en fait d'excellentes bouillies nutritives pour les enfants, de là, le nom de *gruau de Bretagne*.

La tisane d'avoine est aussi émolliente et résolutive. On employait surtout la farine en cataplasmes qu'on appliquait sur les furoncles et les panaris. On se servait de même de l'avoine pilée. On fait encore aujourd'hui des cataplasmes d'avoine qu'on applique sur les lumbagos et les points douloureux. On la fait cuire avec du vinaigre ou bien on la fait seulement griller.

La farine d'avoine jouit en ce moment d'une grande vogue. Les médecins la prescrivent souvent sous forme de bouillie. C'est un excellent aliment. C'est aussi avec de l'avoine que les Russes préparent leur boisson populaire, le *Kwass*.

En Angleterre et en Allemagne, on fabrique une bière légère avec l'avoine.

Dans la Somme, on cultive deux variétés principales de l'espèce *sativa ;* l'*avoine d'hiver ou d'automne* et l'*avoine du printemps ou de mars*. On sème la première en septembre ou en octobre ; la seconde, de février en avril.

PHRAGMITES COMMUNIS. TRIN.

(Du grec *phragma*, cloison.)

Syn. : *Roseau à balais, Roseau des marais, Jonc à balais, Cannette ;* en picard de Proyart : *Ramonette*.

(GRAMINÉES.)

Plante vivace, de 1 m. 50 à 2 m. 50, très commune dans les marais, aux bords des eaux. Elle fleurit en juillet.

La tige est robuste ; les feuilles sont larges-linéaires-aiguës, coupantes ; les épillets sont ordinairement noirâtres.

Les feuilles ont un goût sucré et étaient autrefois employées comme sudorifiques.

Dans notre région, on fait des balayettes avec les sommités fleuries.

TRITICUM SATIVUM. LMK.

(Du latin *tritum*, broyé.)

Syn. : *Froment*, *Blé*, *Blé tendre*.

(GRAMINÉES.)

Plante annuelle, de 80 centimères. à 1 m. 30, cultivée en grand pour la fabrication du pain. Elle fleurit en juin.

La tige est fistuleuse dans la partie supérieure; les feuilles sont linéaires aiguës, rudes; les épillets portent ordinairement quatre fleurs, dont les deux supérieures sont stériles ; les glumes sont ovales et comprimées au sommet. Les fleurs présentent une arête plus ou moins longue. Le fruit est un caryopse.

On employait autrefois, en médecine, *l'huile de blé*. Pour l'obtenir, on fait brûler des semences avec un fer chaud et on recueille un produit dont on se servait, en Bretagne, contre les dartres et les eczémas (Dr Richer, d'Amiens).

On fait parfois des cataplasmes avec la farine de froment. Le son jouit de propriétés adoucissantes et laxatives. La décoction de son est quelquefois employée en lavements, en bains et en lotions. On l'administre même à l'intérieur.

Un grain de blé est composé, en dehors de l'embryon, de deux parties : une *enveloppe* et un contenu : *amidon* et *gluten*. Cette dernière substance est azotée et analogue à celle qu'on trouve dans la viande et le blanc d'œuf. L'amidon occupe le centre de la semence, le gluten, la partie la plus rapprochée de l'enveloppe. On en trouve même dans celle-ci. Les blés durs en renferment plus que les blés tendres. Par la pulvérisation, le blé donne deux produits, la farine et le son. La farine est constituée par l'amidon et le gluten.

Comme la partie centrale est plus tendre, on a une poudre plus fine, qu'on sépare de l'autre, c'est la *fine fleur*. On pulvérise ce qui reste et on obtient alors la *farine de gruau*, moins blanche que la première, mais beaucoup plus nutritive. On mélange ordinairement la *fine fleur* et la *farine de gruau* pour avoir la *farine ordinaire*.

L'enveloppe du grain fournit le son.

La farine de froment est la meilleure pour faire le pain. Le blé est la céréale qui renferme le plus de gluten.

Le *pain blanc* est préparé avec la fine fleur et la farine de gruau mélangées ; pour le *pain bis*, on ajoute les farines de gruau de dernière qualité.

On fabrique le *pain de luxe*, ou *de fantaisie* ou encore *pain viennois* avec la farine de gruau de première qualité. Dans le *pain au lait* ou *à la reine*, on ajoute du lait. Le biscuit de mer est préparé avec des farines riches en gluten. Le pain complet est préparé avec tous les éléments constitutifs du blé. Il est légèrement laxatif.

La semoule est de la farine de gruau réduite en petits grains. On la retire des blés durs. On en fait des potages très nutritifs et des gâteaux exquis.

Le vermicelle, le macaroni, les nouilles et les autres pâtes alimentaires en forme de lettres, etc., sont fabriqués avec la semoule.

L'*amidon du blé* est composé de granules très petits, arrondis, ovoïdes, ellipsoïdes et lenticulaires. On l'obtient en faisant fermenter des farines avariées. On l'emploie beaucoup en confiserie et en parfumerie.

Le *gluten* sert à la fabrication d'un pain spécial. Bouchardat faisait préparer ce pain pour les diabétiques avec 80 de gluten, 20 de farine et une petite quantité de levure de bière. Il prescrivait aussi la décoction de gluten (50 gr. pour 1 litre d'eau) dans la convalescence de la fièvre typhoïde, du choléra, etc.

On peut obtenir le gluten en formant une pâte solide avec la farine de blé et un peu d'eau. On pétrit sous un filet d'eau qui ne doit pas tomber directement sur la pâte, jusqu'à ce que l'eau sorte limpide. Le gluten est formé de glutine et de fibrine végétale (Bouchardat).

On l'emploie aussi pour faire des pilules de sublimé corrosif.

D'après Vogel, le pain contient du sucre, de la fécule intacte et torréfiée, du gluten, de l'acide carbonique, de l'acide acétique, de l'acétate d'ammoniaque et des sels.

L'*eau panée* est une décoction de pain. C'est une tisane qui renferme fort peu de principes nutritifs. La croûte de pain contient plus d'azote que la mie (Bouchardat). Cet auteur la conseille légèrement grillée aux diabétiques qui commencent à prendre des féculents.

On se servait autrefois du cataplasme de *mie de pain*. Quand on le faisait avec du lait, on y ajoutait un peu de carbonate de soude, pour empêcher la formation de grumeaux (Bouchardat).

La mie de pain blanc entre dans la décoction blanche de Sydenham.

On cultive un grand nombre de variétés de blés. Elles peuvent se classer en deux catégories : les blés à *épis dépourvus de barbes* et les *blés à épis barbus* : ce sont les blés fins. Les blés sans barbes sont ordinairement plus tendres que les blés barbus.

AGROPYRUM REPENS P. B.

(Du grec *agros*, champ, *puros*, blé.)

Syn. : *Chiendent*, *Chiendent rampant*, *Froment rampant*, *Laitue de chien*.

(GRAMINÉES.)

Plante vivace, de 50 centimètres à 1 m. 10, très commune dans les lieux incultes et cultivés, dans les haies, aux bords des chemins. Elle fleurit en juin.

La tige est ordinairement dressée. Les feuilles sont longues, raides, scabres en dessus. L'épi est allongé, comprimé, distique ; les glumes sont lancéolées acuminées. Le rhizome est longuement traçant.

La racine de chiendent renferme du sucre et de la fécule. Le sucre cristallise en aiguilles déliées (Pfaff). On y a trouvé un hydrate de carbone, la *triticine*. C'est une masse gommeuse, transparente, insipide.

Avant de faire sécher les racines, il faut les nettoyer et les débarrasser de leur chevelu. On les emploie en décoction

(30 gr. de rhizomes concassés dans 1 litre d'eau, pendant une demi-heure). C'est une tisane très rafraîchissante, adoucissante et, paraît-il, légèrement diurétique, qui est indiquée dans l'ascite et les affections de l'appareil génito-urinaire. On en prépare aussi un extrait et une bière spéciale.

SECALE CEREALE. L.

(Du celtique *segal*, de *sega*, faux, *secare*, couper.)

Syn. : *Seigle* ; en picard : *Soël*.

(GRAMINÉES.)

Plante annuelle, de 80 centimètres à 1 m. 50, cultivée en grand. Elle fleurit en mai.

La tige est dressée ; les feuilles sont linéaires, planes, rudes L'épi est oblong ; les glumes sont étroites, subulées.

On prépare, avec la farine de seigle, surtout en Russie et en Allemagne, un pain bis ou noir qui se conserve frais très longtemps. Il est assez nourrissant, rafraîchissant, émollient et légèrement laxatif.

La farine de seigle est moins blanche et moins nutritive que la farine de froment.

L'eau-de-vie de grains et les alcools du Nord sont obtenus par la distillation des semences du seigle.

On fabrique le *pain d'épice* avec la farine de seigle et le miel ou la mélasse.

Dans certaines régions, on associe le seigle au blé ; ce mélange est le *méteil*. La farine de méteil est d'assez bonne qualité.

HORDEUM VULGARE. L.

(Du latin *hordus*, lourd.)

Syn. : *Orge*, *Escourgeon*, *Secourgeon* (*secours des gens pendant la disette*.)

(GRAMINÉES.)

Plante annuelle, de 60 à 90 centimètres, cultivée surtout pour la fabrication de la bière. Elle fleurit en juin.

La tige est dressée ; les feuilles sont larges linéaires. L'é est gros ; les épillets sont uniflores, disposés sur six rang dont quatre plus saillants ; les deux glumes sont latérale lancéolées-linéaires, subulées-aristées.

On emploie surtout en médecine la décoction d'orge. O met 30 grammes d'orge perlé dans une quantité d'eau suffi sante pour obtenir un litre de tisane après une heure d'ébu lition. Hippocrate recommandait déjà cette décoction dan toutes les phlegmasies. Elle renferme de l'amidon, du sucr et du gluten. Elle est adoucissante, rafraîchissante ét légè rement nutritive. On peut aussi se servir d'orge ordinair mais il faut rejeter la première eau.

L'*orge mondé* est imparfaitement décortiqué : une parti seulement du péricarpe est enlevée, c'est un *gruau* qu'o emploie comme celui de l'avoine.

L'*orge perlé* est décortiqué avec plus de soin : il n'y a plu de péricarpe. Le grain est arrondi sous la meule en forme d perles d'un blanc mat. On en fait d'excellents potages.

Les tisanes d'orge mondé et d'orge perlé jouissent de mêmes propriétés.

Proust conseillait la tisane d'orge germée ou *malt* ; elle es beaucoup plus sucrée et plus nutritive. mais elle s'altèr encore plus vite que la tisane d'orge perlé. Elle est indiqué dans la bronchite, la dyspepsie et l'entérite. On l'emploie auss en gargarismes, comme émolliente. Comby prescrit la préparation suivante en lavements : Décoction d'orge 50 grammes, glycérine 5 grammes, dans la constipation des nourrissons.

Dans certaines régions pauvres, on fabrique un pain grossier avec la farine d'orge. Il est indigeste et de mauvais goût.

L'*hordéine* est une matière pulvérulente jaunâtre qu'on retire de la farine d'orge et qui n'est, paraît-il, que du son très divisé.

L'*hordénine* est l'alcaloïde extrait tout récemment par Léger des touraillons d'orge. Elle cristallise en prismes volumineux, incolores, anhydres, presque insipides. Elle se dissout dans l'alcool, le chloroforme et l'éther. C'est une base forte, non-seulement elle bleuit le tournesol rouge, mais elle rougit la phtaléine du phénol (Léger. Académie des Sciences. 8 janvier 1906). Ses principaux sels sont le sulfate, le chlorhydrate, le bromhydrate. En 1890, C. Roux communiquait à la Société médicale des hôpitaux de Lyon un travail relatif aux propriétés des touraillons d'orge. Il prétendait que ces derniers sont très nuisibles au développement de certains microbes et surtout des vibrions cholériques. Plusieurs médecins essayèrent les infusions et les macérations de touraillons dans la dysenterie et les diarrhées cholériformes et les résultats furent satisfaisants. Quelques médecins coloniaux, qui expérimentèrent ce produit, eurent aussi de nombreux succès.

Suivant le mode de préparation, le touraillon subit, paraît-il, des altérations plus ou moins importantes. Le séchage dans les tourailles ordinaires fait perdre à l'orge ses propriétés bactéricides tandis que le séchage dans la touraille Lauth laisse subsister ses qualités thérapeutiques.

Il est donc probable que l'hordénine sera un jour substituée aux préparations de touraillons dans le traitement du choléra.

La toxicité du sulfate d'hordénine est faible, la dose minima mortelle pour le chien et le cobaye, est de 0 gr. 30 par kilogramme en injection intra-veineuse. En injection sous-cutanée chez le cobaye, la dose minima mortelle est de 2 grammes par kilogramme. L'intoxication s'accompagne de symptômes nerveux : excitation plus ou moins forte, suivie d'une phase de paralysie, hallucinations et convulsions. Les réactions bulbaires se montrent sous forme de troubles de la respiration : polypnée et apnée. On observe aussi des vomissements. La mort est due à un arrêt de la respiration (Camus. Société de Biologie, 13 et 20 janvier 1906).

A la campagne, on torréfie souvent l'orge pour en faire une décoction qui ressemble vaguement à l'infusion de café. Le malt Kneipp est bien préférable. L'escourgeon sert surtout à la fabrication de la bière. On emploie de préférence l'escourgeon d'hiver. L'orge est d'abord *maltée.* On la fait germer en couches peu épaisses après un séjour dans l'eau et on la fait sécher. On la concasse légèrement, elle cède alors à l'eau chaude sa glucose qui s'est formée pendant la germination aux dépens de l'amidon. Il faut ensuite faire cuire le jus sucré *(moût)*, ajouter une certaine quantité de houblon pour donner de l'arome et de la saveur, le refroidir et le soumettre à la fermentation en ajoutant de la levure qui, en transformant la glucose en alcool et en acide carbonique, donne la bière. La drèche est le malt épuisé de son sucre et égoutté.

Dans la Somme, on cultive principalement l'*orge à six rangs* ou *orge carrée*, *orge d'hiver*, l'*orge à quatre rangs* (plus saillants) ou *orge commune* et l'*orge à deux rangs* ou *pamelle*.

ZEA MAYS. L.

(Du grec *zaein*, vivre.)

Syn. : *Maïs*, *Blé de Turquie*, *Blé de Guinée*, *Blé d'Inde*, *Blé d'Espagne*, *Blé de Barbarie*, *Gros Millet*.

(Graminées.)

Plante annuelle de 1 à 3 mètres, originaire de l'Amérique du Sud et cultivée en Picardie comme plante fourragère. Elle fleurit en juillet.

La tige est très robuste ; les feuilles sont très larges, lancéolées acuminées ; les épillets sont monoïques ; les mâles à deux fleurs, en grappes spiciformes formant une panicule ; les femelles à une fleur, en épis axillaires, sessiles, très gros, cylindriques ; il y a trois étamines ; les stigmates sont filiformes, très longs ; les caryopses sont réniformes, durs, jaunes, blancs ou violacés, luisants, disposés sur huit, dix rangs sur un axe charnu.

On emploie l'infusion de stigmates de maïs (10 gr. pour 1 litre d'eau), comme diurétique dans la gravelle et la cystite chronique. On prépare aussi un extrait et un sirop de maïs. Ce dernier est conseillé comme pectoral dans la bronchite. On fait aussi avec le maïs torréfié et pulvérisé des infusions caféiformes.

Après le blé et le riz, le maïs est la céréale la plus cultivée du monde.

La farine est jaune, rougeâtre ou violette, d'une saveur un peu amère. Elle est très émolliente. On peut l'employer en cataplasmes. On en fait souvent des bouillies ou *gaudes*.

La *polenta* des Italiens est une bouillie de semoule de maïs.

Disons maintenant quelques mots relatifs à deux graminées dont les propriétés sont fort peu connues: la flouve odorante et l'ivraie.

Anthoxanthum odoratum. L. (Flouve odorante) renferme, d'après Vogel, de l'acide benzoïque. Elle est, par conséquent, stimulante et tonique et pourrait être employée dans les cas où l'acide benzoïque est indiqué, c'est-à-dire contre la goutte, les inflammations des bronches et de la vessie.

La flouve fournit le parfum dit « *foin coupé* ».

Lolium temulentum. L. (Ivraie) est rangé dans le troisième groupe des végétaux vénéneux, les narcotico-âcres. Le fruit, qui est toxique, détermine des vertiges et un tremblement général.

Certains brasseurs ajoutent un peu d'ivraie à l'orge pour augmenter l'effet enivrant de la bière.

CETERACH OFFICINARUM. C. BAUH.

(Du bas latin *ceterah*, de l'arabe *chetrak*.)

Syn. : *Cétérach officinal*, *Daurade*, *Doradille*, *Herbe dorée*, *Herbe à dorer*.

(FOUGÈRES.)

Plante vivace, de 5 à 15 centimètres, croissant sur les vieux murs. Elle fructifie en juin.

Les frondes sont nombreuses, en touffe, persistantes, épaisses, coriaces, lancéolées dans leur circonscription, lobées, couvertes en dessous d'écailles luisantes roussâtres. La racine est fibreuse.

On a employé les feuilles de cétérach comme pectorales, béchiques, apéritives, astringentes et diurétiques.

POLYPODIUM VULGARE. L.

(Du grec *polys*, beaucoup, *podion*, petit pied.)

Syn. : *Polypode commun, Polypode du chêne, Fougerol Réglisse de montagne, Réglisse des bois, Fougère douce.*

(FOUGÈRES.)

Plante vivace, de 15 à 50 centimètres, croissant sur les vie murs, sur les vieux troncs d'arbres, dans les bois humides. E fructifie presque toujours.

Les frondes sont oblongues-lancéolées, pinnatifides, à lob alternes un peu confluents à la bases, pétiolées, persistant Les sores sont arrondis, disposés sur deux rangs parallèl sans indusium. Le rhizome est traçant, assez gros, tubercule en dessus.

On emploie surtout le rhizome en médecine. L'écorce e brune ou jaunâtre, écailleuse.

Desfosses a trouvé, dans la racine, un corps moitié ré neux, moitié huileux, comparable à la glu, du sucre ferme tescible, une matière astringente, de l'amidon, de la gom et de l'albumine. Son odeur est désagréable. Sa saveur e légèrement sucrée, nauséeuse, âcre, de là son nom de *réglis des bois*. Il jouit de propriétés laxatives, apéritives, béchiqu et expectorantes.

On l'administre en infusion (30 gr. pour 1 litre d'eau), e sirop (parties égales de rhizome et de sucre). Il entre da la composition de l'*électuaire catholicon double.*

En médecine populaire, on utilise surtout l'infusion rhizome comme purgative. A la campagne, les enfants co naissent bien cette racine qu'ils mâchent comme celle de réglisse.

PTERIS AQUILINA. L.

(Du grec *ptéron*, aile.)

Syn. : *Grande Fougère, Fougère commune, Fougère à l'aigle, Porte-aigle.*

(FOUGÈRES.)

Plante vivace, de 60 centimètres à 1 m. 50, croissant dans s bois, sur les coteaux incultes. Elle fructifie en juillet.

Les frondes sont très grandes, à segments opposés, lancéo-és, à lobes oblongs, à long pétiole, robuste, noirâtre à la artie inférieure, présentant, par une coupe oblique à la base, a figure d'un aigle à deux têtes ; les sores bordent les lobes e la fronde.

La grande fougère est astringente. On l'a considérée long-emps, mais à tort, comme anthelminthique.

SCOLOPENDRIUM OFFICINALE. SM.

Du grec *scolopendra*, scolopendre, mille-pieds : la disposition des sores présente à peu près celle des pattes de cet insecte.)

Syn. : *Scolopendre officinale, Langue de cerf, Langue de bœuf.*

(FOUGÈRES.)

Plante vivace, de 30 à 60 centimètres, croissant souvent au pied des vieux murs, dans les vieux puits. Elle fructifie en juin.

Les frondes sont lancéolées, cordées à la base, ordinairement ondulées, persistantes, d'un vert luisant en dessus, à pétiole écailleux. Les sores sont parallèles.

Les feuilles de la scolopendre sont toniques, astringentes et pectorales. On les employait surtout en infusion (15 gr. par litre d'eau), contre les diarrhées, les hémorragies et certaines affections du foie.

Elles entrent dans le sirop de rhubarbe composé et dans les électuaires lénitif et catholicon.

ASPLENIUM RUTA-MURARIA. L.

(De *a*, privatif, *splenos*, rate.)

Syn. : *Rue des murailles, Sauve-vie, Doradille des murs*

(FOUGÈRES.)

Plante vivace de 5 à 10 centimètres environ, croissant or nairement sur les vieux murs. Elle fructifie presque toujou

Les frondes sont souvent en petite touffe, glabres, à pétic lisse, verdâtre, à lobes peu nombreux, obovales ou cun formes, ordinairement crénelés supérieurement. Les sor sont oblongs et confluents.

Les feuilles de la rue des murailles sont pectorales, apé tives et astringentes.

Les feuilles d'*Asplenium trichomanes*. L. (Doradille pol tric, Capillaire, Polytric des officines) sont apéritives et béc ques ; celles d'*Asplenium adianthum nigrum*. L. (Capilla noir, Capillaire commun, Doradille noire) sont pectorales apéritives.

Le rhizome d'*Asplenium filix-femina*. Bernh. (Fougè femelle) est indiqué, à tort, comme anthelminthique.

POLYSTICHUM FILIX-MAS. ROTH.

(Du grec *polys*, beaucoup, *stichos*, rangée.)

Syn. : *Fougère mâle.*

(FOUGÈRES.)

Plante vivace, de 50 centimètres à 1 mètre, commune dar les bois. Elle fructifie en juin.

Les frondes sont grandes, pétiolées, oblongues-lancéolée vertes, munies de poils le long de l'axe ; les divisions d frondes, les *frondules*, si je puis m'exprimer ainsi, sont alte nes, lancéolées-aiguës ; les supérieures diminuent insens blement et forment une pointe terminale ; les pinnules de divisions sont linéaires, dentées en scie. Les sores sont pe ɔmbreux, disposés sur deux rangs, rapprochés, couverts un indusium membraneux. Le rhizome est composé d'un ·and nombre de tubercules.

La racine a une saveur astringente, acerbe et même âcre, ıe odeur nauséeuse. On en retire une substance grasse, d'un une brunâtre, d'une odeur nauséabonde et d'une saveur ;sagréable. Cette substance a présenté une huile odorante, ;s acides gallique et acétique, du tannin, du sucre incristal-ısable, une matière gélatineuse, de l'amidon, de l'élaïne, etc. Iorin). Les bourgeons frais de la fougère mâle contiennent, après Preschier, une huile volatile, une résine brune, une ıile grasse, une matière grasse solide, des principes colo-nts verts et vert rougeâtre, de l'extractif. On y a trouvé, ı outre, un acide particulier, l'acide *filicéique* (Batia) et un caloïde, la *filicine*. D'après la plus récente analyse, la com-ɔsition chimique est celle-ci : Huile essentielle, acide filici-ue, acide *filicotannique*, résine, etc. Gubler pense que la ugère mâle doit ses propriétés ténifuges à son huile vola-le, Bouchardat et Derlons, à son mélange de corps gras, de ésine et d'huile volatile.

Preschier dit qu'il faut récolter le rhizome en été, Bouchar-ıt conseille avec raison de le recueillir en hiver.

La racine de fougère mâle est anthelminthique. On l'emploie ırtout contre le ténia. On doit recommander l'extrait éthéré à 8 gr.) ou encore la poudre de rhizome (8 à 12 gr.).

Rouzel faisait préparer des bols de 1 gramme de poudre vec du sirop de fleurs de pêcher. L'huile éthérée ou extrait théré réussit très bien à la dose de 2 à 4 grammes, sous ›rme de capsules, de pilules ou d'électuaire. C'est la meil-ıure des préparations de fougère mâle. Branser dit qu'elle ;ussit surtout contre le bothriocéphale à anneaux courts, ıais qu'elle échoue souvent contre le ténia armé. Il faut lors recourir à l'écorce de grenadier. On doit donc surtout employer pour expulser le ténia inerme, le bothriocéphale l'ankylostome duodénal.

Albers prescrit la diète et un purgatif la veille de l'admi-istration du médicament. On recommande ordinairement la iète lactée le premier jour, puis l'extrait éthéré le deuxième et le troisième jour, et enfin un looch avec une goutte d'huile de croton le quatrième jour.

On conseillait autrefois la tisane de rhizome (60 gr. en décoction dans 1 litre d'eau pendant 1/2 heure) l'huile de fougère (Trousseau et Pidoux), à la dose de 4 grammes en quatre prises à un quart d'heure d'intervalle.

Les feuilles de fougère préservent, dit-on, des affections vermineuses ; on en fait quelquefois des sommiers aux enfants rachitiques.

En médecine populaire, on recommande la décoction de poudre de rhizome (15 à 20 gr. dans 1/2 litre d'eau) contre les oxyures, les ascarides et le ténia.

Dans certaines contrées, on mange les jeunes pousses comme les asperges. Les Russes emploient le rhizome de fougère mâle pour la fabrication de leur bière.

OSMUNDA REGALIS. L.

(Du latin *os*, bouche, *mundare*, purifier.)

Syn. : *Osmonde*, *Fougère royale*, *Fougère fleurie*, *Fougère aquatique*.

(FOUGÈRES.)

Plante vivace de 60 centimètres à 1 m.20, rare dans la Somme et croissant dans les endroits marécageux. Elle fructifie en juin.

Les frondes sont grandes, à divisions oblongues lancéolées, obliquement tronquées à la base, finement nervées. Les sporanges sont rapprochés en groupes arrondis, en grappes rameuses. Le rhizome est assez gros.

La souche de l'osmonde est tonique, purgative et vulnéraire. On a employé autrefois le rhizome de la fougère royale contre le rhumatisme et la scrofule.

Les empiriques prétendent que cette plante guérit les hernies. Il suffit, disent-ils, d'appliquer sur celles-ci des compresses imbibées de décoction d'osmonde et de prendre, à l'intérieur, une macération de rhizome dans du vin !!!

On en préparait aussi un extrait.

Botrychium lunaria, Sw. (Lunaire), et *Ophioglossum vulgatum*. L. (Ophioglosse commune, Langue de serpent, Herbe sans couture) étaient autrefois considérés comme vulnéraires.

EQUISETUM ARVENSE. L.

(Du latin *equus*, cheval, *seta*, soie.)

Syn. : *Prêle des champs*, *Queue de rat*, *Queue de cheval*.

(ÉQUISÉTACÉES.)

Plante vivace, très commune dans les champs. Elle fructifie en avril.

La tige fertile, de 15 à 30 centimètres, est simple, brune ou d'un blanc rougeâtre et présente des gaines à huit, douze dents lancéolées aiguës. L'épi est ovoïde oblong. La tige stérile, de 20 à 50 centimètres est ordinairement dressée, elle a des gaines à trois, quatre dents ; les ramuscules sont verts, petits, tétragones, grêles, verticillés.

La prêle est astringente, vulnéraire et détersive. On emploie toute la plante en décoction (30 gr. pour 1 litre d'eau) contre les hémorragies, les diarrhées et la tuberculose. On se servait autrefois de cette décoction pour déterger certaines plaies. Quelques auteurs affirment que la prêle est diurétique et emménagogue. Kneipp prétendait modifier le cancer et la carie osseuse par de simples lavages à la décoction de prêle. Il conseillait aussi cette préparation à l'intérieur.

CLAVICEPS PURPUREA. TUL.

(Du latin *clavum*, clou, *caput*, tête.)

Syn. : *Ergot de seigle*, *Seigle ergoté*.

(CHAMPIGNONS.)

L'ergot est un petit champignon qui se développe, dans les années pluvieuses, sur le blé, l'orge, l'ivraie, l'oyat et surtout sur le seigle. Il occupe la place du grain.

Il y a quelques années, on ignorait encore la nature de ce petit corps.

Certains botanistes le considéraient comme un grain non fécondé qui s'était développé anormalement, ou bien altéré par l'humidité ou la piqûre d'un insecte. De Candolle démontra que ce corps était dû à l'envahissement d'un champignon qu'il nomma *sclerotium clavus*. En effet, l'analyse chimique y décèle la présence des principes des champignons. En 1832, Fries en fait un genre : *Spermedia*, mais il ne dit rien de sa nature. En 1849, Léveillé et surtout Tulasne élucidèrent la question. L'apparition de l'ergot sur une céréale est précédée d'une substance mielleuse qui agglutine les étamines et les pistils et empêche la fécondation. Léveillé considère cette substance comme un champignon d'une organisation très simple qu'il appela *sphacelia segetum*. Lév. L'ergot se développe au sommet de l'ovaire et en détache l'épiderme ; il forme un corps mou, visqueux, d'un blanc jaunâtre. Suivant Tulasne, cette matière gluante est constituée par des *spermaties* en suspension dans un liquide visqueux. Elle produit à son centre l'ergot qui est, comme Léveillé l'avait remarqué, un champignon arrêté dans son développement. En effet, si on le met dans un terrain humide, il continue son évolution et devient un champignon avec une tête et un support, ressemblant à un agaric et auquel Tulasne a donné le nom de *claviceps purpurea*. Tul.

L'ergot présente donc trois états bien distincts : la *sphacélie* l'*ergot* et le *claviceps*. C'est donc un champignon avorté.

Il est d'un brun violet à l'extérieur, quelquefois grisâtre, d'une longueur de 1 à 5 centimètres, d'une largeur de 2 millimètres, oblong, presque cylindrique, souvent gercé et recourbé, ressemblant assez vaguement à une petite corne ou à l'ergot du coq. Il est ferme et cassant. Sa substance est blanchâtre au centre, rougeâtre vers la périphérie. Sa saveur est âcre, son odeur est nauséabonde, analogue à celle de certains champignons, elle est encore plus prononcée quand il est sec. Il dégage une odeur de poisson pourri quand il est humide.

Vauquelin en a fait l'analyse ainsi que Wiggers qui y a

trouvé une huile grasse particulière, une matière grasse, de la cérine, de *l'ergotine*, de l'osmazôme, du sucre particulier, de la gomme, de l'albumine végétale, de la fongine, un principe colorant rouge, des phosphates de chaux et de potasse.

L'ergotine est un extrait mou, d'un rouge brun. Elle se dissout dans l'eau et donne une solution limpide d'un beau rouge. 500 grammes d'ergot fournissent de 70 à 80 grammes d'extrait (Moquin-Tandon). L'ergotine a une odeur de viande rôtie, un peu piquante, ressemblant un peu à celle du blé avarié. Bonjean dit qu'on doit ranger l'ergot dans la classe des narcotiques. Il a administré ce médicament à des chiens qui ont d'abord perdu l'appétit, leur agilité; ils deviennent même quelquefois immobiles, hébétés, leurs yeux sont fixes et hagards, ils poussent des hurlements affreux, plus tard, il se produit des vomissements qui amènent un peu de calme. Chez les coqs, la crête et le jabot noircissent après l'ingestion de l'ergot de seigle ; ils meurent, souvent après une longue agonie.

D'après le même auteur, l'ergot renferme deux principes distincts ; un remède et un poison. Le premier, l'*ergotine* est un extrait mou, l'autre, une huile fixe incolore, très toxique. Bouchardat n'admet pas le terme d'ergotine que Bonjean emploie. Il s'applique, dit-il, à un produit complexe, mal défini. Il n'admet pas non plus la séparation rigoureuse du principe toxique et du principe médicamenteux. C'est une ancienne hypothèse ; les recherches physiologiques ont démontré que c'était une erreur. Le poison devient médicament, dit-il, quand on le donne à propos et à dose convenable. Bouchardat avait raison. Le véritable alcaloïde de l'ergot de seigle, l'*ergotinine* a été découvert plus tard.

La composition chimique de l'ergot de seigle est celle-ci : un alcaloïde, l'*ergotinine*, une toxalbumine, la *sphacélotoxine*, une cholestérine, l'*ergostérine*, une huile fixe, du sucre, etc...

Pris à l'intérieur, à petite dose (1 à 2 gr.), l'ergot détermine, au bout de 10 minutes (Olivier Preschott) de la sécheresse de la gorge, des nausées, quelquefois des vomissements, des démangeaisons, de la lourdeur de tête, des vertiges, du délire, de la stupeur, de la dilatation pupillaire, du ralentissement du pouls, de la pâleur des téguments, de l'augmentation de la diurèse; la sécrétion des glandes salivaires et sudoripares est diminuée ; on observe du délire quand la dose est toxique, c'est alors l'*ergotisme aigu*.

Quand le pain renferme une grande quantité de poudre d'ergot, 1/5 par exemple, il produit une espèce d'enivrement. Son usage continuel amène de l'abrutissement, puis de la gangrène des extrémités ; c'est l'*ergotisme chronique*. On en distingue deux variétés : l'*ergotisme gangreneux* et l'*ergotisme convulsif*. Dans l'ergotisme gangreneux, il y a des fourmillements dans les membres avec refroidissement et insensibilité des extrémités, puis de la gangrène sèche.

On confond quelquefois l'ergotisme convulsif avec l'ergotisme aigu (Dance). Celui-là se manifeste par une sensation de fatigue, des crampes, des vertiges, des troubles de la vue, des fourmillements, de l'anesthésie et des convulsions qui déterminent la mort.

Le pain épais et peu cuit est beaucoup plus dangereux. Barrier prétend que les individus les plus faibles sont atteints de préférence.

Payan d'Aix et Boudin ont démontré que l'ergot de seigle possède une action excitatrice spéciale sur la moelle spinale. Sa principale propriété est d'exciter les contractions utérines dans le cas d'inertie de l'organe. C'est un puissant hémostatique. Sa durée d'action est d'environ 1 heure à 1 h. 1/2. On l'emploie quand le travail est lent et le col utérin dilaté. Il faut être néanmoins très prudent dans son administration. Ce médicament est surtout utile dans l'hémorragie utérine, puerpérale ou non. On l'a indiqué dans la rétention d'urine (Allier), dans l'anémie : on l'associe alors au fer. Grimaud et Millet administrent aussi ce mélange dans l'incontinence d'urine des anémiques. Hucques, Socquet et Chatin ont recommandé l'ergot de seigle et le perchlorure de fer, dans certains cas d'albuminurie. Tillard le préconise contre la polydipsie. Barbier, d'Amiens, a traité des paraplégiques par l'ergot de seigle.

En administrant l'ergot d'une manière continue, la circulation se ralentit et la pupille se dilate. Il peut déterminer de la torpeur, des vertiges, des nausées et de la fatigue.

On l'administre en poudre fraîche (1 à 4 gr.), en infusion, en décoction, en huile, en sirop, en extrait, en teinture alcoolique.

On donne l'ergotine en pilules, en dragées, en potion, en sirop, en limonade, en injections hypodermiques, en lavements.

Il y a deux sortes d'ergotine : l'une solide, très toxique, dix fois plus active que l'ergot, c'est *l'ergotine de Wiggers*, d'une apparence résineuse, rougeâtre, d'un goût âcre et amer ; l'autre, plus connue, est *l'ergotine Bonjean*; elle est beaucoup moins toxique. On trouve encore dans l'ergot de seigle de la *propylamine* ou *sécaline*, qui aurait, dit Wincker, les mêmes propriétés que l'ergot, l'*huile d'ergot*, qui agit aussi sur l'utérus, selon Wright et Pereira. Gubler dit que c'est grâce à ces trois principes: ergotine, propylamine, huile d'ergot, que ce médicament doit ses propriétés convulsivantes.

L'*ergotinine* est le principe actif de l'ergotine, l'alcaloïde cristallisé de l'ergot de seigle. Elle est peu soluble dans l'eau. On la donne sous forme de sirop et surtout d'injections hypodermiques. La dose est de 1 à 5 milligrammes. C'est un très bon hémostatique.

Tout récemment, on a extrait de l'ergot de seigle, un principe actif basique, la *cornutine* très recommandée dans la spermatorrhée. On emploie habituellement le citrate de cornutine à la dose de 3 à 6 milligrammes.

STICTA PULMONACEA. ACH.

(Du grec *stictos*, ponctué.)

Syn. : *Sticte pulmonaire*, *Lichen pulmonaire*.

(LICHENS.)

Le thalle est foliacé, membraneux, ordinairement plus long que large, dépassant quelquefois 40 centimètres, découpé, à lobes allongés, irréguliers, d'un vert assez foncé, à l'état frais, souvent avec des verrues grisâtres, surtout le long des bords, réticulé et bosselé sur toute son étendue ; à l'état sec, il présente une coloration d'un brun fauve, de jaune chamois. Le dessous est tomenteux. Les apothécies sont marginales, d'u brun rougeâtre.

La sticte pulmonaire, ainsi que les autres lichens foliacé contient une assez forte proportion d'oxalate de chaux, o selon certains auteurs, de lichénate de chaux et de potass de la *cétrarine*, du sucre incristallisable, de la *lichénine* o amidon de lichen, etc. La cétrarine est solide, incristallisabl inodore, incolore, très amère, soyeuse, très peu soluble dan l'eau, froide ou chaude. Müller l'a conseillée dans la fièvr intermittente : 10 centigrammes dans 2 grammes de sucre e huit paquets; un paquet toutes les deux heures entre le accès. La lichénine est blanche, insipide.

On emploie le lichen pulmonaire comme amer et toniqu C'est probablement à la cétrarine qu'il doit son amertume. I est très vanté dans la tuberculose. Il ressemble vaguemen au tissu du poumon et cette similitude d'aspect est peut-êtr la cause de son emploi dans les maladies du poumon. Le *signatores* l'ont certainement recommandé dans ces affections On l'administre, en infusion (8 gr. pour un litre d'eau) et e décoction (2 gr. pour la même quantité d'eau).

En Russie on remplace le houblon par la sticte pour avoi une bière plus amère.

Peltigera aphthosa. Ach. (Lichen aphteux), *Peltigera canin* Hoffm. (Lichen des chiens), *Cladonia rangiferina*. Hoffm (Lichen des rennes), jouissent des mêmes propriétés.

USNEA BARBATA. L.

(De l'arabe *ashnah*, mousse.)

Syn. : *Usnée barbue*.

(LICHENS.)

Le thalle est gris, dressé, court, de 2 à 6 centimètres environ, à rameaux nombreux, serrés et minces, les principaux sont couverts d'excroissances coralloïdes saillantes et de grosses verrues pulvérulentes, élevées et même cylindriques.

Ce lichen a des propriétés astringentes et vulnéraires.

PHYSCIA PULVERULENTA. ACH.

(Du grec *phuskion*, ampoule, renflement.)

Syn. : *Physcie grenue.*

Le thalle est cendré pâle ou grisâtre, verdâtre à l'état frais, étalé, orbiculaire, lacinié, couvert d'une farine blanche ou grise ; le dessus est finement chagriné, les lobes sont plats les laciniures sont plissées, étroites, imbriquées, crénelées fortement fibrilleuses.

La physcie est fébrifuge.

PERTUSARIA COMMUNIS, *var. discoïdea*. **D. C.**

(Du latin *pertusus*, percé.)

Syn. : *Variolaire en disque.*

(LICHENS.)

Le thalle est blanc ou grisâtre, souvent stérile, pulvérulent, couvert de sorédies farineuses, tantôt confluentes, tantôt irrégulières, larges ou discoïdes.

La variolaire est très amère. On l'a surtout recommandée contre la fièvre et les névralgies intermittentes, contre les affections vermineuses. On l'administre à la dose de 0. 60 en poudre en une ou deux doses dans un peu de miel. Adolphe de Barreau a constaté que cette plante est très active. On doit la prescrire plus souvent. Elle renferme un principe cristallisable, la *picrolichénine* (Alms) qui est la base des *pilules de variolarine Bouloumié.*

FUCUS VESICULOSUS. LAM ET GAILL.

(Du grec *phucos*, varech : sous le nom de fucus, les anciens botanistes comprenaient certaines algues.)

Syn. : *Fucus vésiculeux, Varech, Goëmon.*)

(ALGUES.)

Cette plante doit être récoltée à l'époque de la fructification, lorsque les conceptacles s'ouvrent. Après l'avoir recueillie, on la lave à l'eau douce et on la fait sécher rapidement a soleil. De Candolle dit que ce fucus transsude, lorsqu'il est se une mannite particulière, la *physcite*, qui se présente sou forme de petites houppes cristallisées, blanches, nacrées, rap pelant un peu l'état soyeux de l'asbeste (Phipson, L. Soubeiran Cette algue est riche en iode. On l'a employée contre la scro fule. On en prépare un extrait qu'on administre encore sou forme de pilules de 25 centigrammes. On donne d'abord 3 pilu les par jour et on augmente progressivement jusqu'à concur rence de 24. On l'a conseillée aussi contre l'obésité. Duchesne Duparc recommandait la décoction qui a une saveur piquant désagréable. La poudre et surtout l'extrait sont mieux accep tés en pilules. La dose d'extrait est de 3 à 4 grammes par jou On doit prendre les préparations de fucus le matin. Certai nes personnes prennent l'extrait et la décoction pour obteni un résultat plus satisfaisant.

Ulva lactuca Lam. et Gall. (Ulve laitue), *Ulva umbilicalis* Lam. et Gaill. (Ulve ombiliquée) présentant un tissu de con sistance gélatineuse et servent de nourriture à l'homme, dan certains pays.

BIBLIOTHÈQUE NATIONALE RF IMPRIMÉS

TABLE DES MATIÈRES

Mayenne, Imprimerie Ch. COLIN

BIBLIOTHÈQUE

www.ingramcontent.com/pod-product-compliance
Ingram Content Group UK Ltd.
Pitfield, Milton Keynes, MK11 3LW, UK
UKHW021847190726
13855UKWH00001B/183